Wolfgang Schweizer
Simulation physikalischer Systeme
De Gruyter Studium

Weitere empfehlenswerte Titel

MATLAB Kompakt, 6. Auflage
Wolfgang Schweizer, 2016
ISBN 978-3-11-046585-3, e-ISBN 978-3-11-046586-0;
e-ISBN (EPUB) 978-3-11-046588-4

Simulation technischer linearer und nichtlinearer Systeme mit MATLAB/Simulink
Josef Hoffmann, Franz Quint, 2014
ISBN 978-3-11-034382-3, e-ISBN 978-3-11-034383-0,
e-ISBN (EPUB) 978-3-11-034383-0

Systeme der Regelungstechnik mit MATLAB und Simulink, 2. Auflage
Helmut Bode, 2013
ISBN 978-3-486-73297-9, e-ISBN 978-3-486-76970-8

MATLAB – Simulink – Stateflow
A. Angermann, M. Beuschel, M. Rau, U. Wohlfarth, 2014
ISBN 978-3-486-77845-8, e-ISBN 978-3-486-85910-2;
e-ISBN (EPUB) 978-3-486-98977-9

Wolfgang Schweizer

Simulation physikalischer Systeme

—

Computational Physics mit MATLAB®

DE GRUYTER
OLDENBOURG

Autor
Prof. Dr. Wolfgang Schweizer
Stohrerweg 19
72070 Tübingen
Wolfgang.Schweizer@mathworks.de

ISBN 978-3-11-046106-0
e-ISBN (PDF) 978-3-11-046186-2
e-ISBN (EPUB) 978-3-11-046193-0

Library of Congress Cataloging-in-Publication Data
A CIP catalog record for this book has been applied for at the Library of Congress.

Bibliografische Information der Deutschen Nationalbibliothek
Die Deutsche Nationalbibliothek verzeichnet diese Publikation in der Deutschen Nationalbibliografie; detaillierte bibliografische Daten sind im Internet über http://dnb.dnb.de abrufbar.

© 2017 Walter de Gruyter GmbH, Berlin/Boston
Druck und Bindung: CPI books GmbH, Leck
♾ Gedruckt auf säurefreiem Papier
Printed in Germany

www.degruyter.com

Vorwort und einleitende Bemerkungen

Für wen ist dieses Buch gedacht? Dieses Buch wendet sich an Lehrende und Lernende der Physik und alle, die Berührpunkte mit Berechnungsverfahren, Modellierungen oder Simulationen in den Natur- oder Ingenieurswissenschaften haben.

Der Computer ist allgegenwärtig und er ist nicht nur Werkzeug. Neben den „klassischen" Säulen Experimentelle Physik, Angewandte Physik und Theoretische Physik ist die Computational Physics fest etabliert. Sie liefert neue Betrachtungsweisen und erlaubt Untersuchungen, die ohne sie nicht möglich wären. Dank immer effizienterer Computer vergrößert sich täglich der Kreis der Anwendungsmöglichkeiten selbst auf kleinen PCs. Modelle, die noch vor wenigen Jahren Supercomputern vorbehalten waren, sind heute dem Studenten auf dem heimischen PC zugänglich. Computer-basierte Studien erlauben es, ein besseres Bild bestehender Vorstellungen zu gewinnen. Im Forschungsumfeld bleiben viele Beobachtungen ohne Simulation und Modellierung unverständlich. Modellbildung und Simulation führen zu neuen Fragestellungen. Ziel dieses Buches ist es, Anregungen zum eigenen Simulieren, Modellieren und Programmieren zu geben.

An vielen deutschsprachigen Universitäten ist Campus-deckend und ohne zusätzliche Kosten MATLAB verfügbar. Moderne Programmiersprachen versehen mit einer umfangreichen Bibliothek, erlauben es, rasch Modelle aufzubauen und durch Variation geeigneter Parameter physikalische Effekte aufzudecken und zu visualisieren. Nicht immer benötigt man ein umfangreiches und „richtiges" Modell, um physikalische Beobachtungen besser zu verstehen. Im ersten Kapitel findet sich beispielsweise ein künstliches Gravitationswellenmodell mit einem in ein schwarzes Loch spiralenden Stern visualisiert, ohne die komplexen Gleichungen der Allgemeinen Relativitätstheorie zu lösen. Ziel ist sowohl, den Studenten die Frequenz- und Amplitudenzunahme der Strahlungsleistung zu verdeutlichen, aber auch sie zu ermuntern, mit einfachen Modellen spielerisch Physik zu erkunden.

In den letzten 16 Jahren habe ich an der Universität Tübingen Vorlesungen mit Anwendungen in MATLAB gehalten und den Studenten die Möglichkeit gegeben, eigene Wünsche für die Beispiele zu äußern. Das hat nicht nur mir viel Spaß gemacht, sondern auch viele Studenten dazu geführt selbst zu experimentieren. Übungsaufgaben lassen sich durch rechnergestützte Parameterstudien bereichern und Effekte durch Visualisierungen verdeutlichen. Auch dem Lehrenden bietet MATLAB viele Möglichkeiten. Das aktuelle Release erlaubt sogenannte Live-Scripts, die während Vorlesungen genutzt werden können, um so physikalische Abläufe zu verdeutlichen.

Neben dem Simulationsaspekt habe ich auch versucht Methoden der Computational Physics aufzuzeigen. Mit Hilfe von MATLAB lassen sich viele Verfahren sehr viel rascher erlernen und üben als dies beispielsweise mit C/C++ möglich ist. Die hohe Rechenleistung moderner PCs eröffnet hier einen Eintritt in die Welt des Super-Computings. Auch wenn ich Parallelisierung nicht angesprochen habe, bieten sich viele Berechnungen – insbesondere Parameterstudien – zur Parallelisierung an. Eine For-Schleife wird hier einfach durch `parfor` ersetzt.

Was ist dieses Buch nicht. Dieses Buch ist keine Lehrbuch der Theoretischen Physik und auch nicht der vielfältigen numerischen Verfahren, die in den verschiedenen Bereichen der Naturwissenschaften oder des Wissenschaftlichen Rechnens eingesetzt werden. Zwar finden sich innerhalb des Buches Erläuterungen zu numerischen Verfahren, aber stets eingeschränkt auf die aktuellen Anwendungen. Dies ist auch kein Lehrbuch zu MATLAB, auch wenn viele Aspekte erläutert werden. Ich hoffe aber, dass ich viele dazu ermuntere einfach einmal „drauf los zu modellieren".

Aufbau des Buches. Als Programmiersprache wird MATLAB und einige Erweiterungen genutzt. Eine kurze Einführung zu MATLAB und der Symbolic Math-Toolbox findet sich im letzten Kapitel. In jedem Kapitel finden sich passende Erläuterungen zu spezifischen MATLAB-Themen. Seien es die Lösung von Differentialgleichungen in Kap. (1.2) oder zur Visualisierung elektrischer und magnetischer Felder in Kapitel 2.

Das erste Kapitel ist der Modellbildung, der Simulation und Berechnungsverfahren im Rahmen der klassischen Mechanik und Relativitätstheorie gewidmet. Die Lösung gewöhnlicher Differentialgleichungen spielt eine wichtige Rolle in der klassischen Mechanik. Die ersten beiden Unterkapitel dienen einer Übersicht relevanter Gleichungen und numerischer Aspekte beim Lösen gewöhnlicher Differentialgleichungen. Die ersten Modelle befassen sich mit dem Zweikörper-Zentralkräfteproblem. Ausgehend vom Kepler-Problem wird der Einfluß allgemein relativistischer Effekte (Periheldrehung) auf Planetenbahnen aufgezeigt, die Wirkung von Multipolmomenten auf Satellitenbahnen und die Swing-By Technik für Raumsonden diskutiert. Der nächste Themenbereich befasst sich mit Oszillatoren und Chaos, beispielsweise dem Berechnen von Poincaré-Schnitten. Hier machen wir auch einen kleinen Abstecher zu Simulink. Mit einem kurzen Ausflug in Billardsysteme wird das Thema Chaos abgeschlossen.

Lagrangesche Punkte spielen eine wichtige Rolle für die satellitengestützte Astronomie, der wir uns im Kapitel 1.6 zuwenden und auch Aspekte der Visualisierung von Flächenobjekten aufzeigen. Starre Körper – wobei ein umfallender Schornstein in der Realität nicht wirklich starr ist – werden im Kapitel 1.7 angesprochen, bevor wir uns der Relativitätstheorie zuwenden. Themen sind hier unter anderem die Lichtablenkung im Gravitationsfeld (Gravitationslinseneffekt), Gravitationswellen und die kosmische Expansion. Gravitationswellen-Astronomie entwickelt sich zu einem neuen und fruchtbaren Gebiet der beobachtenden Astronomie. Wir schauen uns hier sowohl die Entstehung von Gravitationswellen als auch ihre Detektion an. Der letzte Abschnitt dient der Fragestellung: Das Weltalter beträgt etwa 13,7 Milliarden Jahre. Wie kann ein Objekt dann beispielsweise 40 Milliarden Lichtjahre von uns entfernt sein?

Im zweiten Kapitel kommt die Elektrodynamik zum Zug. Gegenstand dieses Abschnitts ist die Bewegung und Visualisierung geladener Teilchen in elektrischen und magnetischen Feldern, die Modellierung von Fallen und die Bewegung von Teilchen in großen

Beschleunigern. Hier diskutieren wir den relativistischen Einfluß auf die Bahn und wie man geladene Teilchen mit fast Lichtgeschwindigkeit auf eine Kreisbahn zwingt und fokussiert. Die Bewegung auf einer Kreisbahn ist eine beschleunigte Bewegung. Beschleunigte geladene Teilchen strahlen Energie ab. Wir werden die Strahlungscharakteristik diskutieren und visualisieren.

Mit dem dritten Kapitel verlassen wir die klassische Welt und wenden uns der Quantenmechanik zu.

Wir starten mit einer Übersicht relevanter Gleichungen. Separabilität erlaubt numerische Vereinfachung und wird durch die Wahl geeigneter Koordinatensysteme aufgedeckt. Zu Beginn werden alle Koordinatensysteme in drei Raumdimensionen und der zugehörige Laplace-Beltrami Operator beschrieben. Drehimpuls und Drehimpulskopplung spielen eine wichtige Rolle in der Quantenmechanik. Diesem Thema und der Berechnung der Clebsch-Gordan Koeffizienten wenden wir uns auch numerisch im 2. Abschnitt zu.

Klassische Mechanik und Quantenmechanik – wo liegen die Berührpunkte? Finden sich Phasenraumstrukturen in der Quantenmechanik wieder? Im dritten Unterkapitel geben wir darauf eine „visualisierte" Antwort. Zeitabhängige Probleme, die Entwicklung von Wellenpaketen sichtbar machen ist Gegenstand des vierten Abschnitts. Zeitunabhängige Modelle wie Potentialtöpfe oder Oszillatoren sind das nächste Thema. Was mache ich, wenn das Potential endlich ist und Ankopplungen an das Kontinuum erfolgen? Wie berechne ich Resonanzen? Fragestellungen, die wir in diesem Abschnitt ebenfalls aufgreifen.

Im vierten Kapitel stehen im Zentrum Finite Element Verfahren in der Quantenmechanik. Auch wenn wir uns hier auf eindimensionalen Modelle beschränken, bieten Finite Elemente vielfältige Möglichkeiten. Kombinationen mit anderen Methoden, Erweiterung auf mehrdimensionale Finite Elemente. Wichtig für das Konvergenzverhalten sind auch die Interpolationspolynome auf den jeweiligen Elementen – auch dies ein wichtiger Aspekt in diesem Kapitel.

Nach vier kommt fünf – auch bei Zufallsverfahren? Im 5. Kapitel wenden wir uns Zufallszahlen und der Berechnung eigener Wahrscheinlichkeitsverteilungen zu, diskutieren wie Zufallszahlen in MATLAB angelegt sind und nutzen Monte-Carlo Verfahren zur Bestimmung bestimmter Integrale und zur Berechnung der Eigenlösungen von Quantensystemen.

Damit sind wir an den Beginn dieser Inhaltsbeschreibung zurück gekehrt – das sechste Kapitel: Kurze Einführung in MATLAB , Diskussion endlicher Berechnungsgenauigkeiten und eine superkurze Einführung in die Symbolic Math-Toolbox.

Zu den jeweiligen Abschnitten gibt es Beispielprogramme, die auf der Internetseite des Verlags zum Download bereit stehen. Variieren Sie diese Programme, schreiben Sie selbst welche – erleben Sie Physik!

Danksagung. Da dieses Buch in meiner Freizeit entstand, möchte ich am Schluss noch meiner Frau Ursula für ihre Geduld und ihr Verständnis für manch durchschriebenes Wochenende danken.

Manches Beispiel entstand durch Fragen und Wünsche während meinen Vorlesungen
– dafür möchte ich den Studenten danken. Für Verbesserungsvorschläge und Hinweise,
für Wünsche nach weiteren oder anderen Beispielen bin ich dankbar. Sie werden sich
sicher in zukünftigen Versionen oder auch anderen Publikationen niederschlagen.

Tübingen und München, September 2016   Wolfgang Schweizer

Inhaltsverzeichnis

1 Klassische Mechanik und Relativitätstheorie

In diesem Abschnitt werden wir Simulation und numerische Verfahren für klassische, nichtrelativistische Systeme sowie Beispiele aus der speziellen und allgemeinen Relativitätstheorie diskutieren. Beginnen wir mit nicht-relativistischen Systemen und einer kurzen Auflistung relevanter Gleichungen. Für die Ableitungen und detaillierte Diskussion der Gleichungen möchte ich auf die zahlreichen Lehrbücher zur Klassischen Mechanik verweisen, insbesondere auf das Buch von Goldstein [1].

1.1 Kurze Übersicht ausgewählter Gleichungen

Ausgangspunkt vieler Überlegungen ist das Newtonschen Grundgesetz: Die zeitliche Änderungen des Impulses $\vec{p}$ eines Massenpunkts ist durch die auf ihn wirkende Kraft $\vec{F}$ bestimmt. Daraus folgt die Newtonsche Bewegungsgleichung

$$\frac{d}{dt}\vec{p} = \vec{F}(\vec{r}, \dot{\vec{r}}, t) \quad , \tag{1.1}$$

mit der Ortskoordinate $\vec{r}$, der Geschwindigkeit $\dot{\vec{r}}$ und der Zeit t. Jedes System für das die Newtonsche Bewegungsgleichung gilt ist ein Inertialsystem.

Für die Ableitung der Dynamik spielen die Lagrangesche und die Hamiltonsche Beschreibung der klassischen Dynamik eine wichtige Rolle. Sie erlauben es einfacher, dem mechanische System optimal angepasste Koordinatensysteme zu nutzen.

1.1.1 Die Lagrangeschen Bewegungsgleichungen

Die Lagrange-Funktion L ist gegeben durch

$$L = T - V \tag{1.2a}$$

mit T der kinetischen und V der potentiellen Energie und folgt dem Hamiltonschen Prinzip

$$\delta \int_{t_1}^{t_2} L \, dt = 0 \quad . \tag{1.2b}$$

Aus dieser Variationsgleichung lassen sich die Lagrangeschen Bewegungsgleichungen ableiten:

$$\frac{d}{dt}\frac{\partial L}{\partial \dot{q}_i} - \frac{\partial L}{\partial q_i} = 0 \quad . \tag{1.2c}$$

Dabei bezeichnet $\vec{q}, \dot{\vec{q}}$ den verallgemeinerten Ort und die verallgemeinerte Geschwindigkeit.

Im allgemeinen führen die Lagrangeschen Bewegungsgleichungen auf ein gewöhnliches Differentialgleichungssystem zweiter Ordnung. In MATLAB dient die ode-Familie der Lösung von Differentialgleichungen. Erwartet wird dabei ein System gewöhnlicher Differentialgleichungen 1. Ordnung. Dies ist keine wesentliche Einschränkung, da jede Differentialgleichung n-ter Ordnung in n Differentialgleichungen 1. Ordnung gewandelt werden kann.

1.1.2   Die Hamiltonschen Bewegungsgleichungen

Zu einem System mit n Freiheitsgraden gehören n Lagrangesche Bewegungsgleichungen (1.2c). Aus der Lagrange-Funktion (1.2a) ergibt sich der verallgemeinerte oder zu $\vec{q}$ kanonisch konjugierte Impuls zu

$$p_i = \frac{\partial L(q_i, \dot{q}_i, t)}{\partial \dot{q}_i} \quad . \tag{1.3}$$

Die Ortskoordinate $\vec{q}$ und die kanonisch konjugierte Impulskoordinate $\vec{p}$ haben bei n Freiheitsgraden n Komponenten und spannen gemeinsam den $2n$-dimensionalen Phasenraum auf.

Die Hamilton-Funktion H ist durch die Legendre-Transformation der Lagrange-Funktion nach den verallgemeinerten Geschwindigkeiten gegeben:

$$H(\vec{p}, \vec{q}, t) = \sum_i \dot{q}_i p_i - L(\dot{\vec{q}}, \vec{q}, t) \quad . \tag{1.4}$$

Aus der Hamilton-Funktion folgen die Hamiltonschen Bewegungsgleichungen zu

$$\dot{q}_i = \frac{\partial H}{\partial p_i} \tag{1.5a}$$

$$\dot{p}_i = -\frac{\partial H}{\partial q_i} \quad \text{sowie} \tag{1.5b}$$

$$\frac{\partial L}{\partial t} = -\frac{\partial H}{\partial t} \quad . \tag{1.5c}$$

Ist die Lagrange-Funktion L gegeben durch $L = T - V$ mit T quadratisch in den verallgemeinerten Geschwindigkeiten, dann gilt

$$H(\vec{q}, \vec{p}, t) = T(\vec{q}, \vec{p}) + V(\vec{q}, t) \quad . \tag{1.6}$$

Gilt außerdem $\frac{\partial V}{\partial t} = 0$, so ist H eine Erhaltungsgröße, und es gilt der Energiesatz. Die Hamiltonschen Bewegungsgleichungen führen auf ein gewöhnliches Differentialgleichungssystem 1. Ordnung und können daher direkt in MATLAB numerisch ausgewertet werden. Für zyklische Koordinaten ist der kanonisch konjugierte Impuls eine Erhaltungsgröße. Dies ist unmittelbar aus den Hamiltonschen Bewegungsgleichungen (1.5b) ersichtlich.

1.1.3   Die kanonischen Transformationen

Die kanonischen Transformationen sind Koordinatentransformationen im Phasenraum, die die Hamiltonschen Bewegungsgleichungen erhalten. Die kanonische Transformation erfüllt die folgenden Gleichungen

$$\sum p_i \dot{q}_i - H = \sum P_i \dot{Q}_i - K + \frac{dF}{dt} \quad , \tag{1.7a}$$

mit $(\vec{q}, \vec{p})$ den ursprünglichen Phasenraum-Koordinaten mit Hamiltonfunktion H und $(\vec{Q}, \vec{P})$ den kanonisch transformierten Koordinaten mit Hamiltonfunktion K. Für die transformierte Hamiltonfunktion gilt

$$K = H + \frac{\partial F}{\partial t} \quad , \tag{1.7b}$$

und die neuen Phasenraum-Koordinaten folgen ebenfalls den Hamiltonschen Bewegungsgleichungen (1.5a) und (1.5b) mit der transformierten Hamiltonfunktion K.

Die erzeugenden Funktionen F hängen jeweils von einer alten und einer neuen Phasenraum-Koordinate ab. Dies führt zu 4 unterschiedlichen Erzeugenden $F_1(\vec{q}, \vec{Q}, t)$,

$$F_1(\vec{q}, \vec{Q}, t) = F_2(\vec{q}, \vec{P}, t) - \sum Q_i P_i \quad , \tag{1.8}$$

$$F_1(\vec{q}, \vec{Q}, t) = F_3(\vec{p}, \vec{Q}, t) - \sum q_i p_i \quad \text{und} \tag{1.9}$$

$$F_1(\vec{q}, \vec{Q}, t) = F_4(\vec{p}, \vec{P}, t) + \sum q_i p_i - \sum Q_i P_i \quad . \tag{1.10}$$

Die Erzeugende F_1 erfüllt die folgenden Gleichungen

$$p_i = \frac{\partial F_1}{\partial q_i} \quad \text{und} \quad P_i = -\frac{\partial F_1}{\partial Q_i} \tag{1.11}$$

und F_2

$$p_i = \frac{\partial F_2}{\partial q_i} \quad \text{und} \quad Q_i = \frac{\partial F_2}{\partial P_i} \quad . \tag{1.12}$$

Die Erzeugende $F_1(\vec{q}, \vec{Q}) = \sum q_i Q_i$ vertauscht bis auf das Vorzeichen Koordinaten und Impulse während $F_2(\vec{q}, \vec{P}) = \sum q_i P_i$ die identische Transformation repräsentiert.

1.2   Numerische Lösung gewöhnlicher Differentialgleichungen

Klassische dynamische Systeme werden mathematisch meist durch gewöhnliche Differentialgleichungen (ODE) beschrieben. Die numerische Aufgabe besteht darin das korrespondierende Anfangswertproblem (auch Cauchy-Problem genannt),

$$\dot{\vec{y}} = f(t, \vec{y}) \quad \text{mit } \vec{y}(t_0) = \vec{y_0} \tag{1.13}$$

mit vorgegebenen Anfangswerten zu lösen. Wir werden in den nächsten Kapiteln profes-
sionelle und getestete MATLAB-Routinen verwenden. Dies spart Entwicklungszeit und
die verwendeten Routinen sind langjährig getestet. Doch zunächst, um ein grundle-
gendes Verständnis zu erwerben, einen kurzen Ausflug in die Numerik gewöhnlicher
Differentialgleichungen [2].

1.2.1 Löser mit fester Schrittweite

Beginnen wir mit einer der einfachsten Methoden, dem klassischen Euler-Verfahren,
auch als explizites Euler- oder Vorwärts-Euler-Verfahren bezeichnet. Als Beispiel betrachten wir in diesem Kapitel einen freien Fall mit Stokescher Reibung, wie er beispielsweise in großer Höhe erfolgt. Dazu wollen wir die Grenzgeschwindigkeit simulieren.
Ein Anwendungsbeispiel ist der spektakuläre Fallschirmabsprung des Östereichers Felix
Baumgartner, der Überschallgeschwindigkeit erreichte.

Für den freien Fall aus großer Höhe gilt die folgende Differentialgleichung

$$m\dot{v} = -m\,g + k\,v^2 \qquad , \tag{1.14}$$

mit m der Masse, g der Schwerebeschleunigung und k dem Reibungskoeffizienten. Lösen
können wir diese Gleichung exakt zu

$$v(t) = -v_\infty \tanh(\frac{gt}{v_\infty}) \qquad \text{mit} \quad v\infty = -\sqrt{\frac{mg}{k}} \qquad , \tag{1.15}$$

wobei wir den Anfangswert $v_0 = 0$ gesetzt haben. Wir wollen diese exakte Lösung auch
als Vergleich für unser numerisches Ergebnis verwenden.

Um mittels eines Euler-Verfahrens eine numerische Lösung zu bestimmen, wählen wir
eine äquidistante Schrittweite h

$$t_l = t_0 + l\,h \qquad \text{mit} \quad l = 1, 2, \cdots \qquad \text{und} \tag{1.16}$$
$$y_{l+1} = y_l + h\,f(t_l, y_l) . \tag{1.17}$$

Für eine effiziente Programmierung wollen wir nicht für jeden Fall ein neue Euler-Lösung
programmieren. Wir teilen daher die Aufgabe in drei Schritte:

1. Programmieren des Solvers (Lösungsalgorithmus). In MATLAB ist dies die ode-
   Familie, die als Bibliothek vorliegt.

2. Programmieren der Differentialgleichung

3. Programmieren einer Aufruf-Funktion oder -Skripts.

Beispiel. Programmieren des Lösungsalgorithmus: Das folgende Programm berechnet
eine Lösung der durch das Function Handle „of" repräsentierten Differentialgleichung.

```
function [t,y,tsn] = exEuler(of, ti, ts, y0)

% expliziter Euler (Vorwaerts Euler)
% of Function Handle der Differentialgleichung
% ti Berechnungsintervall
% ts Schrittweite
% y0 Anfangsbedingung
% t,y Rueckgabewerte Funktion
% tsn = korrigierte Schrittweite

% Hinweis: Parameter an die Funktion of koennten mittels
%          varargin uebergeben werden

% Anpassen der korrekte Schrittweite
dt = ti(2)-ti(1);
n = round(dt/ts);   % Anzahl der Berechnungsschritte
tsn = dt/n;
t = linspace(ti(1),ti(2),n);

y(1) = y0;   % Startwert

for l=1:n-1
    y(l+1) = y(l) + tsn * of(t(l),y(l));
end
```

Das Programm ist so aufgebaut, dass es auch bei falsch vorgegebener Schrittweite gewährleistet, dass das vorgegebene Zeitintervall ausgeschöpft wird. Die Differentialgleichung wird durch

```
function dy = testode(t,y)

% Freier Fall mit Stokescher Reibung
g =9.81;                % Erdbechleunigung
k = g/350^2;            % Luftreibung gewichtet mit Koerpergewicht (80 kg)
dy = -g + k.*y.^2;
```

repräsentiert. Verbleibt noch das Aufrufskript:

```
% Freier Fall mit Stokes Reibung
% --> Oesterreicher --> Fallschirmspringer
% Endgeschwindigkeit 350 m/s (Annahme) Gewicht 80 kg
m = 80;                 % Gewicht
g = 9.81;               % Erdbeschleunigung
vinf = 350;             % Grenzgeschwindigkeit m/s
k = m*g/vinf^2;         % Luftreibungskoeffizient kg * m/s^2 / (m/s)^2 = kg/m
%
```

```
tic
ti = [0, 150];
y0=0.;
ts = 0.005;
of = @ testode;

[t,y,ts] = exEuler(of, ti, ts, y0);
toc
format long
t(end),y(end),vinf

ye = -vinf.*tanh(g.*t/vinf);
plot(t,y,t,ye),shg
(y(end)-ye(end))/y(end)
```

Die Zeile of = @ testode; erstellt das Function Handle „of", das sicherstellt, dass die korrekte Funktion von „exEuler" aufgerufen wird. Da eine Funktion übergeben wird, wird „exEuler" auch als Function-Function bezeichnet. Zum Vergleich wird auch die exakte Lösung „ye" berechnet und mit dem numerischen Ergebnis verglichen. Die Rechenzeit ist auf meinem schon in die Jahre gekommenen Rechner mit 75 ms bemerkenswert kurz, die Abweichung liegt bei etwa $3 \cdot 10^{-7}$, allerdings handelt es sich auch um ein einfaches System.

An Stelle von Euler-Verfahren finden häufiger Runge-Kutta Verfahren Anwendung. Bei beiden handelt es sich um ein Einschritt-Verfahren, da jeweils nur ein Vorgänger (bzw. bei impliziten Verfahren ein Nachfolger) berücksichtigt wird. Runge-Kutta Verfahren berechnen zusätzlich Funktionszwischenwerte und erhöhen dadurch die Rechengenauigkeit. Häufig finden Runge-Kutta Verfahren 4. Ordnung Anwendung:

$$k_1 = f(t_i, y_i) \tag{1.18}$$

$$k_2 = f(t_i + \frac{h}{2}, y_i + \frac{h}{2} k_1) \tag{1.19}$$

$$k_3 = f(t_i + \frac{h}{2}, y_i + \frac{h}{2} k_2) \tag{1.20}$$

$$k_4 = f(t_i + h, y_i + h k_3) \tag{1.21}$$

$$y_{i+1} = y_i + \frac{1}{6} h (k_1 + 2k_2 + 2k_3 + k_4) . \tag{1.22}$$

Das folgende Programm zeigt eine Realisierung:

```
 function [t,y,tsn] = RK4(of, ti, ts, y0)

% Runge-Kutta 4.Ordnung
% .... vgl. function [t,y,tsn] = exEuler(of, ti, ts, y0)
%       bezgl. Variablen etc.
```

```
% Anpassen der korrekte Schrittweite
dt = ti(2)-ti(1);
n = round(dt/ts);   % Anzahl der Berechnungsschritte
tsn = dt/n;
t = linspace(ti(1),ti(2),n);

y(1) = y0;   % Startwert

for l=1:n-1
    k1 = of(t(l),y(l));
    k2 = of(t(l)+tsn/2 , y(l) + tsn/2*k1);
    k3 = of(t(l)+tsn/2 , y(l) + tsn/2*k2);
    k4 = of(t(l)+tsn   , y(l) + tsn*k3);

    y(l+1) = y(l) + tsn*(k1 + 2*k2 +2*k3 + k4)/6;
end
```

Die aufzurufende Differentialgleichung ist wiederum durch `testode` repräsentiert und das Aufrufskript unterscheidet sich nur durch den Aufruf des Solvers `[t, y, ts] = RK4(of, ti, ts, y0);`. Die Genauigkeit ist bei einem solch einfachen System nur geringfügig höher, die Berechnungszeit verdoppelt sich allerdings da mehr Zwischenschritte berechnet werden müssen.

Wie genau ist das Verfahren überhaupt und welche Nachteile ergeben sich durch eine feste Schrittweite?

Eine sich gemächlich verändernde Funktion erlaubt bei gleicher Genauigkeit eine größere Schrittweite als eine stark fluktuierende Lösung. Ein Verringern der Schrittweite führt innerhalb gewisser Grenzen zu einer Erhöhung der Genauigkeit. Allerdings zu mehr Einzelschritten, um letztlich den gesamten zeitlichen Verlauf zu berechnen. Betrachten wir dazu ein Beispiel:

Berechnung der Eulerschen Zahl.
Die Eulersche Zahl kann mittels

$$e = \lim_{n\to\infty} \left(1 + \frac{1}{n}\right)^n \tag{1.23}$$

berechnet werden. Gleichgültig ob die Berechnung in MATLAB, C oder FORTRAN durchgeführt wird, wir haben stets dieselbe endliche Genauigkeit. In der Umgebung der Zahl 1 ist dies `eps` ($2.2204 \cdot 10^{-16}$). Der Fortpflanzungsfehler $\left(1 + \frac{1}{n}\right)^n$ durch die endliche Auflösung der Zahlen ist von der Ordnung $n \cdot eps$, der Approximationsfehler von der Ordnung $1/n$. D.h. der Fehler ist durch $\max(\frac{1}{n}, n \cdot eps)$ gegeben. Das Optimum erreichen wir durch

$$\frac{1}{n} \approx n \cdot eps \quad \Rightarrow \quad n \approx \frac{1}{\sqrt{eps}} \approx 10^8 \tag{1.24}$$

Das Testergebnis zeigt Abb (1.1).

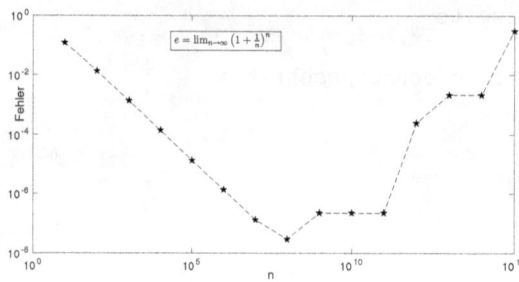

Abbildung 1.1: *Beispiel zur endlichen Rechengenauigkeit. Die Berechnung basiert auf dem Programm* **rundungsfehler.m**. *Für* $n > 10^8$ *zeigt sich ein Ansteigen des Fehlers.*

1.2.2 Variable Schrittweiten

Für technische Anwendungen wie beispielsweise automatische Code-Erzeugung für eingebettete Systeme werden feste Schrittweiten benötigt. Für Simulationen sind variable Schrittweiten effizienter. Die Schrittweite wird dabei durch Abschätzung des lokalen Fehlers bestimmt.

Für Runge-Kutta n-ter beziehungsweise $(n + 1)$-ter Ordnung gilt für die Lösung y

$$y(x_0 + h) = y_{exact} + kh^{n+1}$$
$$\tilde{y}(x_0 + h) = y_{exact} + \tilde{k}h^{n+2} \ ,$$

mit unbekannten Fehlerkoeffizienten k und $\tilde{k}$, da

$$y(x_0 + h) - \tilde{y}(x_0 + h) = kh^{n+1} - \tilde{k}h^{n+2} \approx kh^{n+1}$$

$$\Rightarrow k \approx \frac{y - \tilde{y}}{h^{n+1}}.$$

Sei ϵ der maximal erlaubte Fehler. Dann ist

$$\epsilon = |y(x_0 + h_{neu}) - \tilde{y}(x_0 + h_{neu})| = kh_{neu}^{n+1}$$
$$= \frac{h_{neu}^{n+1}}{h^{n+1}}|y(x_0 + h) - \tilde{y}(x_0 + h)|$$

und folglich

$$h_{neu}^{n+1} = \frac{\epsilon h^{n+1}}{|y(x_0 + h) - \tilde{y}(x_0 + h)|} \ . \tag{1.25}$$

Der Vorteil ist offensichtlich. Die Kombination unterschiedlicher Ordnungen erlaubt eine fehlerangepasste Optimierung der Schrittweite. Der Nachteil ist, dass $f(y, t)$ statt n-mal $(2n + 1)$-mal berechnet werden muss. Dieses Problem lässt sich durch Auswahl angepasster Zwischenwerte lösen; das Verfahren wird häufig im deutschsprachigen Raum als Runge-Kutta-Fehlberg-Algorithmus bezeichnet und benötigt nur $(n + 1)$-Berechnungsschritte. MATLAB nutzt für **ode45** ein Dormand-Prince- und für **ode23** ein Bogacki-Shampine-Paar. Die Ziffern bezeichnen die Ordnung der beiden Löser.

1.2.3   Steife Differentialgleichungen

Der Begriff „Steife Differentialgleichungen" ist nicht streng definiert. Lax gesprochen versteht man darunter Differentialgleichungen, die durch explizite Lösungsalgorithmen wie herkömmliche Runge-Kutta Verfahren nicht mehr effizient gelöst werden können. Häufig treten solche Probleme bei mehrdimensionalen Systemen mit stark unterschiedlichen charakteristischen Zeitkonstanten in den jeweiligen Dimensionen auf. Ein Beispiel sind gekoppelte weiche mit steifen Federn, also Federn mit einer niedrigen und einer hohen Eigenfrequenz. Solche Systeme lassen sich eher durch implizite Verfahren lösen. Betrachten wir als Beispiel ein implizites Eulerverfahren mit fester Schrittweite:

Für die Zeitschritte gilt wieder Gl. (1.16) und für die iterierten Werte

$$y_{l+1} = y_l + h\, f(t_{l+1}, y_{l+1})\,, \tag{1.26}$$

d.h wir müssen in jedem Zeitschritt die Nullstelle

$$0 = y_{l+1} - y_l - h\, f(t_{l+1}, y_{l+1})$$

berechnen:

```
function [t,y,tsn] = imEuler(of, ti, ts, y0)

% impliziter Euler (Rueckwaerts-Euler)
% .... vgl. function [t,y,tsn] = exEuler(of, ti, ts, y0)
%      bezgl. Variablen etc.

% Anpassen der korrekte Schrittweite
dt = ti(2)-ti(1);
n = round(dt/ts);   % Anzahl der Berechnungsschritte
tsn = dt/n;
t = linspace(ti(1),ti(2),n);

y(1) = y0;   % Startwert
option = optimset('TolX',1e-10);

for l=1:n-1
    % y(l+1) = y(l) + tsn * of(t(l+1),y(l+1));  impliziter Euler
    fh = @ (yr) (yr - y(l) - tsn * of(t(l+1),yr));
    y(l+1) = fzero(fh,y(l),option);
end
```

Die Funktion `fzero` berechnet die jeweiligen Nullstellen und löst damit die implizite Gleichung. Der Aufruf ist ähnlich dem der expliziten Gleichung. Die Berechnungsdauer ist mit über 40 s rund 600 mal langsamer als das explizite Euler-Verfahren. Für die Nullstellenbestimmung wurde als Startwert der Vorgängerwert genommen. Effizienter, insbesondere bei komplexeren Differentialgleichungen sind Prädiktor-Korrektor Methoden.

Prädiktor-Korrektor Methoden. Die Grundidee ist, den Startwert für die Null-
stelleniteration durch ein explizites Lösungsverfahren vorherzusagen – den Prädiktor
– und die Lösung durch ein implites Verfahren – den Korrektor – zu bestimmen. Das
prinzipielle Vorgehen zeigt folgende Beispiel wieder an einem einfachen Eulerverfahren
auf, auch wenn für praktische Anwendungen typischerweise auf Mehrschrittverfahren
zurückgegriffen wird.

```
function [t,y,tsn] = pcEuler(of, ti, ts, y0)


% Praediktor-Korrektor Euler (nur zur Dokumentation)
% .... vgl. function [t,y,tsn] = exEuler(of, ti, ts, y0)
%       bezgl. Variablen etc.


% Anpassen der korrekte Schrittweite
dt = ti(2)-ti(1);
n = round(dt/ts);    % Anzahl der Berechnungsschritte
tsn = dt/n;
t = linspace(ti(1),ti(2),n);


y(1) = y0;    % Startwert
option = optimset('TolX',1e-10);


for l=1:n-1
    y(l+1) = y(l) + tsn * of(t(1),y(1));
            % Expliziter Euler - Praediktor
    fh = @ (yr) (yr - y(1) - tsn * of(t(l+1),yr));
    y(l+1) = fzero(fh,yp,option);
            % impliziter Euler . Korrektor
end
```

Die Berechnungszeit reduziert sich bei diesem einfachen Beispiel nur geringfügig. Bei
komplexeren Problemen kann sich die Anzahl der notwendigen Nullstelleniterationen,
die die die größte Zeit kostet, deutlich verringern.

Mehrschrittverfahren. Für hohe Anforderungen an Genauigkeit und Stabiltät eignen sich besonders Mehrschrittverfahren. Mehrschrittverfahren berechnen die Lösungen
nicht nur aus einem Vorgänger oder Nachfolger sondern aus mehreren Lösungsschritten.
Beispielsweise ist ein Adams-Bashforth Algorithmus 2. Ordnung wie folgt aufgebaut:

$$y_{i+1} = y_i + \frac{h}{2}\left(3f(t_i, y_i) - f(t_{i-1}, y_{i-1})\right) \tag{1.27}$$

und ein Adams-Moulton Algorithmus 2. Ordnung

$$y_{i+1} = y_i + \frac{h}{2}\left(f(t_{i+1}, y_{i+1}) + f(t_i, y_i)\right) \qquad . \tag{1.28}$$

Beide Typen in durchaus unterschiedlichen Ordnungen werden häufig auch als Prädiktor-
Korrektor Paar genutzt - so auch in MATLAB.

1.2.4   Realisierungen in MATLAB.

Gewöhnliche Differentialgleichungssysteme lassen sich in MATLAB mittels der ode-Familie (Ordinary Differential Equations) lösen. Eine detaillierte Beschreibung der Lösungsalgorithmen findet sich in [3]. Der prinzipielle Aufruf ähnelt unserer Vorgehensweise oben, beispielsweise die Differentialgleichung `function dy = mydgl(t,y)` und der Lösungsalgorithmus `[t,y] = ode45(@ mydgl,ti,y0)` mit „ti" dem auszuwertenden Zeitintervall und „y0" den Anfangswerten. Alle Löser haben eine variable Schrittweite. Eine Übersicht findet sich in in Tabelle (1.1).

Tabelle 1.1: Übersicht der verfügbaren Löser zu gewöhnlichen Differentialgleichungen.

BEFEHL	KURZERLÄUTERUNG
ode45	Runge-Kutta-Verfahren: Dormand-Prince-Paar Eignung: Nicht-steife Probleme, Standardsolver
ode23	Runge-Kutta-Verfahren: Bogacki-Shampine-Paar Eignung: Nicht- oder schwach steife Probleme
ode23tb	Implizites Runge-Kutta-Verfahren Anwendung: Steife Differentialgleichungen
ode23t	Trapezverfahren Geeignet für DAE-Gleichungen vom Index 1 (singuläre Massenmatrix) und schwach steife Probleme
ode23s	Modifiziertes Rosenbrock-Verfahren Eignung: Steife Differentialgleichungen mit niederer Toleranz
ode15s	Rückwärtsintegration mit numerischer Differentiation DAE-Gleichungen vom Index 1, steife Differentialgleichungen
ode113	Adams-Moulton Bashforth Prediktor-Korrektor-Methode Eignung: Nicht-steife Probleme hoher Genauigkeit
ode15i	Numerische Differentiation Anwendung: Implizite DAE-Gleichungen zum Index 1
dde23	Basiert auf ode23 Lösung konstant verzögerter Differentialgleichungen
ddesd	Runge-Kutta-Verfahren 4. Ordnung Lösung verzögerter Differentialgleichungen
ddensd	Approximation mittels retardierter Differentialgleichung Lösung allgemein verzögerter Differentialgleichungen

An die in Tabelle (1.1) aufgelisteten Solver lassen sich über eine Struktur Optionen übergeben. Der Befehl `odeset` ohne Rück- oder Eingabevariable listet die möglichen Eigenschaften auf. Die Voreinstellungen werden dabei in geschweifter Klammer und der Typ in eckiger Klammer angezeigt.

```
>> odeset
          AbsTol: [ positive scalar or vector {1e-6} ]
          RelTol: [ positive scalar {1e-3} ]
```

```
       NormControl: [ on | {off} ]
       NonNegative: [ vector of integers ]
         OutputFcn: [ function_handle ]
         OutputSel: [ vector of integers ]
            Refine: [ positive integer ]
             Stats: [ on | {off} ]
       InitialStep: [ positive scalar ]
           MaxStep: [ positive scalar ]
               BDF: [ on | {off} ]
          MaxOrder: [ 1 | 2 | 3 | 4 | {5} ]
          Jacobian: [ matrix | function_handle ]
          JPattern: [ sparse matrix ]
        Vectorized: [ on | {off} ]
              Mass: [ matrix | function_handle ]
   MStateDependence: [ none | {weak} | strong ]
         MvPattern: [ sparse matrix ]
      MassSingular: [ yes | no | {maybe} ]
      InitialSlope: [ vector ]
            Events: [ function_handle ]
```

Die absoluten und relativen Toleranzen „AbsTol" und „RelTol" sind „Oder-Toleranzen".
Das bedeutet, dass es hinreichend ist, wenn eine von beiden erfüllt ist. Typischerweise
werden Nulldurchgänge von den absoluten Toleranzen und große Werte von den relativen Toleranzen dominiert. „NormControl" dient der Fehlerkontrolle der Norm der
Lösung. Sind e_i die relativen Fehler der i-ten Komponente der Lösung y, dann muss
(bei NormControl on) $||e|| \leq \max\{\text{RelTol} \cdot ||y||, \text{AbsTol}\}$ erfüllt sein. „OutputFcn" ist
eine Funktion, die nach jedem Integrationsschritt aufgerufen wird. Sie kann eine selbst
definierte Funktion, oder aber auch eine MATLAB-Funktion wie beispielsweise `odeplot`
sein. „OutputSel" ist ein Indexvektor, der festlegt, welche Komponenten der Lösung
der Output-Funktion zur Verfügung stehen sollen. „Refine" liefert eine Verfeinerung der
Rückgabewerte via Interpolation. „Stats" legt fest, ob der Löser ergänzende Informationen zur Berechnungseffizienz zurückliefern soll. „InitialStep" schlägt die Länge des
ersten Iterationsschritts vor. Ist der Schritt zu groß, wird er vom Solver verworfen
und ein kleinerer Schritt gewählt. „MaxStep" legt die maximal erlaubte Schrittweite
fest. „Events" erlaubt zusätzlich eine Eventfunktion zu nutzen. Ist diese Eigenschaft
„on", dann untersucht der Löser in jedem Berechnungschritt den Eventvektor auf einen
Nulldurchgang. Die Eventfunktion liefert dabei drei Rückgabewerte: `[ew, ist, dir]`
`= eventfcn(t,y)`. „ew" ist der erwähnte Eventvektor. Für „ist$\neq$0" (isterminal) wird
die Integration der Differentialgleichung bei detektiertem Nulldurchgang beendet, „dir"
(direction) legt die Richtung des Nulldurchgangs fest; $(-1, +1, 0)$ steht dabei für negative, positive Richtung oder jeder Nulldurchgang zählt. Beispiele dazu werden wir noch
später aufgreifen. Eine vollständige Beschreibung findet sich in [4] eine Übersicht der
jeweils unterstützten Eigenschaften ist in Tabelle (1.2) aufgelistet.

Tabelle 1.2: *Übersicht der unterstützten (x) Optionen der verschiedenen ode-Löser.*

PARAMETER	45, 23 113	15s	23s	23t	23tb
RelTol	x	x	x	x	x
AbsTol	x	x	x	x	x
NormControl	x	x	x	x	x
OutputFcn	x	x	x	x	x
OutputSel	x	x	x	x	x
Refine	x	x	x	x	x
Stats	x	x	x	x	x
Events	x	x	x	x	x
MaxStep	x	x	x	x	x
InitialStep	x	x	x	x	x
Jacobian	-	x	x	x	x
JPattern	-	x	x	x	x
Vectorized	-	x	x	x	x
Mass	x	x	x	x	x
MStateDependence	x	x	-	x	x
MvPattern	-	x	-	x	x
MassSingular	-	x	-	x	-
InitialSlope	-	x	-	x	-
MaxOrder	-	x	-	x	-
BDF	-	x	-	-	-

1.2.5 Kurze Übersicht der MATLAB-Programme

Die folgenden Programme sind auch ein Beispiel für die Verwendung eines private Verzeichnisses.

exEuler.m Beispiel für einen expliziten Euler Algorithmus zur Lösung gewöhnlicher Differentialgleichungen. Die Differentialgleichung wird durch `testode.m` repräsentiert. Als Aufruf dient `testaufexEuler.m`.

RK4.m Beispiel für ein Runge-Kutta Verfahren 4. Ordnung. Nutzt wieder `testode.m`; Aufruf über `testaufRK4.m`.

rundungsfehler.m Skript zur Visualisierung von Rundungsfehler am Beispiel der Eulerschen Zahl.

imEuler.m Beispiel für einen impliziten Euler Algorithmus zur Lösung gewöhnlicher Differentialgleichungen. Nutzt wieder `testode.m`; Aufruf über `testaufimEuler.m`.

pcEuler.m Beispiel für einen Prädiktor-Korrektor Ansatz zur Lösung gewöhnlicher Differentialgleichungen. Nutzt wieder `testode.m`; Aufruf über `testaufpcEuler.m`.

1.3   Betrachtungen zum Zweikörper-Zentralkräfteproblem.

Unter dem Zweikörper-Zentralkräfteproblem versteht man die Frage: Wie verhalten sich zwei Körper, die sich unter dem Einfluß einer wechselseitigen Zentralkraft bewegen. Ein typisches Beispiel ist die Bewegung der Erde um die Sonne. Ohne Berücksichtigung der Ausdehnung der Himmelskörper führt dies auf das Kepler-Problem. Die Natur der Bahn hängt dabei nur von der Energie ab. Für negative Energien folgt eine Ellipsenbahn, für positive Energien Hyperbeln und im Grenzfall verschwindender Energie eine Parabel.

Die Sonne ist zu unserem Vorteil ziemlich durchschnittlich. Trotzdem genügt ihre Masse bereits, dass sie zu einer zusätzlichen beobachtbaren Periheldrehung des Merkurs führt. Ein Punkt, den wir im Rahmen einer störungstheoretischen Potenzialbetrachtung diskutieren und nochmals im Abschnitt zur Allgemeinen Relativitätstheorie streifen werden. Tausende Satelliten umkreisen die Erde. Können wir die Erde wirklich in nur wenigen hundert Kilometern Höhe bereits als punktförmig betrachten? Schauen wir uns einmal die Bahnen etwas genauer an. Ein weiteres Anwendungsbeispiel: Swing-By Techniken zur Beschleunigung von Satelliten - und wo bleibt hier die Energieerhaltung?

1.3.1   Das Keplerproblem

Beginnen wir zunächst mit den Bewegungsgleichungen zweier punktförmiger oder zumindest strukturloser Körper.

Sind $\vec{r_1}$ und $\vec{r_2}$ die Koordinaten der beiden Körper, dann sind die Relativkoordinaten durch $\vec{r} = \vec{r_1} - \vec{r_2}$ und die Schwerpunktskoordinaten durch $\vec{R} = \frac{1}{M}(m_1\vec{r_1} + m_2\vec{r_1})$ gegeben, wobei m_i die Masse der einzelnen Körper und $M = m_1 + m_2$ die Gesamtmasse bezeichnet. Für die Lagrangefunktion gilt

$$L = \frac{1}{2}(m_1 + m_2)\dot{\vec{R}}^2 + \frac{1}{2}\frac{m_1 m_2}{m_1 + m_2}\dot{\vec{r}}^2 - V(|\vec{r}|) \quad . \tag{1.29}$$

Die Schwerpunktskoordinate ist eine zyklische Koordinate, d.h. diesen Teil können wir abspalten. Da es sich um eine Zentralkraft handelt bleibt die Bahnebene erhalten. Die verbleibende Lagrange-Funktion ist genau die Funktion, die wir erhalten würden, wenn wir ein Einteilchensystem mit der reduzierten Masse

$$m_\mu = \frac{m_1 m_2}{m_1 + m_2} \tag{1.30}$$

und festgehaltenem Kraftzentrum betrachten würden. Im Fall „Sonne-Erde" unterscheidet sich die reduzierte Masse m_μ nur unwesentlich von der Planetenmasse m_1. Führen wir zusätzlich Polarkoordinaten ein

$$x = r\sin\theta \quad \text{und} \quad y = r\cos\theta \tag{1.31}$$

so folgt die Lagrangefunktion zu

$$L = \frac{1}{2}m_\mu(\dot{r}^2 + r^2\dot{\theta}^2) - V(r) \quad . \tag{1.32}$$

Die kanonisch konjugierten Impulse (1.3) sind durch

$$p_r = m_\mu\dot{r} \quad \text{und} \quad p_\theta = m_\mu r^2\dot{\theta} \tag{1.33}$$

gegeben und damit die Hamiltonfunktion durch

$$H = \frac{p_r^2}{2m_\mu} + \frac{p_\theta^2}{2m_\mu r^2} + V(r) \quad . \tag{1.34a}$$

mit

$$V(r) = -\frac{Gm_1 m_2}{r} \quad . \tag{1.34b}$$

Daraus folgen die Bewegungsgleichungen zu

$$\dot{r} = \frac{\partial H}{\partial p_r} = \frac{p_r}{m_\mu} \tag{1.35a}$$

$$\dot{\theta} = \frac{\partial H}{\partial p_\theta} = \frac{p_\theta}{m_\mu r^2} \tag{1.35b}$$

$$\dot{p}_r = -\frac{\partial H}{\partial r} = \frac{p_\theta^2}{m_\mu r^3} - \frac{Gm_1 m_2}{r^2} \tag{1.35c}$$

$$\dot{p}_\theta = -\frac{\partial H}{\partial \theta} = 0 \quad . \tag{1.35d}$$

Die Bahngleichung findet sich in vielen Lehrbüchern der klassischen Mechanik [1] und ist für den Fall großer Zentralmassen m_2 durch

$$r = \frac{a(1-e^2)}{1 + e\cos(\theta)} \tag{1.36a}$$

mit der numerischen Exzentrizität e

$$e = \sqrt{1 + \frac{2Ep_\theta^2}{G^2 m_1^3 m_2^2}} \quad \text{und der großen Halbachse a} = \frac{Gm_1 m_2}{-2E} \tag{1.36b}$$

sowie der Umlaufdauer

$$T = \sqrt{\frac{4\pi^2}{Gm_2}}\, a^{\frac{3}{2}} \tag{1.36c}$$

gegeben. Die Umlaufdauer hängt folglich nur von der Masse des Zentralkörpers und der großen Halbachse ab.

Sind wir an der Beschreibung der Dynamik interessiert, so müssen wir die Bewegungs-gleichung (1.35) lösen. Betrachten wir zunächst das gewöhnliche Kepler-Problem. Zur Lösung eines Systems n gewöhnlicher Differentialgleichungen benötigen wir n Anfangs-werte. Gehen wir zunächst einmal Schritt für Schritt durch das Beispielskript `kepler.m`. Im ersten Schritt legen wir die notwendigen Konstanten fest:

```
%% Parameter und Konstanten
G = 6.67384e-11; % Gravitationskonstante
m1 = 5.977e24;   % Masse des Erde in kg
m2 = 1.983e30;   % Masse der Sonne in kg
AE = 1.496e11;   % Mittlere Entfernung Erde-Sonne in m
                 % = 1 astronomische Einheit (1AE)
%% Bahnparameter festlegen
epsilon =0.0167;% Exzentrizitaet (0 Kreis stets <1; Erde: 0.0167)
```

Die Bahn welchen Himmelskörpers wollen wir berechnen? `char` listet uns die Möglich-keiten auf und mit dem Befehl `input` übergeben wir die zugehörige Kennziffer. Mittels `switch` – `case` wählen wir die zugehörigen Bahnparameter aus.

```
char('Merkur  1','Venus    2','Erde     3','Mars     4', 'Jupiter 5',...
     'Saturn  6', 'Uranus  7','Neptun  8','Pluto    9','Eig.Werte 10')
wp = input('Welcher Himmelskoerper soll berechnet werden?
               Bitte Nr. aus Liste eingeben:    ')
switch wp
    case 1  % Merkur
        m1 = 0.037*m1;
        AE = 57.8e09;
        epsilon = 0.2056;
    case 2   % Venus
        m1 = 0.826*m1;
        AE = 108.1e09;
        epsilon = 0.0068;
    case 3 % Erde
        % Defaultwerte 'oben'
    case 4    % Mars
        m1 = 0.108*m1;
        AE = 227.7e09;
        epsilon = 0.0934;
    case 5    % Jupiter
        m1 = 318.36*m1;
        AE = 777.8e09;
        epsilon = 0.0484;
    case 6    % Saturn
        m1 = 95.22*m1;
        AE = 1425.6e09;
        epsilon = 0.0558;
    case 7    % Uranus
```

```
         m1 = 14.58*m1;
         AE = 2868.1e09;
         epsilon = 0.0471;
   case 8    % Neptun
         m1 = 17.27*m1;
         AE = 4494.1e09;
         epsilon = 0.0086;
   case 9    % Pluto
         m1 = 0.0021*m1;
         AE = 5906e09;
         epsilon = 0.2468;
   case 10    % eigen
         m1 = input('Masse Planet m1 ist Erdmasse; Bsp: 0.8*m1   ')
         m2 = input('Masse Sonne m2 ist Sonnenmasse; Bsp: 2*m2   ')
         AE = input('Abstand des Himmelskoerpers von der Sonne; ...
                    Erde-Sonne AE; Bsp: 0.5*AE  ')
         epsilon = input('Exzentrizität  Werte zwischen 0 und <1:  ')
end
mu = m1*m2/(m1+m2); % Reduzierte Masse
Vorf = G*m1*m2;     % Vorfaktor
```

Nun ist es an der Zeit, die Anfangswerte unserer Differentialgleichung zu bestimmen.

```
%% Startwerte
r0 = (1+epsilon)*AE;            % Anfangswert: Aphel; Radius
theta0 = 0;                     % Winkel
pr0=0;                          % radialer Impuls
E0 = -Vorf/(2*r0) * (1+epsilon); % Energie daraus dann Drehimpuls
pt0 = sqrt((E0*r0+Vorf)*2*mu*r0);% Drehimpuls
%% Differentialgleichung loesen
y0 = [r0;theta0;pr0;pt0];
n = input('Berechnungsdauer in Tage:  ') % Berechnung - wie lange?
%n = 365.75;%*10;%*2; % Anzahl der Tage
tmax=24*3600*n;                 % Umrechnung in Sekunden
```

Der nächste Schritt ist der Aufruf des Differentialgleichungslösers. Die Toleranzen legen wir mit `options = odeset(···)` fest. Dieser Schritt ist optional. `ode45(···)` ruft den Differentialgleichungslöser auf, hier ein Runge-Kutta Verfahren 4. und 5. Ordnung zur optimalen Schrittweite Bestimmung. Gehen wir die Argumente durch:

- `@(t,y) keplerDGL(t,y,mu,Vorf)` ruft die Funktion `keplerDGL` auf, die das Differentialgleichungssystem beherbergt.

- `(t,y)` sind die Integrationszeit und die Integrationsvariablen r, θ, p_r, p_θ aus Gleichung (1.35).

- `mu,Vorf` weitere notwendige Parameter zur Berechnung des Differentialgleichungssystems.

- [0, tmax] legt die Berechnungsdauer, y0 die Anfangswerte und `options` die Optionen des Differentialgleichungslösers fest.

Die Befehle `tic` und `toc` dienen der Berechnung der Rechenzeit und `plot` der Visualisierung der Ergebnisse.

```
options = odeset('RelTol',1e-8,'AbsTol',1e-8,'MaxStep',3600*24);
tic
[t,y] = ode45(@(t,y) keplerDGL(t,y,mu,Vorf),[0,tmax],y0,options);
toc
%% Visualisieren
x1=y(:,1).*sin(y(:,2));
x2=y(:,1).*cos(y(:,2));
plot(x1,x2),hold on, plot(x1(1),x2(1),'pr')
plot(0,0,'yp'),axis equal, shg
```

Verbleibt noch das Differentialgleichungssystem selbst, das in der Funktion `keplerDGL` steckt:

```
function dy = keplerDGL(t,y,m1,Vorf)
% Differentialgleichung

% Vers.1.0  06.11.2013
dy(1) = y(3)/m1;
dy(2) = y(4)/(m1*y(1)^2);
dy(3) = y(4)^2/(m1*y(1)^3) - Vorf/(y(1)^2);
dy(4) = 0;
%
dy = dy.';
```

Die erste Zeile ist die Funktionsdeklaration, die folgenden Zeilen lassen unschwer Gleichung (1.35) erkennen.

1.3.2   Die Periheldrehung

Das Skript `kepler.m`, erlaubt die Keplerbahnen zeitaufgelöst zu bestimmen. Schon früh wurde die Periheldrehung Abb. (1.2) bei Planeten beobachtet. Perihel bezeichnet den sonnennächsten und Aphel den sonnenfernsten Punkt einer Plantenbahn. Beim idealen Keplersystem bleibt die Bahn unverändert. Multipolmomente in der Masseverteilung und die Anziehungskräfte anderer Planeten bewirken eine Drehung der Umlaufbahn, die in Richtung der Planetenbewegung erfolgt. Klassische Newtonsche Beiträge überwiegen zwar lassen aber insbesondere beim Merkur einen kleinen Restbetrag von ca. 43.1 Winkelsekunden pro Jahrhundert übrig, der sich mittels der Allgemeinen Relativitätstheorie [5] erklären läßt.

Für die folgenden Betrachtung unterschlagen wir das kleine Dipolmoment der Sonne und beschränken uns auf die radiale Korrektur [6]. Der attraktive Newtonsche Potenzialanteil (1.34b) wird durch eine postnewtonschen Korrektur ergänzt, die sich mittels

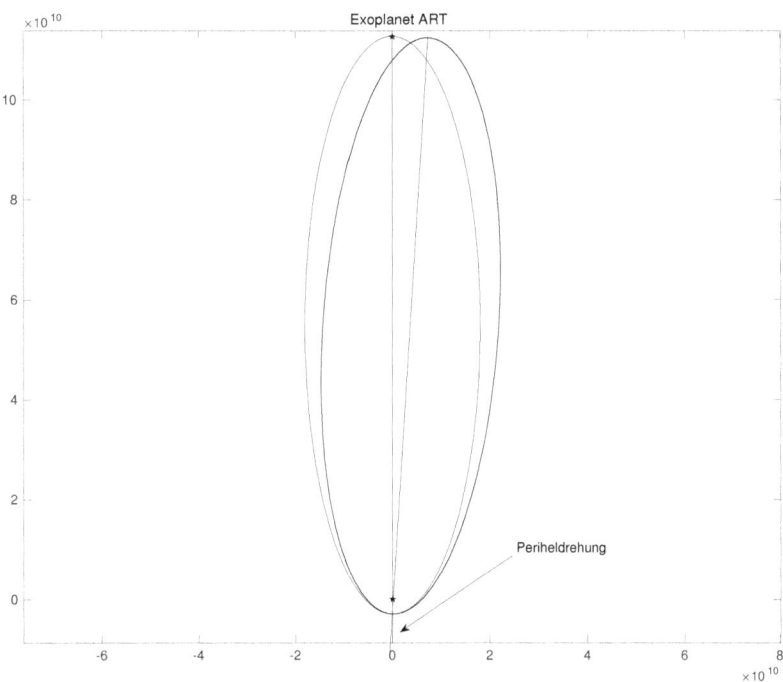

Abbildung 1.2: *Während beim idealen Keplersystem die Planetenellipsen unverändert bleiben, führen im realen System Multipolmomente der Massenverteilung, die Anziehungskräfte anderer Planeten und Beiträge des Gravitationsfeldes im Rahmen der Allgemeinen Relativitätstheorie zu einer Drehung der Planetenbahn Periheldrehung genannt.*

der Allgemeinen Relativitätstheorie ableiten läßt.

$$V(r) = -\frac{Gm_1m_2}{r} - \frac{G(m_1 + m_2)p_\theta^2}{c^2 m_\mu r^3} \tag{1.37}$$

Die korrigierten Bewegungsgleichungen ergeben sich damit zu

$$\dot{r} = \frac{\partial H}{\partial p_r} = \frac{p_r}{m_\mu} \tag{1.38a}$$

$$\dot{\theta} = \frac{\partial H}{\partial p_\theta} = \frac{p_\theta}{m_\mu r^2} - 2\frac{G(m_1 + m_2)p_\theta}{c^2 m_\mu r^3} \tag{1.38b}$$

$$\dot{p}_r = -\frac{\partial H}{\partial r} = \frac{p_\theta^2}{m_\mu r^3} - \frac{Gm_1m_2}{r^2} - 3\frac{G(m_1 + m_2)p_\theta^2}{c^2 m_\mu r^4} \tag{1.38c}$$

$$\dot{p}_\theta = -\frac{\partial H}{\partial \theta} = 0 \tag{1.38d}$$

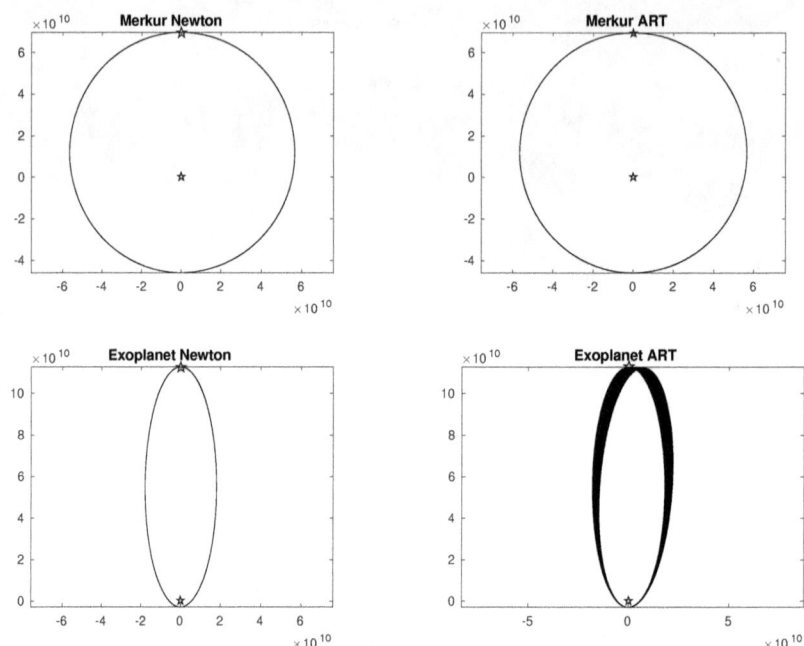

Abbildung 1.3: *Oben: Der Beitrag zur Periheldrehung des Merkurs basierend auf den radialen Korrekturen der Allgemeinen Relativitätstheorie. Betrachtet wurde ein Jahrhundert, dies entspricht 415,2 Bahnumläufe. Die Periheldrehung beträgt dabei 43,1″ und wird grafisch nicht mehr aufgelöst. In der zweiten Reihe die Darstellung mit und ohne Korrekturen der ART für einen hypothetischen Exoplaneten: 100-fache Sonnenmasse, 1/10 der Masse des Merkurs, derselbe Abstand aber eine bedeutend höhere Exzentrizität von 0,95. Betrachtet wurde dieselbe Anzahl von Planetenumläufen.*

und an Stelle der bisherigen MATLAB-Funktion `kepler.m` tritt das Skript `keplerART.m` sowie die Funktion `keplerDGLART`, die in einer Unterfunktion die Korrekturen der ART berechnet:

```
function dy = keplerDGLART(t,y,m1,Vorf,m2,G)
% Differentialgleichung

% Vers.2.0  21.12.2013  --> ART-Korrektur

[y2art,y3art] = ARTkorr(y,m1,m2,G);


dy(1) = y(3)/m1;
dy(2) = y(4)/(m1*y(1)^2) + y2art;
```

```
dy(3) = y(4)^2/(m1*y(1)^3) - Vorf/(y(1)^2) + y3art;
dy(4) = 0;
dy = dy.';


function [y2art,y3art] = ARTkorr(y,m1,m2,G)


% Naeherungsweise Berechnung der
% Korrekturen der allg. Relativitaetstheorie


cq = 2.99792e08^2; % Lichgeschwindigkeit in m/s zum Quadrat
mf = G*((m1+m2)^2)/(m1*m2*cq*y(1)^3);


y2art = -2*y(4)*mf;
y3art = -3*y(4)^2*mf/y(1);
```

Das Ergebnis zeigt Abb. (1.3). Die grafische Benutzeroberfläche `Plantenbahnen` erlaubt eine bequeme Visualisierung verschiedener Plantenbahnen.

Zur Abschätzung der Periheldrehung sollten wir stets exakt denselben Punkt vermessen. Da das Aphel, vgl. Abb. (1.2), näherungsweise dieselbe Winkelverschiebung wie das Perihel erleidet aber wegen des größeren Sonnenabstands genauer vermessen werden kann dient für die folgende Fragestellung als Beispiel das Aphel:

Bei der Lösung eines Systems gewöhnlicher Differentialgleichungen optimiert MATLAB die Schrittweite. Wie kann man erreichen, dass die Lösung wieder und wieder einen vorgegebenen Punkt erreicht?

Gelöst wird diese Fragestellung mittels sogenannter `events`, das sind vordefinierte Lösungspunkte, die exakt angesteuert werden müssen. Im Skript `keplerART` lautet daher die Zeile mit den Optionen für die Lösung der Differentialgleichungen

```
options = odeset('RelTol',1e-8,'AbsTol',1e-8,'MaxStep',3600*24, ...
                 'Events', @keplerARTevent);
```

Zusätzlich wird nun die Funktion `keplerARTevent` aufgerufen:

```
function [eventwert, isterminal, richt] = keplerARTevent(t,y)
persistent n
if isempty(n)
    n=1;
end
test = n*pi;
eventwert = y(2)-test;
isterminal = 0;
richt = 0;
if y(2) > 1.05*test
    n=n+1;
end
```

Die MATLAB-Variable y(2) ist die Winkelvariable θ. $n\pi$ ist exakt die ursprüngliche Position des Aphels bzw. Perihels.

- Mit eventwert wird der anzusteuernde Wert (Ereignis) festgelegt. Die Integration wird so durchgeführt, dass im Rahmen der Rechengenauigkeit „eventwert" genau Null wird.

- Die logische Variable isterminal legt fest, ob die Rechnung bei Erreichen der Bedingung beendet (1) oder fortgesetzt (0) werden soll.

- Die Variable richt kann die Werte ± 1 oder 0 haben, je nachdem, ob das Ereignis nur dann gewertet werden soll wenn es in positiver oder negativer Richtung durchlaufen wird oder ob dies gleichgültig ist.

Der letzte Berechnungsblock im MATLAB-Skript keplerART.m

```
%% Periheldrehung
try
PerDreh=360*(sol.xe(3)-solART.xe(3))/sol.xe(3)...
*3600*100*365/(sol.xe(3)/3600/24);
disp('die Periheldrehung auf Grund von ART-Korrekturen
betraegt grob ca. '),
disp(PerDreh), disp('sec pro Jahrhundert')
PerDauer=sol.xe(3)/3600/24;
PerDauerART = solART.xe(3)/3600/24;
disp('Die Periode in Tagen unterscheidet sich um')
PDdiff = PerDauer-PerDauerART;
disp(PDdiff)
disp('Periode in Tagen')
disp(PerDauer)
catch
    disp('zu wenig Tage fuer eine vollstaendige Periode berechnet')
    disp('Empfehle mehr als')
    ceil(Periode)
end
```

schätzt die Periheldrehung basierend auf den radialen Korrekturen der ART ab. Genutzt wird dabei die Verschiebung des Aphels nach einem Umlauf. Für den Merkur ergeben sich dabei etwa 43,7" pro Jahrhundert. (Die berechneten Werte sollten stets mit Vorsicht betrachtet werden, da wir sehr kleine Abweichungen basierend auf großen Zahlen berechnen und damit an numerische Grenzen gehen - aber das Ganze soll auch zum Spiel mit Modellen einladen.) Die Befehle try - catch fangen Programmabbrüche wegen zu kurz gewählten Bahnzeiten auf.

1.3.3   Irdische Satellitenbahnen

Relativistische Korrekturen spielen zwar für GPS Berechnungen eine Rolle nicht jedoch für die Satellitenbahnen. Wir werden uns nun auf den Einfluß der Multipolmomente der Massenverteilung der Erde auf Satellitenbahnen konzentrieren. Abb (1.4) zeigt ein Beispiel, das ähnlich für die ISS ohne Berücksichtigung von aktiven Bahnkorrekturen gelten könnte.

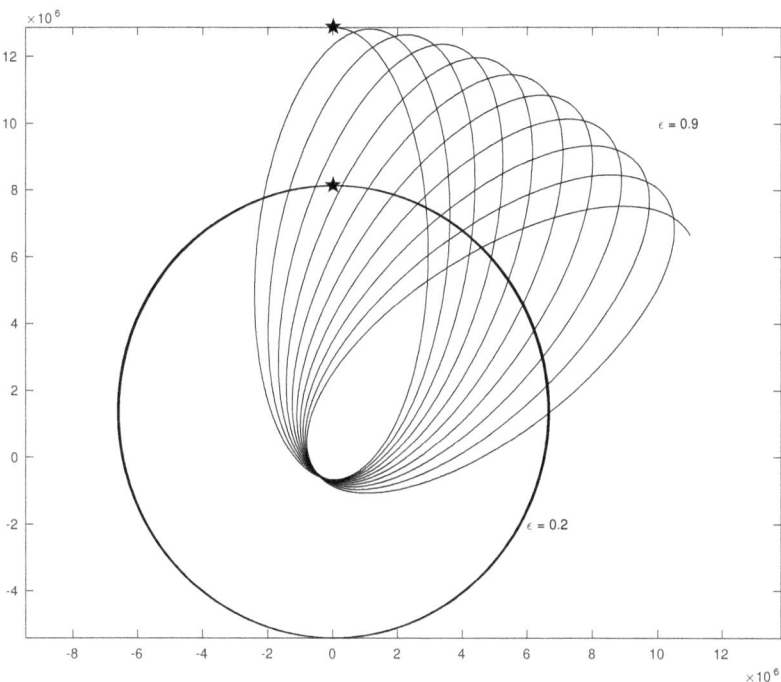

Abbildung 1.4: *Die ISS bewegt sich in ca. 350 - 450 km Höhe. Hier ist die Bahn (10 Umläufe) eines Satelliten mit einer mittleren Höhe von 400 km und einer Exzentrizität von 0,2 bzw. 0,9 dargestellt. Die Entfernungsangaben der Achsen sind in Meter gemessen vom Zentrum der Erde (Radius der Erde: 6378,14 km).*

Sei r_0 der mittlere Radius der Erde, dann wird unter Berücksichtigung der Multipol-momente das Potenzial zu

$$V(r,\theta) = -\frac{Gm_1 m_2}{r} \sum_{n=0}^{\infty} J_n \left(\frac{r_0}{r}^n\right) P_n(\theta) \quad , \tag{1.39}$$

mit J_n den Multipolmomenten der Erde und den Legendre-Polynomen n-ter Ordnung P_n. Für die Erde berücksichtigen wir Dipol-, Quadrupol- und Oktupolmomente; die verwendeten Werte stammen aus [7]. (Selbstverständlich könnten wir diese Korrektu-ren mit geeigneten Werten auch für die Berechnung der Periheldrehung im vorigen Abschnitt mit verwenden. Allerdings sind die J_2-Werte für die Sonne je nach Quel-le und Messverfahren sehr unterschiedlich. Ich habe daher darauf verzichtet.) In den dynamischen Gleichungen (1.35) müssen wir $\frac{\partial H}{\partial r}$ und $\frac{\partial H}{\partial \theta}$ entsprechend anpassen (vgl. SatErdeDGL.m).

Das MATLAB-Programm SatBahnErde lädt via grafischer Benutzeroberfläche zum Spielen mit Orbitalbahnen ein. Neben verschiedenen Bahnparametern kann auch die Masse des Satelliten eingegeben werden. Die Satellitenmasse geht nur über die reduzierte Masse

$$m_\mu = \frac{m_1 m_2}{m_1 + m_2}$$

in die Berechnung ein. Die Masse m_2 der Erde beträgt $5,977 \cdot 10^{24}$ kg. D.h. für alle realen Satelliten spielt deren Masse keine Rolle. Die Gleichungen (1.36) sind nur dann gültig wenn die Masse m_1 des Zentralkörpers die Masse des Begleiters m_2 deutlich überwiegt und die reduzierte Masse in guter Näherung gleich der Satellitenmasse gesetzt werden kann. Für die Berechnung der Integrationsdauer wird die Umlaufperiode mit der Zahl der gewünschten Umläufe multipliziert. Die Periode wird jedoch mittels der Gleichungen (1.36) abgeschätzt. Simulationen mit unrealistisch hohen Satellitenmassen sind daher durchaus lehrreich und zeigen den Einfluss oben erwähnter Annahmen auf. Mit dem Mauszeiger lassen sich dazu Bahnausschnitte der grafische Benutzeroberfläche geeignet vergrößern. Das MATLAB-Skript SatErde.m dient ebenfalls der Berechnung von Satellitenbahnen und ist wie folgt aufgebaut:

Im ersten Schritt werden die notwendigen Parameter und Konstanten definiert

```
%% Parameter und Konstanten
G = 6.67384e-11; % Gravitationskonstante
m1 = 6e1;        % Masse des Satelliten in kg
m2 = 5.977e24;   % Masse des Erde in kg
ae = 6.378140e06; % mittlerer Erdradius in m
J2 = 0.001082626; % Multipolmomente der Erde
J3 = -0.254e-05;
J4 = -0.161e-05;
Vorf = G*m1*m2;
mu = m1*m2/(m1+m2); % Reduzierte Masse
```

und dann die notwendigen Bahnparameter abgefragt und die Anfangswerte für die Lösung der Differentialgleichung berechnet.

```
%% Bahnparameter festlegen
h = input('Satellitenbahn: Hoehe ueber der Erdoberflaeche ');
%rm = ae+4e05;              % Abstand in m, h in km
rm = ae +h*1000;
epsilon = input('0 <= Exzentrizitaet der Bahn < 1 ');
%epsilon =0.95;% Exzentrizitaet (0 Kreis stets <1; Erde: 0.0167)
%% Umlaufzeit
Tn = sqrt(4*pi^2/(G*m2)*rm.^3)/3600; % in Stunden  --> n
Ausgabe = ['Wieviele Orbits? Die Umlaufzeit betraegt '...
```

```
             ,num2str(Tn), ' Stunden '];
n = input(Ausgabe);
%% Startwerte
r0 = (1+epsilon)*rm;    % Anfangswert: Aphel
theta0 = input('Winkel gegen die Polachse in Grad ');
theta0 = theta0*pi/180;;%pi/6;%0;%pi/2;%pi/5;%0;
pr0=0;
%
E0 = -Vorf/(2*r0) * (1+epsilon); % Energie
pt0 = sqrt((E0*r0+Vorf)*2*mu*r0);
```

Es folgt im nächsten Schritt – wie gehabt – der Aufruf des Solvers und die Visualisierung
der Ergebnisse.

```
%% Differentialgleichung loesen
y0 = [r0;theta0;pr0;pt0];
tmax=3600*Tn*n;
options = odeset('RelTol',1e-8,'AbsTol',1e-8,'MaxStep',3600*24);
tic
[t,y] = ode45(@(t,y) SatErdeDGL(t,y,mu,Vorf,ae,J2,J3,J4),...
              [0,tmax],y0,options);
toc
%% Visualisieren
x1=y(:,1).*sin(y(:,2));
x2=y(:,1).*cos(y(:,2));
plot(x1,x2,'k'),hold on, plot(x1(1),x2(1),'pr')
plot(0,0,'yp'),axis equal, shg
hold on
toc
```

Was noch fehlt ist die die Differentialgleichungen beherbergende MATLAB-Funktion:

```
function dy = SatErdeDGL(t,y,m1,Vorf,ae,J2,J3,J4)
% Differentialgleichung

% Vers.2.0  17.12.2013
[mr,mt]=multipol(y,ae,J2,J3,J4);                 % Multipolmomente
%
dy(1) = y(3)/m1;                                 % r
dy(2) = y(4)/(m1*y(1)^2);                         % theta
dy(3) = y(4)^2/(m1*y(1)^3) - Vorf/(y(1)^2)*(1+mr); % p_r
dy(4) = Vorf/y(1)*mt;                            % p_theta
%
dy = dy.';
```

```
function [mr,mt]=multipol(y,ae,J2,J3,J4)
% Berechnung der Legendre-Polynome
x = cos(y(2));
%P0 = 1;
%P1 = x;
P2 = 0.5*(3*x^2 - 1);
P3 = 0.5*(5*x^3 - 3*x);
P4 = 0.25*(7*x*P3 - 3*P2);
%
ris = ae/y(1);                    % skalierter inverser Abstand
%
mr = 3*J2*ris^2*P2 + 4*J3*ris^3*P3 + 5*J4*ris^4*P4;%radiale Komponente

% Berechnung der Ableitung der Legendre-Polynome
dx = -sin(y(2));
dP2 = dx*3*x;
dP3 = dx*(7.5*x^2 - 1.5);
dP4 = 0.25*(7*(dx*P3 + x*dP3) -3*dP2);
%
mt = J2*ris^2*dP2 + J3*ris^3*dP3 + J4*ris^4*dP4;
```

1.3.4   Die Swing-By Technik

Raumsonden, die von der Erde starten fliegen auf ihren Planetenmissionen häufig keine direkte Bahn sondern kreuzen andere Plantenbahnen. Auf Grund der Massenanziehung werden sie dabei aus ihrer Bahn abgelenkt. Solche Vorbeiflüge an Planeten werden nicht nur zur Richtungsänderung sondern auch gezielt zur Erhöhung bzw. Erniedrigung der Geschwindigkeit eingesetzt, je nachdem ob das Ziel innere oder äußere Planeten sind. Auf den ersten Blick, erscheint dies der Energieerhaltung zu widersprechen. Betrachten wir den folgenden Fall:

Eine Raumsonde wird um Jupiter abgelenkt. Im ruhenden System des Jupiters werden Anfangs- und Endgeschwindigkeiten gleich sein nur die Richtung des Satelliten wird sich ändern. Jupiter bewegt sich aber gleichzeitig um die Sonne. Das heißt im rotierenden System müssen wir noch zusätzlich die Rotation des Systems „Jupiter-Satellit" um die Sonne berücksichtigen. Der Ein- und der Austrittswinkel hat sich i.a. nach der Plantenpassage verändert und damit auch der Betrag der Geschwindigkeit und nicht nur ihre Richtung. Das Ausnutzen dieser physikalischen Gegebenheiten wird als Swing-By Technik bezeichnet. Eine wichtige Aufgabe von Swing-By Anwendungen ist nicht die Geschwindigkeits- sondern die Energieoptimierung.

(In realen Plantenmissionen wird die Satellitenbahn durch den Einsatz des Triebwerks korrigiert bzw. zusätzlich optimiert. Dies bleibt hier unberücksichtigt.) Zur Visualisierung der Swing-By Technik betrachten wir als Beispiel parabolische und hyperbolische Satellitenbahnen. Dazu dienen die MATLAB-Skripte swingByBew.m und swingBy.m. swingByBew.m rechnet die Ergebnisse des ruhenden Koordinatensystems in das rotierende um und swingBy.m berechnet die Satellitenbahn im ruhenden Jupiter System. Aufgerufen wird >> swingByBew.m. Im ersten Schritt wird das Skript swingBy.m aus-

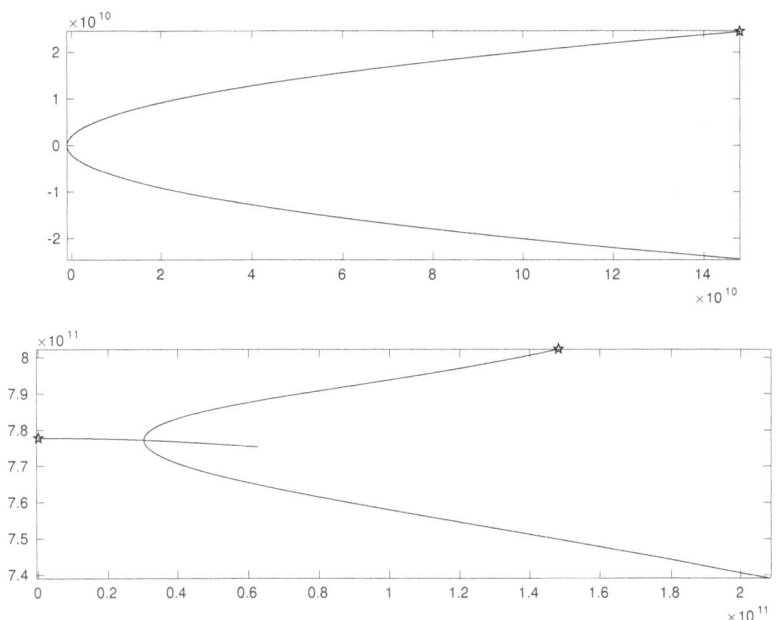

Abbildung 1.5: *Parabolische Bahn eines Satelliten um Jupiter. Die Bahnparameter sind so gewählt, dass der minimale Abstand zu Jupiter 10^6 km beträgt und der Winkel zur Bahnrichtung des Jupiters $270°$. Die Abstände sind in Meter aufgetragen. Die obere Abbildung im Ruhesystem des Jupiters in dessen Zentrum der Ursprung des Koordinatensystems liegt, unten im rotierenden System, die Sonne ist hier das Zentrum des Koordinatensystems. Der eingezeichnete Stern kennzeichnet jeweils den Startpunkt der Bahn. In der unteren Abbildung ist zusätzlich noch die Bahn des Planeten Jupiter eingeblendet. Auf Grund der Erhöhung der Geschwindigkeit ist der untere Parabelast im rotierenden System deutlich länger.*

geführt und die Ergebnisse im Jupiter System ermittelt. Danach erfolgt die Berechnung der Jupiterbahn über die Dauer der Planetenpassage, dabei bleibt die Exzentrizität der Jupiterbahn unberücksichtigt. `x1Jup, x2Jup` sind die Koordinaten der Jupiterbahn, `x1S, x2S` die mit dem Jupiter mitrotierten Satellitenkoordinaten und schließlich `x1,x2` die Satellitenkoordinaten im System der Sonne.

```
%%
close all,clear, clc
swingBy; % Bestimmen der Bahndaten und Darstellung der Bahn
         % im ruhenden Jupiter System
%%
figure
% AE = 777.8e09;    % Abstand Jupiter Sonne
% Bahnbewegung von Jupiter
```

```
% Berechnung des Winkels
T0 = 2*pi*sqrt(AE^3/G/m2);
phi=2*pi*t/T0;
x1Jup=AE*sin(phi);
x2Jup=AE*cos(phi);  % d.h die Bewegung verlaeuft im Uhrzeigersinn
%% Visualisieren
x1S=y(:,1).*sin(y(:,2)+phi);
x2S=y(:,1).*cos(y(:,2)+phi);
x1=x1Jup+x1S;
x2=x2Jup+x2S;
plot(x1,x2,'k'),hold on, plot(x1(1),x2(1),'pr'),plot(x1Jup,x2Jup,'b')
plot(x1Jup(1),x2Jup(2),'pm'),axis equal, shg
title('Bahn im rotierenden System')
```

Ähnlich der Bahnberechnung erfolgt die Geschwindigkeitsberechnung. Hier haben wir den Beitrag, der von der Rotation des Systems „Jupiter-Raumsonde" herrührt und die beiden Beiträge, vgl. Gl. (1.35), $p_r = m_\mu \dot{r}$ und $p_\theta = m_\mu r^2 \dot{\theta}$ des im Jupiter ruhenden Systems, die berücksichtigt werden müssen. Zum Abschluss erfolgt noch die Visualisierung der Geschwindigkeit im System der Sonne und die Ausgabe des Geschwindgkeitsverhältnisses.

```
%% Geschwindigkeit Jupiter bezueglich Sonne
vbahn = 2*pi*AE/T0;
v1Jup = vbahn*cos(phi);
v2Jup = -vbahn*sin(phi);
%% Geschwindigkeit Satellit bezgl. Jupiter
% Winkelanteil
vwinkelb = y(:,4)./y(:,1)/mu;
v1Sbahn = vwinkelb .* cos(y(:,2)+phi);
v2Sbahn = -vwinkelb .* sin(y(:,2)+phi);
v1Sr    = y(:,3).*sin(y(:,2)+phi)/mu;
v2Sr    = y(:,3).*cos(y(:,2)+phi)/mu;
%% Geschwindigkeit Satellit
v1 = v1Jup+v1Sbahn+v1Sr;
v2 = v2Jup+v2Sbahn+v2Sr;
vg = sqrt(v1.^2+v2.^2);
%figure,plot(t,v1,t,v2,t,vg),shg
figure,plot(t,vg),grid on, shg
title('Geschwindigkeitsverlauf - Betrag')
verhaeltnis = vg(end)/vg(1);
X = fprintf('Geschwingkeitsverhaeltnis vorher-nachher: %6.4f\n', ...
            verhaeltnis);
```

Die Berechnung im ruhenden Jupiter System erfolgt mit dem Skript swingBy.m, das ähnlich den bereits diskutierten Skripten aufgebaut ist: Konstanten und Bahnparameter festlegen, Berechnen der Anfangswerte, Aufruf des Differentialgleichungslösers.

```
%        SwingBy Technik am Beispiel Jupiter
% Ausgangsbahn des Satelliten Parabel oder Hyperbel
tic
%% Parameter und Konstanten
G = 6.6726e-11; % Gravitationskonstante
m1 = 1e6;       % Masse des Satelliten in kg.
% Jupiterdaten
% m2 = 1.193e30; % Zum Vergleich: Masse der Sonne in kg
% AE = 1.496e11; % Zum Vergleich: Entfernung Erde-Sonne in m
m2 = 5.977e24;  % Masse des Erde in kg
m2 = 318.36*m2; % Masse des Jupiters in kg
AE = 777.8e09;  % Abstand Jupiter Sonne in m
epsilon = 0.0484;% wird zu Null gesetzt; Annahme ideale Kreisbahn
%
Vorf = G*m1*m2;
mu = m1*m2/(m1+m2); % Reduzierte Masse
%% Bahnparameter festlegen
rmin = input('Mindestabstand zu Jupiter in km; Bsp. 1e06   ');
rmin = rmin*1000;
pt0 = sqrt(2*mu*Vorf*rmin);  % Drehimpuls zu E=0
%% Startwerte bestimmen
r0 = 150*rmin;   % Abstand fuer Start der Rechnung
was = input('Parabel ''P'' oder Hyperbel ''H'' ?');
thetastart = input('Winkel gegen die Jupiterbahn 0 ... 360   ');
thetastart = thetastart*pi/180;
if 'P' == was(1)
   disp('Parabel')
   Er = Vorf/r0-pt0^2/(2*mu*r0^2);
   pr0 = sqrt(2*mu*Er);
   C = mu*Vorf/pt0^2;
   theta0=acos((1/(r0*C)-1))+thetastart;
else
   disp('Nehme Hyperbel')
   epsilon = input('Exzentrizitaet > 1  ')
   if epsilon < 1
      disp('falscher Wert, setze')
      epsilon = 1.05
   end
   nullst=[1./(2*mu*rmin^2),-Vorf/rmin,-(epsilon^2-1)*mu*Vorf^2/2];
   pt0=sqrt(max(roots(nullst)));
   C = mu*Vorf/pt0^2;
   E = pt0^2/(2*mu*rmin^2)-Vorf/rmin;
   Er = E + Vorf/r0-pt0^2/(2*mu*r0^2);
   pr0 = sqrt(2*mu*Er);
   theta0 = acos((1/(r0*C)-1)/epsilon) + thetastart;
end
%%
```

```
y0 = [r0,theta0,-pr0,-pt0];
clear y
n = 3000; % Anzahl der Tage
tmax=24*3600*n;
options = odeset('RelTol',1e-8,'AbsTol',1e-8,'MaxStep',3600*24,...
                 'Events', @(t,y) swingByevent(t,y,r0));
[t,y] = ode45(@(t,y) kometenDGL(t,y,mu,Vorf),[0,tmax],y0,options);
%%
```

Da wir die Geschwindigkeit jeweils im selben Abstand von Jupiter vor und nach der Planentenpassage bestimmen wollen, benötigen wir wieder eine Eventfunktion, hier swingByevent. Verbleibt noch die Darstellung der Satellitenbahn:

```
x1=y(:,1).*sin(y(:,2));
x2=y(:,1).*cos(y(:,2));
plot(x1,x2),hold on, plot(x1(1),x2(1),'pr'),shg,axis equal,grid on
title('Bahn im ruhenden Jupitersystem')
toc
```

Die MATLAB-Funktion kometenDGL.m beherbergt die entsprechende Differentialgleichung und ist exakt gleich aufgebaut wie die Funktion keplerDGL.m. Eine Diskussion erübrigt sich daher. Verbleibt noch die oben erwähnte Event-Funktion. Die MATLAB-Variable y(1) ist die radiale Variable r, rstart wurde im Skript swingBy.m auf den 150-fachen Wert des Mindestabstands der Raumsonde von Jupiter festgelegt. Hier nun die Funktion swingByevent.m:

```
function [eventwert, isterminal, richt] = swingByevent(t,y,rstart)
```

```
%Vers. 1.0 30.12.2013
% Abbruch der Berechnung bei Wiedererreichen des selben Abstands
% wie beim Start
eventwert = 1;
if t>1
    eventwert = rstart-y(1);
end
isterminal = 1;
richt = 0;
```

1.3.5   Kurze Übersicht der MATLAB-Programme

Zum Abschluß noch eine kurze Zusammenfassung der verwendeten MATLAB-Programme und Hinweisen zu den Variablen. Die Funktionen, die die Differentialgleichungen beherbergen enthalten im Namen den Hinweis „DGL". Die Variablen sind stets ähnlich gewählt: $y = (r, \theta, p_r, p_\theta)$ und AE bezeichnet den Abstand Zentralkörper-Himmelsobjekt.

kepler.m MATLAB-Skript zur Berechnung von Keplerbahnen. kepler.m ruft die Funktion keplerDGL.m auf.

keplerART.m MATLAB-Skript zur Visualisierung der Periheldrehung basierend auf
radialen Korrekturen der Allgemeinen Relativitätstheorie. Die Periheldrehung eines Planeten setzt sich aus mehreren Beiträgen zusammen. Dieser radiale Beitrag ist sehr klein aber dennoch beobachtbar. Die Periheldrehung des Merkurs
war ein wichtiger Meilenstein für die experimentelle Bestätigung der Allgemeinen Relativitätstheorie. `keplerART.m` ruft die Funktionen `keplerDGLART.m` und
`keplerARTevent.m` auf.

Planetenbahnen.m ist eine MATLAB-Funktion, die eine grafische Benutzeroberfläche
zur Simulation von Planetenbahnen erstellt. Dazu gehört `Planetenbahnen.fig`.
`Planetenbahnen.m` umfasst die Funaktionalitäten von `kepler.m` und `kepler-`
`ART.m`, die Variablen werden aber nicht nach außen zum Experimentieren offen
gelegt.

SatErde.m MATLAB-Skript zur Visualisierung irdischer Satellitenbahnen unter Berücksichtigung der Multipolmomente der Massenverteilung der Erde. Abweichungen von der Rotationssymmetrie um die Polachse bleiben unberücksichtigt. `Sat-`
`Erde.m` ruft die Funktion `SatErdeDGL.m` auf.

SatBahnErde.m grafische Benutzeroberfläche zur Simulation irdischer Satellitenbahnen wie `SatErde.m`.

SwingByBew.m dient der Visualisierung der Swing-By Technik. Als Beispiel dienen
parabolische oder hyperbolische Satellitenbahnen um den Jupiter. Eine Erweiterung auf andere Bahntypen oder Planeten ist einfach. `SwingByBew.m` ist ein MAT-
LAB-Skript, das das Skript `SwingBy.m` aufruft, das die Berechnung im ruhenden
Jupitersystem ausführt. Die Funktion `kometenDGL.m` beherbergt die Differentialgleichungen und `SwingByevent.m` legt sicher, dass die Bahnberechnung in der
selben Entfernung vom ruhenden Jupiter beendet wird, in der sie auch begonnen
worden ist.

1.4   Oszillatoren und Chaos

Nach dem Theorem von Bertrand [1] sind die einzigen Zentralkräfte, die für alle gebundene Zustände zu geschlossenen Bahnen führen das $1/r^2$-Gesetz und das Hooksche
Gesetz. Damit sind der harmonische Oszillator und das Kepler-System ausgezeichnete
Systeme. Sind es wirklich zwei unabhängige Systeme? Betrachten wir das Kepler-System
unter einem neuen Gesichtspunkt.

1.4.1   Das Kepler-System und seine Äquivalenz zum
harmonischen Oszillator

In diesem Abschnitt werden wir das Kepler-System auf semiparabolische bzw. Kustaanheimo-Stiefel Koordinaten transformieren und zeigen, dass die Potenzial-Singularität
hebbar ist - und beim harmonischen Oszillator landen.

Ausgangspunkt ist die Lagrange-Funktion des Kepler-Systems

$$L(\vec{r}, \dot{\vec{r}}) = \frac{1}{2}\dot{\vec{r}}^2 + \frac{1}{|\vec{r}|} \quad (\vec{r} = (x, y, z))$$

in zylindrischen Koordinaten

$$x = \rho\sin(\varphi)$$
$$y = \rho\cos(\varphi)$$
$$z = z$$
$$L\left(\rho, z, \varphi, \dot{\rho}, \dot{z}, \dot{\varphi}\right) = \frac{1}{2}\left(\dot{\rho}^2 + \dot{z}^2 + \rho^2\dot{\varphi}^2\right) + \frac{1}{\sqrt{\rho^2 + z^2}}$$

Transformieren wir diese Lagrange-Funktion auf semiparabolische Koordinaten

$$\rho = \mu \cdot \nu$$
$$z = \frac{1}{2}(\mu^2 - \nu^2) \tag{1.40}$$
$$L\left(\mu, \nu, \varphi, \dot{\mu}, \dot{\nu}, \dot{\varphi}\right) = \frac{1}{2}(\mu^2 + \nu^2)(\dot{\mu}^2 + \dot{\nu}^2) + \frac{1}{2}\nu^2\mu^2\dot{\varphi} + \frac{2}{\mu^2 + \nu^2} \quad,$$

so folgt für den kanonisch konjugierten Impuls

$$p_\mu = \frac{\partial L}{\partial \dot{\mu}} = (\mu^2 + \nu^2)\dot{\mu} \quad,$$

$$p_\nu = \frac{\partial L}{\partial \dot{\nu}} = (\mu^2 + \nu^2)\dot{\nu} \quad\text{und}$$

$$p_\varphi = \frac{\partial L}{\partial \dot{\varphi}} = (\mu^2\nu^2)\dot{\varphi} \quad.$$

Die zugehörige Hamilton-Funktion hat die Form

$$H(p_\mu, p_\nu, p_\varphi, \mu, \nu, \varphi) = \frac{1}{2}\frac{p_\mu^2}{\mu^2 + \nu^2} + \frac{1}{2}\frac{p_\nu^2}{\mu^2 + \nu^2} + \frac{1}{2}\frac{p_\varphi^2}{\mu^2\nu^2} - \frac{2}{\mu^2 + \nu^2} \tag{1.41}$$

und besitzt einen Pol am Ursprung, der durch eine geeignete Regularisierung gehoben werden kann. Führen wir dazu die regularisierte Hamilton-Funktion *2* ein und setzten $H(p_\mu, p_\nu, p_\varphi, \mu, \nu, \varphi) = E$, so folgt aus

$$\frac{1}{2}r \cdot H(p_\mu, p_\nu, p_\varphi, \mu, \nu, \varphi) \Rightarrow$$

$$\mathcal{2} = \frac{1}{2}(p_\mu^2 + p_\nu^2) + \frac{1}{2}\frac{\mu^2 + \nu^2}{\mu^2\nu^2}p_\varphi^2 - E(\mu^2 + \nu^2) \quad, \tag{1.42}$$

wobei der Drehimpuls p_φ eine Erhaltungsgröße ist und E die Energie der Kepler-Bewegung bezeichnet, die für gebundene Bewegungen negativ ist. Die neue Hamilton-Funktion *2* hat für Kepler-Bewegungen stets den Eigenwert 2. Für $p_\varphi = 0$ erhalten wir

für negative Energiewerte einen zweidimensionalen, entarteten harmonischen Oszilla-
tor mit den Eigenfrequenzen $\omega = \sqrt{2\,|\,E\,|}$, die Hamilton-Funktion vereinfacht sich zu
$\mathcal{2} = \frac{1}{2}(p_\mu^2 + p_\nu^2) + |\,E\,|\,(\mu^2 + \nu^2)$, d.h ist singularitätenfrei.

Welche Rolle spielt die Zeit bei dieser Transformation ?
Betrachten wir dazu die kanonischen Bewegungsgleichungen

$$\dot{\mu} = \frac{d\mu}{dt} = \frac{\partial H}{\partial p_\mu} = \frac{p_\mu}{\mu^2 + \nu^2}$$

$$\dot{\nu} = \frac{d\nu}{dt} = \frac{\partial H}{\partial p_\nu} = \frac{p_\nu}{\mu^2 + \nu^2}$$

$$\mu' = \frac{d\mu}{d\tau} = \frac{\partial \mathcal{2}}{\partial p_\mu} = p_\mu$$

$$\nu' = \frac{d\nu}{d\tau} = \frac{\partial \mathcal{2}}{\partial p_\nu} = p_\nu \quad ,$$

wobei t die Zeit des Kepler-Systems und τ die des äquivalenten harmonischen Oszillators
bezeichnet. Durch Vergleich sehen wir sofort, dass

$$t = \int_0^\tau (\mu^2 + \nu^2) d\tau' \tag{1.43}$$

gilt. Betrachten wir ein kleines Bahnstück ds, so führt uns dies auf die folgende physikalische Interpretation: $ds = vdt = 2vrd\tau$, das heißt, bezüglich der "Oszillatorzeit" τ
läuft die Bewegung in der Umgebung des Ursprungs gleichsam in Zeitlupe ab.

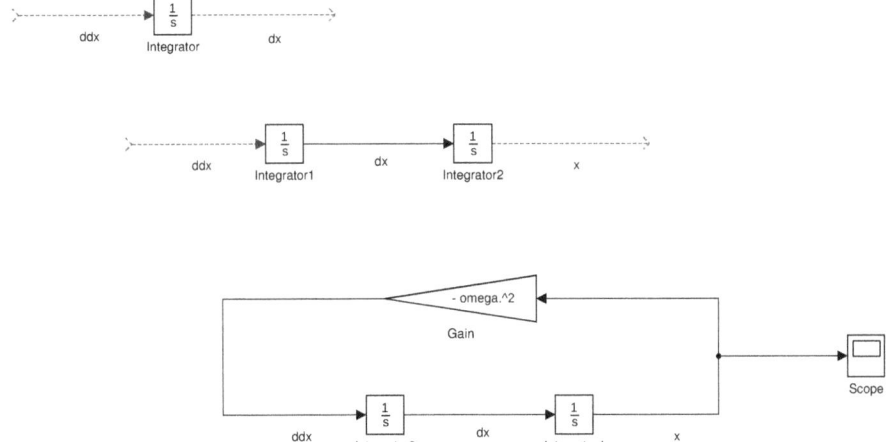

Abbildung 1.6: *Modellierung der Differentialgleichung (1.47a). Am Eingang des ersten In-
tegrators (oben) liegt $\ddot{x}(t)$ an. Der zweite Integrator (Mitte) führt dann zu $x(t)$, vorausgesetzt
wir erfüllen die Differentialgleichung (unten). Der „Scope" dient zur Visualisierung des Ergeb-
nisses.*

Kustaanheimo-Stiefel Koordinaten. Die Hamilton-Funktion Gl. (1.42) besitzt für nicht-verschwindenden azimuthalen Drehimpuls p_ϕ eine Singularität am Ursprung. Schreiben wir sie koordinatengeordnet, so folgt

$$\mathcal{H} = \underbrace{\frac{1}{2}p_\nu^2 + \frac{1}{2}\frac{p_\varphi^2}{\nu^2} - E\nu^2} + \underbrace{\frac{1}{2}p_\mu^2 + \frac{1}{2}\frac{p_\varphi^2}{\mu^2} - E\mu^2} \quad .$$

Jede der geschweiften Klammern beschreibt für negative Energien einen zweidimensionalen harmonischen Oszillator in Polarkoordinaten, wobei die semiparabolischen Koordinaten die Rolle der Radialkoordinaten spielen und beide zweidimensionale Oszillatoren *denselben* Drehimpuls p_φ aufweisen. Ausgehend von dieser Interpretation können wir die mit dem Zentrifugalterm verknüpfte Singularität, durch Transformation auf einen vierdimensionalen, entarteten harmonischen Oszillator

$$
\begin{aligned}
z_1 &= \mu \sin\varphi_1 & z_3 &= \nu \sin\varphi_2 \\
z_2 &= \mu \cos\varphi_1 & z_4 &= \nu \cos\varphi_2
\end{aligned}
\tag{1.44}
$$

$$
\begin{aligned}
p_1 &= p_\mu \sin\varphi_1 + \frac{p_{\varphi_1}}{\mu}\cos\varphi_1 & p_3 &= p_\nu \sin\varphi_2 + \frac{p_{\varphi_2}}{\nu}\cos\varphi_1 \\
p_2 &= p_\mu \cos\varphi_1 - \frac{p_{\varphi_1}}{\mu}\sin\varphi_1 & p_4 &= p_\nu \cos\varphi_2 - \frac{p_{\varphi_2}}{\nu}\sin\varphi_2
\end{aligned}
$$

$$\mathcal{H} = \frac{1}{2}(p_1^2 + p_2^2 + p_3^2 + p_4^2) - E(z_1^2 + z_2^2 + z_3^2 + z_4^2) \quad , \tag{1.45}$$

mit der skleronomen Nebenbedingung

$$z_2 p_1 - z_1 p_2 = z_4 p_3 - z_3 p_4 \quad , \tag{1.46}$$

beseitigen [8]. Für positive Energien folgt die Kepler-Bahn einer Hyperbel, Gleichung (1.45) beschreibt dann einen Hillschen Oszillator.

Neben dieser klassischen Anwendung haben Kustaanheimo-Stiefel Koordinaten für die Pfadintegral-Beschreibung des Wasserstoffatoms große Bedeutung erlangt. Erst durch den Rückgriff auf diese Koordinaten gelang es, die Green-Funktion des Wasserstoffatoms mittels Pfadintegrale (sowie Kohärenzzustände) abzuleiten.

1.4.2 Simulationswerkzeuge am Beispiel des harmonischen Oszillators

Neben MATLAB dient auch Simulink der Simulation dynamischer Systeme. Simulink bedient sich dazu einer grafischen Programmieroberfläche. Simulink wird in vielen Bereichen der Industrie eingesetzt. Einer seiner industriellen Anwendungsvorteile ist neben der grafischen Programmieroberfläche die Möglichkeit, mit geeigneten Erweiterungen Echtzeit-Code für Embedded Systems zu erstellen. Für eine Einführung in Simulink muss ich auf die Dokumentation verweisen, $\gg$ `doc 'Getting started with Simulink'`.

Betrachten wir als Beispiel die Differentialgleichung des harmonischen Oszillators

$$\ddot{x}(t) + \omega^2 x(t) = 0 \tag{1.47a}$$

mit Eigenfrequenz ω. Die Lösung ist durch $A\sin(\omega t + \phi)$ mit Amplitude A und Phasenverschiebung ϕ gegeben. Es gilt eine Differentialgleichung zweiter Ordnung zu lösen.

Betrachten wir die Lösung $x(t)$ als eine Abfolge (Signal) von Amplitudenwerten x_i zum Zeitpunkt t_i. Simulink verfügt über Integratorblöcke, Abb. (1.6). Liegt am Eingang eines Integratorblocks die zweite Ableitung $\ddot{x}$ des Signals x an, so erhalten wir an seinem Ausgang die erste Ableitung. Zwei Integratorblöcke führen folglich zu dem Signal x, das allerdings noch die obige Gleichung (1.47a) erfüllen muss. Dies wird durch die Rückführung und Multiplikation („Gain ") mit $-\omega^2$ erreicht. Eine Differentialgleichung zweiter Ordnung hat zwei Anfangswerte. Klicken auf den Intergratorblock öffnet ein Dialogfenster in den die Anfangswerte eingetragen werden. Im Beispiel wurden die Anfangswerte zu $\dot{x}(0) = 0$ (Integrator3) und $x(0) = 1$ (Integrator4) gewählt.

Daempf = [omega/4, omega, 4*omega]

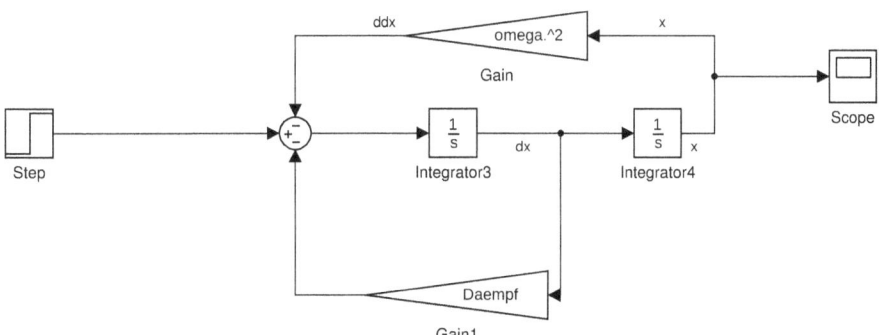

Abbildung 1.7: *Simulink-Modell* `harmoscEr.slx` *des harmonischen Oszillators mit Dämpfungsglied. Im Gain1-Block wurden gleichzeitig drei Werte übergeben und parallel simuliert.*

Packen wir noch zusätzlich ein Dämpfungsglied sowie eine äußere konstante Kraft mit Sprungstelle dazu

$$\ddot{x}(t) + \text{Daempf } \dot{x}(t) + \omega^2 x(t) = F(t) \,. \tag{1.47b}$$

Jetzt, Abb. (1.7), benötigen wir noch eine weitere Rückführung für den Dämpfungsteil und einen Summenblock in dem die verschiedenen Signale entsprechend Gl. (1.47a) zusammen geführt werden. Die Anfangswerte wurden zu Null gesetzt und im MATLAB-Kommandowindow $>>$ `omega =12;` und $>>$ `Daempf = [omega/4,omega, 4*omega]`; gesetzt. D.h., es wurden eine Simulation des gedämpften harmonischen Oszillators parallel mit drei unterschiedliche Dämpfungskonstanten durchgeführt. Das Ergebnis zeigt Abb. (1.8).

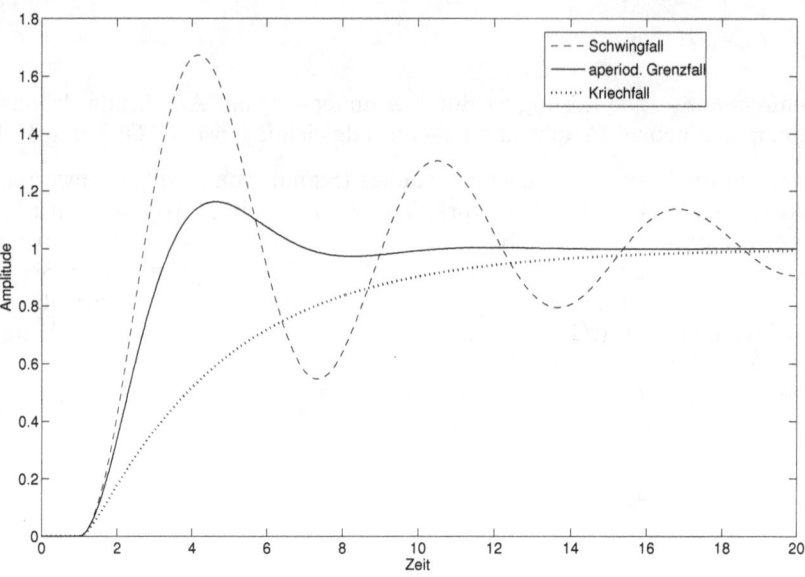

Abbildung 1.8: *Ergebnis der Simulaton mit dem Simulink-Modell* `harmoscEr.slx`*. Die Dämpfungskonstanten wurden gerade so gewählt, dass neben dem aperiodischen Grenzfall der Schwing- und der Kriechfall zum Vergleich dargestellt werden.*

Der harmonische Oszillator findet sich in verschiedenen Modifikationen als technisches Modell wieder. Betrachten wir den Fall eines schwingungsfähigen Systems, dessen Amplitude durch einen Maximalwert beschränkt ist - ein vereinfachtes Modell eines Stoßdämpfers, `harmoscStoss.slx`. Bei Erreichen des Maximalwerts wird der Schwingungskörper reflektiert, d.h. die aktuelle Geschwindigkeit kehrt sich um. Zusätzlich treten Verluste auf, im Modell `harmoscStoss.slx` mit einem willkürlich gewählten Faktor −0.95 realisiert. Doppelklicken auf einen Integratorblock öffnet das zugehörige Parameterfenster. Hier läßt sich ein obere Grenze („Upper saturation limit") eintragen und der zugehörige Ausgang („Show saturation port") aktivieren. Desweiteren lassen sich via „External reset" und „Initial condition source" zur Laufzeit neue Anfangswerte für die Integration übergeben. Der „State Port" dient dazu den aktuellen Integrationswert ohne Berücksichtigung von „Saturation", „Reset" oder ähnlichen auszugeben. Über den „state port" können wir daher den durch die aktuelle Integration bestimmten Geschwindigkeitswert („Show state port") zur Festlegung des neuen Anfangswerts nutzen. Das Ergebnis zeigt Abb. (1.10)

1.4.3 Das ebene Pendel

Hängen wir einen Ball an eine lange Schnur und lassen ihn hin- und herschwingen so führt dieser Ball eine periodische Bewegung aus - zumindest solange wir die Reibung

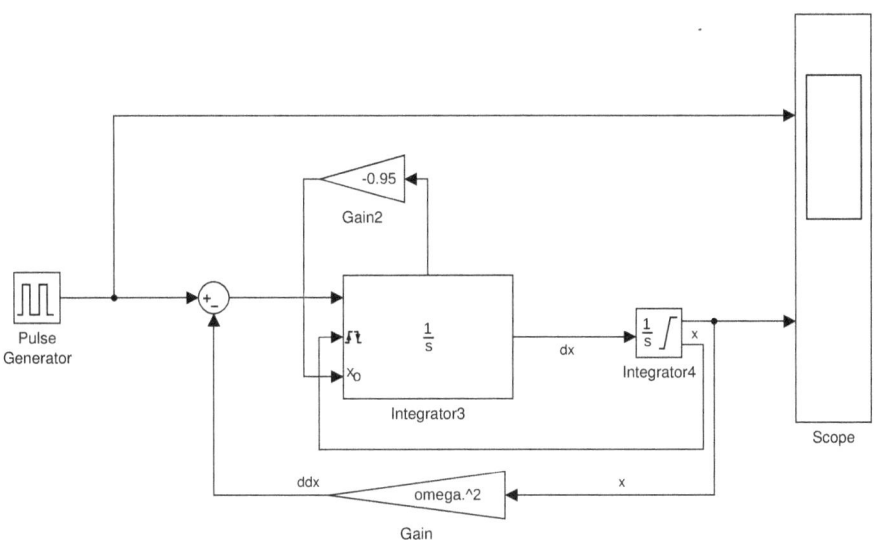

Abbildung 1.9: *Simulink Modell* `harmoscStoss.slx` *dessen maximaler Schwingungsausschlag beschränkt ist. Bei Erreichen des oberen Grenzwerts tritt Reflexion mit Verlust auf. Realisiert wird die Reflexion durch Umkehrung des Geschwingkeitswertes multipliziert mit einem festen Verlustfaktor.*

vernachlässigen. Abb. (1.11) illustriert diese Situation.

Auf unseren (punktförmigen) Ball der Masse m wirkt die Schwerkraft mg mit g der Erdbeschleunigung. Bei Auslenkung um den Winkel φ wirkt die rücktreibende Kraft $mg \sin \varphi$ und längs der Schnur $mg \cos \varphi$. Damit erhalten wir aus der Hamiltonfunktion die kanonischen Bewegungsgleichungen zu

$$H(p_\varphi, \varphi) = \frac{1}{2m} \frac{p_\varphi^2}{l^2} + mgl(1 - cos\varphi) \tag{1.48a}$$

und

$$\dot{\varphi} = \frac{\partial H}{\partial p_\varphi} = \frac{1}{m} \frac{p_\varphi}{l^2} \qquad \dot{p_\varphi} = -\frac{\partial H}{\partial \varphi} = mgl \sin \varphi \ . \tag{1.48b}$$

Bei kleiner Auslenkung ist die Periode $T = 2\pi\sqrt{\frac{l}{g}}$ bei größeren Auslenkungen führt die nichtlinearisierte Pendelgleichung auf ein vollständiges elliptisches Integral der ersten Gattung und muss durch folgenden Faktor $(1 + \frac{1}{4} sin^2 \frac{\varphi}{2} + \cdots)$ korrigiert werden. Das Ergebnis der numerischen Rechnung zeigt Abb. (1.12).

Die Differentialgleichungen (1.48b) finden sich im selbsterklärenden MATLAB-Programm `realesPendelDGL.m`,

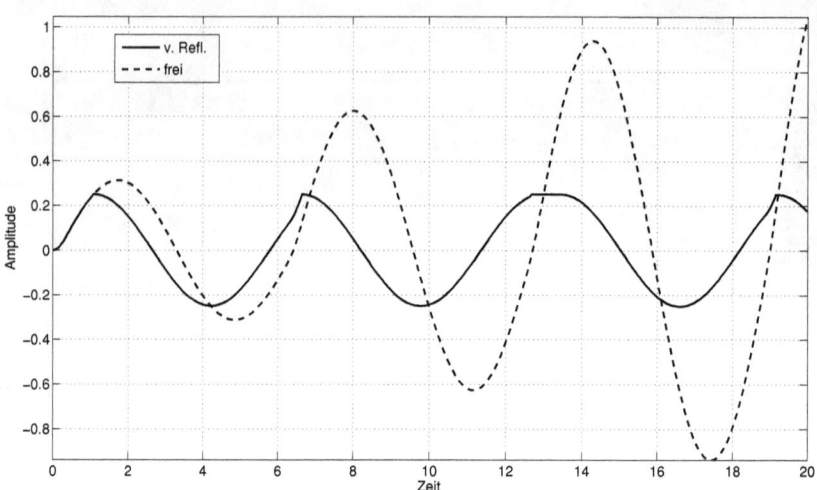

Abbildung 1.10: *Aufgetragen ist die Amplitude der Bewegung in Abhängigkeit der Zeit für das Simulink-Modell* **harmoscStoss**. *Die gestrichelte Linie („frei") entspricht der idealen Schwingung ohne Reflexion, die durchgezogene Linie („v.Refl.") der Bewegung mit verlustbehafteten Reflexion.*

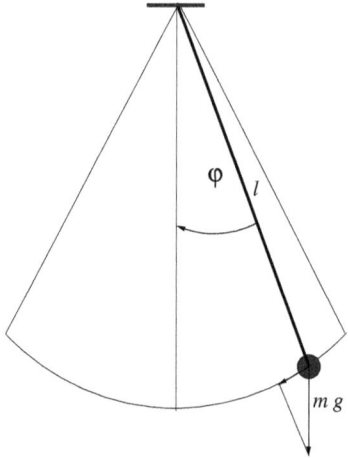

Abbildung 1.11: *Das ebene Pendel.*

```
function dy = realesPendelDGL(t,y,Vorf)
% Differentialgleichung

dy(1) = y(2);               % y1 = phi; y2 = dphi/dt
```

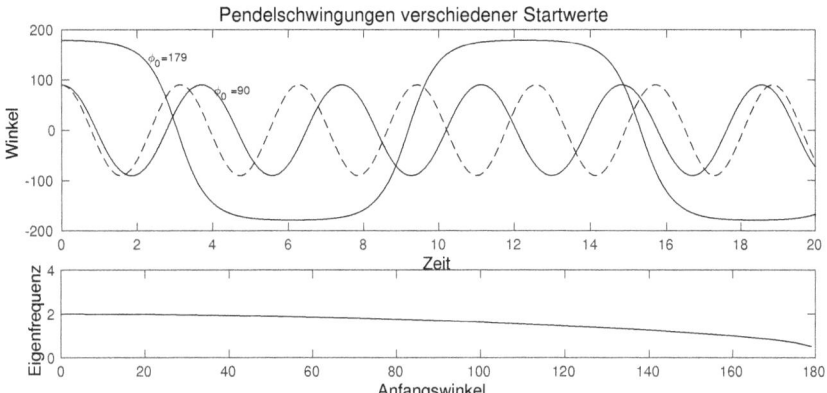

Abbildung 1.12: *Schwingungsverläufe für das ebene Pendel für unterschiedliche Startwinkel. Oben ist die Schwingungsamplitude in Abhängigkeit von der Zeit für verschiedene Startwinkel aufgetragen. Die gestrichelte Linie zeigt die Näherung für das mathematische Pendel. Bei einem Startwinkel von 180° würde das Pendel auf dem Kopf stehen und keine Schwingung mehr ausführen. Unten sind die Eigenfrequenzen in Abhängigkeit des Startwinkels φ aufgetragen. Je höher der Startpunkt ist, umso kleiner wird die Eigenfrequenz, d.h. um so langsamer schwingt das Pendel.*

```
dy(2) = -Vorf*sin(y(1));
%
dy = dy.';
```

das von dem Skript `realesPendel.m` aufgerufen wird:

```
%% Differentialgleichung loesen
y0 = [0.5*pi;0];                    % Anfangswerte
tmax=20;                            % Maximale Simulationsdauer
Vorf = 4;                          % omega0^2 -> g/l
options = odeset('RelTol',1e-8,'AbsTol',1e-8);
[t,y] = ode45(@(t,y) realesPendelDGL(t,y,Vorf),[0,tmax],y0,options);
%% Visualisieren
x1=sin(y(:,1));
x2=-cos(y(:,1));
figure(1),plot(x1,x2),hold on, plot(x1(1),x2(1),'pr'),axis equal, shg
figure(2)
subplot(2,1,1)
plot(t,y(:,1)/pi*180),hold on
plot(t,y0(1)/pi*180*cos(sqrt(Vorf)*t),'m'),shg
%% Bestimmen der Eigenfrequenzen
% die Eventfunktion sorgt fuer einen Abbruch der Berechnung nach genau
% einer Periode
winkel = [0.01 0.1 1, 10:10:170, 175, 179]; % Startwinkel
```

```
n=0;
for k=winkel
    n=n+1;
    y0 = [k/180*pi;0];
    options = odeset('RelTol',1e-8,'AbsTol',1e-8,...
                 'event',@(t,y) realesPendelevent(t,y,y0(1)));
    [t2,y2,te,ye,ie] = ode45(@(t,y) realesPendelDGL(t,y,Vorf),...
                         [0,tmax],y0,options);
    omega(n) = 2*pi/(te(2)-te(1));
end
figure(2),
subplot(2,1,2)
plot(winkel,omega),shg
figure(2),subplot(2,1,1)
plot(t2,y2(:,1)/pi*180,'g')
```

Zur numerischen Bestimmung der Periode muss genau eine vollständige Schwingung erfasst werden. Dafür sorgt - wie bereits in anderen Beispielen - die Event-Funktion, hier `realesPendelevent.m`:

```
function [eventwert, isterminal, richt] = realesPendelevent(t,y,awert)

eventwert = y(1);
isterminal = 0;
richt = -1;
```

Bei der Modellierung unseres Pendels sind wir von einem sehr kleinen Ball ausgegangen. Wie verändert sich das Bild wenn wir einen ausgedehnten Körper betrachten? Für einen punktförmigen Körper gilt die Bewegungsgleichung

$$\ddot{\varphi} + \frac{g}{l}\,sin\varphi = 0\;. \tag{1.49a}$$

Bei einem beliebigen Körper wird das Pendel als physikalisches Pendel bezeichnet. An Stelle der obigen Differentialgleichung tritt

$$\ddot{\varphi} + g\frac{m\,s}{\Theta}sin\varphi = 0 \tag{1.49b}$$

mit s als Abstand des Aufhängungspunktes vom Schwerpunkt und Θ dem Trägheitsmoment. Führen wir die reduzierte Pendellänge $l_r = \frac{\Theta}{m\,s}$ ein, so erhalten wir wieder die ursprüngliche Differentialgleichung, d.h. qualitativ dieselben Ergebnisse.

1.4.4   Das Foucaultsche Pendel

Betrachten wir das ebene Pendel in einem rotierenden Koordinatensystem so erhalten wir

$$m\ddot{\vec{r}} = \vec{S}_F + m\vec{g} - m\frac{d\vec{\omega}}{dt}\times\vec{r} - 2m\vec{\omega}\times\vec{v} - m\vec{\omega}\times(\vec{\omega}\times\vec{r})\;, \tag{1.50}$$

mit $\vec{S}_F$ der Fadenspannung, $\vec{\omega}$ der Winkelgeschwindigkeit (der Erde), $\vec{g}$ die Erdbeschleunigung, m die Masse und $\vec{v}$ die Geschwindigkeit des Pendelkörpers. Für die Erde gilt in
sehr guter Näherung

$$\frac{d\vec{\omega}}{dt} = 0 \quad \text{und} \quad \omega^2 \approx 0 \,. \tag{1.51}$$

Mit etwas Gleichungsgymnastik folgt daraus

$$\ddot{x} = -\frac{g}{l}\,x + \frac{2\omega\cos\lambda}{l}\,x\,\dot{y} + 2\omega\sin\lambda\,\dot{y} \tag{1.52a}$$

$$\ddot{y} = -\frac{g}{l}\,y + \frac{2\omega\cos\lambda}{l}\,y\,\dot{y} + 2\omega\sin\lambda\,\dot{x} \,, \tag{1.52b}$$

λ bezeichnet die nördliche geografische Breite. (Für sehr lange Pendellängen kann der
mittlere Term vernachlässigt und das Differentialgleichungssystem analytisch gelöst werden.) Auf der Nordhalbkugel ist λ positiv und die Schwingungsebene dreht sich im
Uhrzeigersinn, Abb. (1.13). Dies wird im folgenden MATLAB-Skript mittels des Befehls
comet visualisiert.

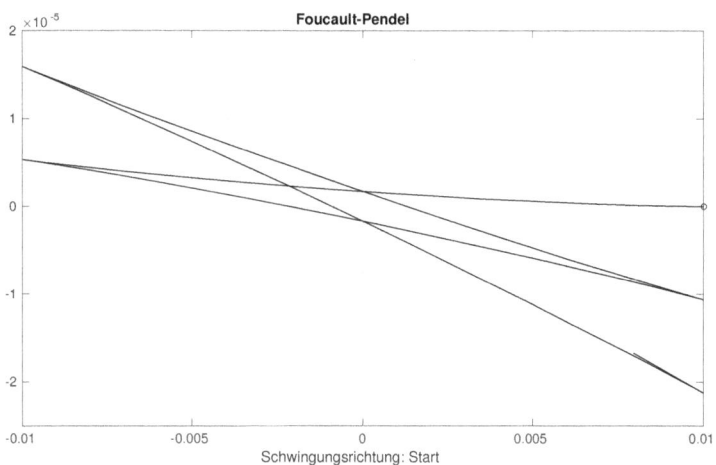

Abbildung 1.13: *Veränderung der Schwingungsebene in einem rotierenden System. Das Pendel wird um 0.01 nach rechts ausgelenkt. Der Startpunkt ist mit einem kleinen Kreis markiert.
In einem ruhenden Koordinatensystem würde das Pendel parallel zur x-Achse schwingen, in
einem rotierenden Koordinatensystem rotiert dagegen die Schwingungsebene. Das Pendel geht
dabei nie durch die Ruhelage des mathematischen Pendels $(0,0)$.*

```
% Simulation und Visualisierung des Foucaultschen Pendels
omega = 2*pi/(24*3600);   % Winkelgeschwindigkeit der Erde
g = 9.81;                 % Erdbeschleunigung
l = 60;                   % m Pendellaenge
```

```
%
lam = 70.0;                % geographische Breite
lam = lam*pi/180;

y0 = [0.01;0;0;0];         % Anfangswert: Auslenkung des Pendels
tmax = 12*3600;            % Laufzeit

options = odeset('RelTol',1e-10,'AbsTol',1e-10);

tic
[t,y] = ode113(@(t,y) foucault_dgl(t,y,g,l,omega,lam),...
                    [0, tmax], y0,options);
toc

plot(y(:,1),y(:,2)),axis equal,shg
%% Visualisierung der Drehung der Schwingungsebene
figure, hold on, axis equal
        xlim([-y0(1),y0(1)]),ylim([-y0(1),y0(1)]),shg
tic
comet(y(:,1),y(:,2),0.005),shg
toc
```

Die MATLAB-Funktion für das zugehörige Differentialgleichungssystem lautet:

```
function dy = foucault_dgl(t,y,g,l,omega,lam)

% lam geographische Breite ;
% omega Winkelgeschwindigkeit der Erde
% g Erdbeschleunigung und l Laenge des Pendels
% y(1) x-Richtung y(2) y-Richtung ; y(3) und y(4) zugehoerige
% Geschwindigkeiten

slam = 2.*omega.*sin(lam);
clam = 2.*omega.*cos(lam)./l;
gl = g/l;
%
dy(1) = y(3);
dy(2) = y(4);
%
dy(3) = slam.*y(4) + clam.*y(1).*y(4) - gl.*y(1);
dy(4) = -slam .* y(3) + clam.*y(2).*y(4) - gl .* y(2);

dy = dy.';
```

Ein Pendel behält in einem Intertialsystem seine Schwingungsebene bei. In einem rotierenden System treten dagegen zusätzlich Corioliskräfte ($\propto \vec{\omega} \times \vec{v}$) auf. Foucault demonstrierte 1851 mit einem 67 m langen und 28 kg schweren Pendel in Paris die Änderung der Schwingungsebene und damit die Erdrotation [13].

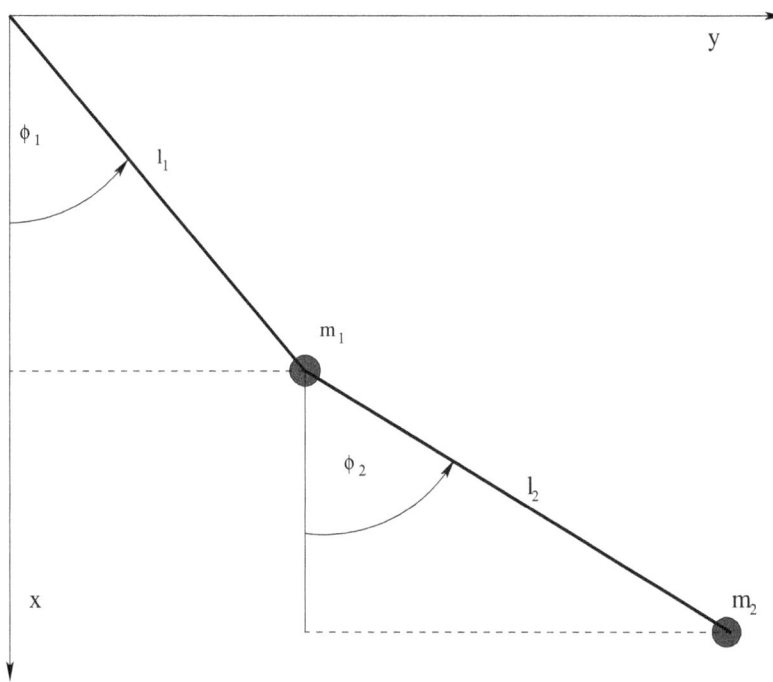

Abbildung 1.14: *Das Doppelpendel.*

1.4.5   Das chaotische Doppelpendel

Das Doppelpendel, Abb. (1.14), ist eines der einfachsten nicht-integrablen physikalischen Systeme, das reguläres und chaotisches Verhalten zeigt. (Bezüglich der Bezeichnungen sei auf die Abbildung (1.14) verwiesen.) Es gilt

$$x_1 = l_1 \cos\phi_1 \qquad \text{und} \qquad y_1 = l_1 \sin\phi_1 \,, \tag{1.53a}$$

sowie

$$x_2 = l_1 \cos\phi_1 + l_2 \cos\phi_2 \qquad \text{und} \qquad y_2 = l_1 \sin\phi_1 + l_2 \sin\phi_2 \,. \tag{1.53b}$$

Für die kinetische und potentielle Energie folgt

$$T_{kin} = \frac{1}{2}m_1 \left(\dot{x}_1^{\,2} + \dot{y}_1^{\,2}\right) + \frac{1}{2}m_2 \left(\dot{x}_2^{\,2} + \dot{y}_2^{\,2}\right) \tag{1.54a}$$

und

$$V = -m_1 \, g \, x_1 - m_2 \, g \, x_2 \tag{1.54b}$$

Mit Hilfe der Lagrange-Funktion

$$L = T_{kin} - V \qquad\qquad\qquad (1.54c)$$

lassen sich dann daraus die kanonischen Impulse und Bewegungsgleichungen berechnen. Die mühsame Umrechnung auf die Winkelkoordinaten per Hand sparen wir uns und nutzen dazu die `Symbolic Math Toolbox`.

Die `Symbolic Math Toolbox` basiert auf einem `MuPad` Kernel. Es gibt sowohl die Möglichkeit, innerhalb von MATLAB als auch über ein `MuPad Notebook` symbolische Berechnungen auszuführen. Für umfangreichere Berechnungen empfiehlt sich das `MuPad Notebook`. Für die Details muss ich hier auf die Dokumentation verweisen.

Geöffnet wird das `MuPad Notebook` mittels >> nb = mupad; nb ist dann ein `MuPad handle`, das das Notebook innerhalb MATLAB verwaltet. Das Notebook selbst wird unter einem geeigneten Namen mit der Dateikennzeichnung mn abgespeichert.

Erster Schritt ist, die Koordinaten, die kinetische und potentielle Energie und die Lagrange-Funktion zu definieren. Geben wir beispielsweise

```
x1(t) := l1*cos(phi1(t))
```

ein, so wird dadurch die Koordinate x_1 als Funktion der Zeit t definiert. Die Eingabebereiche sind durch rechteckige Marker gekennzeichnet und das Ergebnis der jeweiligen Definition wird sofort blau dargestellt.

```
x1(t) := l1*cos(phi1(t))
x2(t) := l1*cos(phi1(t)) + l2*cos(phi2(t))
y1(t) := l1*sin(phi1(t))
y2(t) := l1*sin(phi1(t)) + l2*sin(phi2(t))

Tkin := Simplify(1/2 * m1 * (diff(x1(t),t)^2 + diff(y1(t),t)^2)
+ 1/2 * m2 * (diff(x2(t),t)^2 + diff(y2(t),t)^2))
V := simplify(-m1*g*x1(t) - m2*g*x2(t))
L := Tkin - V;
```

Der Befehl `diff(x1(t),t)` bildet die Ableitung von x_1 nach t. `simplify` vereinfacht den Ausdruck, wobei `MuPad` und ich nicht immer einer Meinung sind. Die verallgemeinerten Impulse sind durch Gl. (1.3) definiert. Die nächsten Zeilen zeigen ihre Berechnung, sowie ihre Ableitungen nach der Zeit:

```
p1 := diff(L|[diff(phi1(t),t)=dphi1],dphi1)|dphi1=diff(phi1(t),t)
p2 := diff(L|[diff(phi2(t),t)=dphi2],dphi2)|dphi2=diff(phi2(t),t)

p1d := Simplify(diff(p1,t))
p2d := Simplify(diff(p2,t));
```

Durch diese Konstruktion wurde $\dot{\phi}_i$ die Variable dphii zugeordnet. Dies ist für die Ableitung der Differentialgleichungen notwendig. Die verallgemeinerten Impulse werden wir später noch zur Berechnung der Poincaré-Schnitte benötigen. Da in den kanonischen Gleichungen im Nenner Differenzen trigonometrischer Funktionen auftauchen, erweisen sich die Lagrangeschen Differentialgleichungen als numerisch stabiler. Nächster Schritt ist daher die Ableitung der Lagrangeschen Differentialgleichungen, Gl. (1.2c). Im MuPad Notebook wurden die folgenden Bezeichnungen gewählt:

$$fi \rightarrow \frac{\partial L}{\partial \phi_i}$$

und

$$\frac{d}{dt}\frac{L}{\partial \dot{\phi}_i} \leftarrow \frac{d}{dt}pi = pid \ .$$

Des weiteren bezeichnet *lagdgli* die Lagrangeschen Differentialgleichungen und für die Programmierung unter MATLAB wurden in "*lagdgl1n*"die Koordinaten $dx2, dx4$ substituiert und schließlich das Differentialgleichungssystem mit *linsolve* aufgestellt.

```
f1 := diff(L|[phi1(t)=w1],w1)|[w1=phi1(t)]
f2 := diff(L|[phi2(t)=w2],w2)|[w2=phi2(t)]

lagdgl1 := Simplify((f1-p1d)/(l1^2*(m1+m2)))
lagdgl2 := Simplify((f2-p2d)/(l2^2*m2))

lagdgl1n:=subs(lagdgl1,diff(phi1(t),t,t)=dx2,diff(phi2(t),t,t)=dx4)
lagdgl2n:=subs(lagdgl2,diff(phi1(t),t,t)=dx2,diff(phi2(t),t,t)=dx4)

linsolve({lagdgl1n=0,lagdgl2n=0},{dx2,dx4})
```

Das Ergebnis selbst habe ich für die Verwendung in MATLAB händisch noch vereinfacht:

```
function dy = dopPendelLagDGL(t,y,m1,m2,l1,l2)

% m1, m2, l1, l2 sind die Pendelmassen und -laengen
g = 9.81;  % Erdbeschleunigung

% Differentialgleichungen
dy(1)=y(2);
%
dy(2)=-((g*(2*m1+m2)*sin(y(1))+m2*(g*sin(y(1)-2*y(3))+2*(l2*y(4)^2+...
    l1*y(2)^2*cos(y(1)-y(3)))*sin(y(1)-y(3))))/...
    (2*l1*(m1+m2-m2*cos(y(1)-y(3))^2)));
%
dy(3)=y(4);
%
dy(4)=(((m1+m2)*(l1*y(2)^2+g*cos(y(1)))+l2*m2*y(4)^2*cos(y(1)-y(3)))*...
```

```
      sin(y(1)-y(3)))/(l2*(m1+m2-m2*cos(y(1)-y(3))^2));
%
%
dy = dy.';
```

Berechnen wir als Beispiel mit Hilfe dieser MATLAB-Funktion den Poincare-Schnitt einer einzelnen Trajektorie:

```
%
clear,clc
%% Parameter
g = 9.81;    % Erdbeschleunigung
m1 = 1;      % 1. Masse
m2 = m1;     % 2. Masse
l1 = 1;      % 1. Pendellaenge
l2 = l1;     % 2. Pendellaenge
phi10 =90;   %30;  % Startwinkel
%% Anfangswerte
y0 = pi*[phi10;0;0;0]/180; % phi, dphi1, phi2, dphi2
%% Berechnung der Energie
f1 = y0(1);
f2 = y0(3);
% p1, p2 sind die kanonisch konjugierten Variablen
p1 = (m1+m2)*l1^2.*y0(2)+m2*l1*l2*cos(y0(1)-y0(3)).*y0(4);
p2 = m2*l2^2*y0(4)+m2*l1*l2*cos(y0(1)-y0(3)).*y0(2);
E0 = 1./(m1 + m2*sin(f1-f2)^2)*(p1^2/(2*l1^2) + ...
     (m1+m2)/m2 * p2^2/(2*l2^2)-p1*p2/(l1*l2)*cos(f1-f2)) ...
     -(m1+m2)*g*l1*cos(f1) - m2*g*l2*cos(f2)
%%
tmax = 300;   % Laufzeit
options = odeset('RelTol',1e-8,'AbsTol',1e-10,'Events', ...
          @(t,y) dopPendelEvent(t,y,m1,m2,l1,l2));
tic
[t,y,te,ye,ie] = ode45(@(t,y) dopPendelLagDGL(t,y,m1,m2,l1,l2), ...
                  [0,tmax],y0,options);
toc
%% Poincareschnitt
f1e = ye(:,1);
f2e = ye(:,3);
p1e = (m1+m2)*l1^2.*ye(:,2)+m2*l1*l2*cos(ye(:,1)-ye(:,3)).*ye(:,4);
p2e = m2*l2^2*ye(:,4)+m2*l1*l2*cos(ye(:,1)-ye(:,3)).*ye(:,2);
f1e = f1e(p2e>=0);
p1e = p1e(p2e>=0);
%
subplot(1,2,2)
plot(f1e,p1e,'.k','MarkerSize',3), hold on
set(gcf,'UserData',y0)
```

Der Poincare-Schnittpunkt wird durch eine Eventfunktion ermittelt:

```
function [eventwert, isterminal, richt] = dopPendelEvent(t,y,m1,m2,l1,l2)

eventwert=y(3);
isterminal=0;
richt=1;
```

Abb. (1.15) zeigt auf der linken Seite eine semiperiodische reguläre Bahn, d.h. eine Bahn deren beiden Eigenfrequenzen nicht in einem ganzzahligen Verhältnis stehen. Auf der rechten Seite der dazugehörige Poincaré-Schnitt. Das irreguläre, chaotische Pendant zeigt Abb. (1.16). Was verstehen wir unter einem Poincaré-Schnitt und welche Informationen erhalten wir daraus?

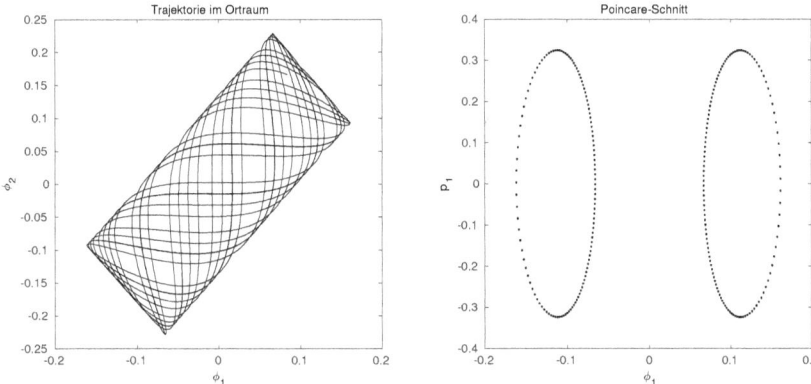

Abbildung 1.15: *Reguläre Bahn des Doppelpendels mit den Parametern* $(m_1, m_2, l_1, l_2) = (1, 1, 1, 1)$ *bei einer Energie von* $-29, 1319$. *Dies entspricht einem Auslenkwinkel von* $10°$ *der unteren Pendelmasse. Die Anfangswerte wurden zufällig gewählt.*

Die Poincaré-Ebene

Die Arena der klassischen Dynamik ist der 2f-dimensionale Phasenraum, bzw. für konservative Hamiltonische Systeme die Energieschale, eine (2f-1)-dimensionale Hyperebene des Phasenraums. Klassische Trajektorien haben auf dem Orts- bzw. Impulsraum einen eindeutigen Pfad, jedoch gilt nicht die Umkehrung, dass jedem Punkt des Orts- oder des Impulsraumes genau eine Trajektorie zugeordnet werden kann. Wählen wir eine Ortskoordinate $q_n (n \leq f)$ zu Null, so ist deren kanonisch konjugierte Impulskoordinate p_n, wegen der Energieerhaltung für konservative Systeme, bis auf das Vorzeichen eindeutig durch die Angabe der verbleibenden (f-1) Orts- sowie deren kanonisch konjugierten (f-1) Impulskoordinaten bestimmt. Beschränken wir uns beispielsweise auf positive Werte von p_n, so werden durch die (2f-2) Phasenraumkoordinaten $(q_1, ..., q_{n-1}, q_{n+1}, ..., q_f; p_1, ..., p_{n-1}, p_{n+1}, ...p_f)$ eine (2f-2)-dimensionale Hyperebene des Phasenraumes, die Poincaré-Ebene Γ

$$\Gamma(E) = \{(q_1, ..., q_{n-1}, q_{n+1}, ..., q_f; p_1, ..., p_{n-1}, p_{n+1}, ...p_f) | H(\vec{q}.\vec{p}) = E, q_n = 0 \wedge p_n \geq 0\}$$

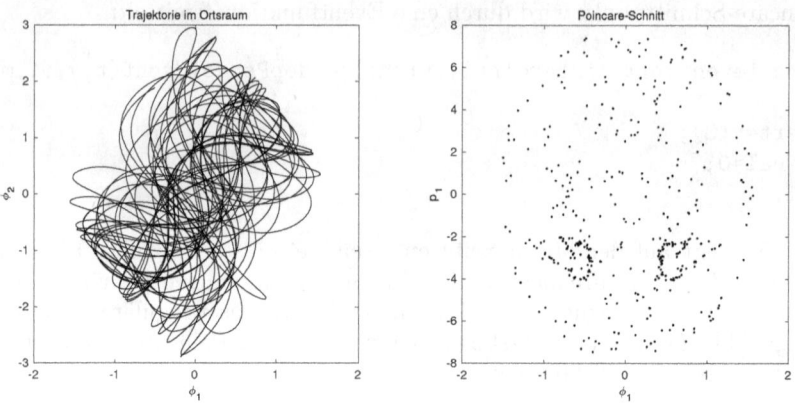

Abbildung 1.16: *Chaotische Bahn des Doppelpendels mit den Parametern* $(m_1, m_2, l_1, l_2) =$ *(1, 1, 1, 1) bei einer Energie von* $-10, 5118$*. Dies entspricht einem Auslenkwinkel von* $87, 95°$ *der unteren Pendelmasse. Die Anfangswerte wurden zufällig gewählt.*

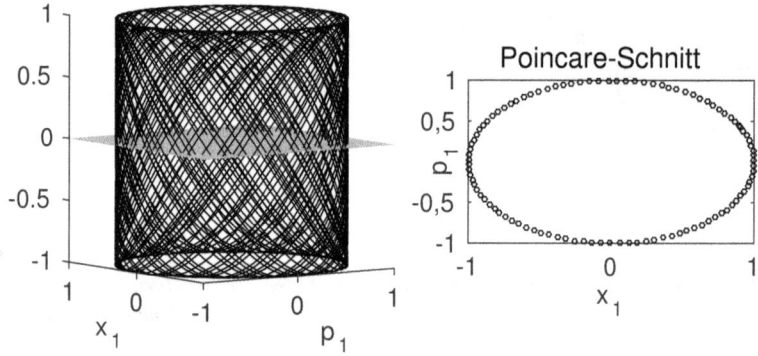

Abbildung 1.17: *Poincaré-Schnitt am Beispiel einer einzelnen Trajektorie*

aufgespannt, vgl. Abb (1.17). Den Punkten dieser Poincaré-Ebene lassen sich wie der Energieschale ein-eindeutig Trajektorien im Phasenraum zuordnen. Die Integration einer Trajektorie des Hamiltonischen Systems erzeugt auf dieser Ebene eine Folge von Schnittpunkten. Da die klassische Dynamik deterministisch ist, liefert uns die Kenntnis eines beliebigen Schnittpunktes ein-eindeutig die gesamte Sequenz, folglich beinhaltet sie Informationen über die zugehörige Trajektorie, und die globale Struktur des betrachteten Hamiltonischen Systems bei fester Energie spiegelt sich wider in der Struktur des korrespondierenden Poincaré-Schnitts. Insbesondere wird eine periodische Bahn die Poincaré-Ebene stets in den selben Punkten schneiden und zu einer endlichen Sequenz von Schnittpunkten führen, während eine nicht-periodische Bahn zu einer unendlich langen Folge von Schnittpunkten führt, vgl. Abb (1.16).

Welche Strukturen können wir auf einer Poincaré-Ebene erwarten?

Eine geringe Abweichung von den Anfangswerten einer stabile periodische Bahn führt zu einer Bahn, die sich stets in der Umgebung der ursprünglichen periodischen Bahn aufhält. Im Poincaré-Schnitt führt dies zu einer elliptischen Struktur, vgl. Abb (1.15). Liegt dagegen eine instabile (chaotische) periodische Bahn vor, so wird bei einer geringen Abweichungen von den korrekten Anfangswerten die neue Bahn sich exponentiell entfernen. In der Poincaré-Ebene führt dies zu hyperbolischen Strukturen, vgl. Abb. (1.22). Stabile Bahnen sind entweder periodisch oder quasiperiodisch, d.h. die Frequenzen in die unterschiedlichen Raumrichtungen stehen in keinem ganzzahligen Verhältnis zueinander. Chaotische (Liapunov-instabile) Bahnen können auch periodisch sein. Informationen zur Periodizität einer Trajektorie liefert eine Fouriertransfomation, die sich in MATLAB sehr einfach mit Hilfe des Befehls `fft` berechnen läßt. Ein Beispiel zeigt Abb. (1.19).

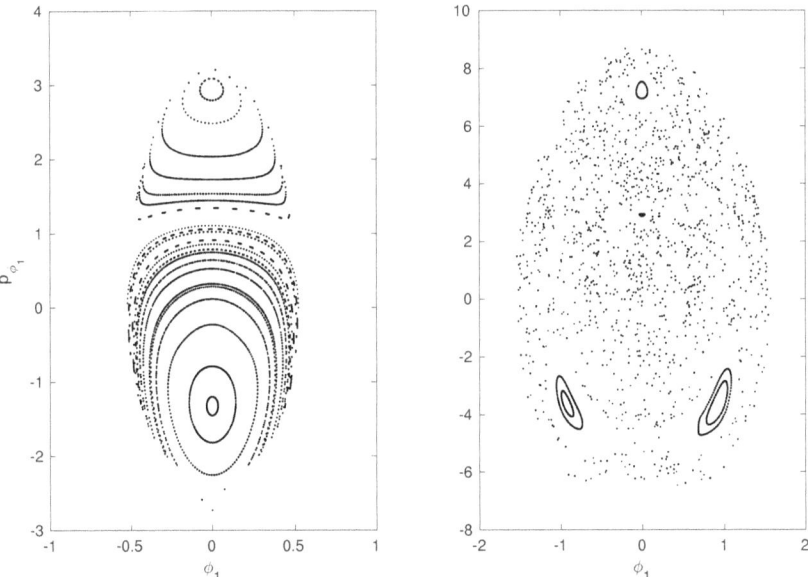

Abbildung 1.18: *Auf der linken Seite der Poincaré-Schnitt des Doppelpendels mit einer Anfangsauslenkung des oberen Pendelarms um 30° und rechts um 90°. Längen und Pendelmassen wurden jeweils zu 1 gewählt.*

Durchlaufen wir eine zufällige Sequenz von Anfangswerten so spiegelt sich im Poincaré-Schnitt die globale Struktur des physikalischen Systems wieder. In Abb. (1.18) sehen wir auf der linken Seite das Doppelpendel mit Anfangsparametern, die zu regulären Strukturen führen und auf der echten Seite einen Poincaré-Schnitt, der irreguläre Strukturen gepaart mit einigen wenigen regulären (Liapunov-stabilen) Strukturen. Zum Testen steht dafür das Grafische User-Interface `DopPendelPoincare` zur Verfügung. Grob betrachtet führen niedrige Energien (Schwingungen) zu regulären Strukturen, ebenso hohe Energien und Drehimpulse (gleichsinnige Rotationen beider Pendelarme). Dazwischen

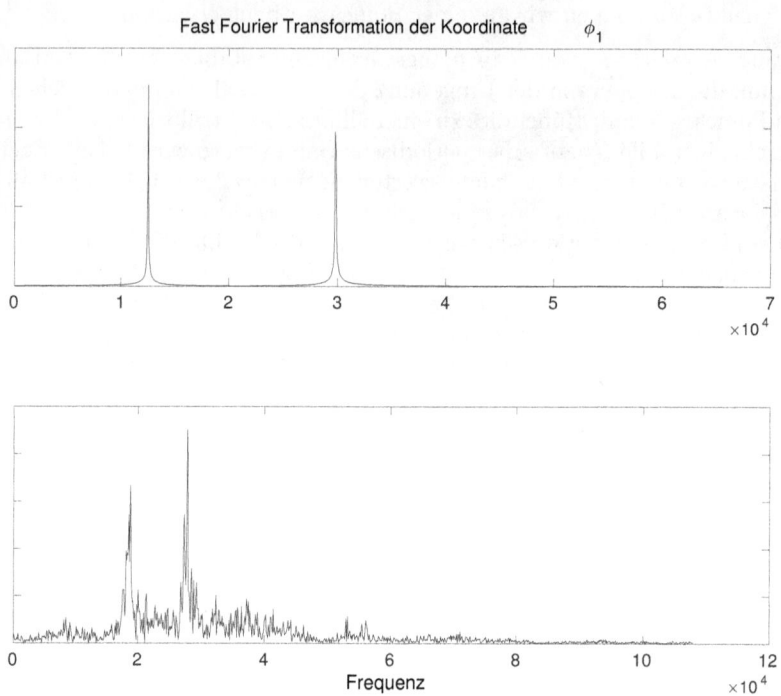

Abbildung 1.19: *Fouriertransformierte einer regulären und einer chaotischen Bahn. Aus den Ortskoordinaten* `x(t)` *wurde die Werte für die Abbildung mittels* `abs(fft(x(t)))` *berechnet.*

liegt jeweils ein chaotisches Fenster, vgl. Tab. (1.3).

Tabelle 1.3: *Das Doppelpendel zeigt reguläres Verhalten bei niedrigen und bei hohen Energien, d.h. bei gleichsinniger Rotation der Pendelarme.*

PENDEL ϕ_1	PENDEL ϕ_2	
+ Rotation	+ Rotation	hoher Drehimpuls, hohe Energie, stabile Bahnen
+ Rotation	− Rotation	niederer Drehimpuls
Oszillation	Oszillation	niedere Energie, kein Chaos
− Rotation	+ Rotation	niederer Drehimpuls
− Rotation	− Rotation	hoher Drehimpuls, hohe Energie, stabile Bahnen

Zum experimentieren steht das Programm `DopPendelPoincare` zur Verfügung. Die Bedienung des grafischen User-Interfaces dürfte selbterklärend sein. Einige wenige Bemerkungen zum Aufbau des MATLAB-Programms: Die Berechnung erfolgt über die Unterfunktion `function DopPendPoinVisu(handles,phi10)`. Damit die Funktion auf die User-Interface Elemente zugreifen kann, wird das Objekt `handles` übergeben, das alle Zugriffsinformationen der grafischen Objekte enthält. „phi10" ist der vom Benutzer übergebene Startwert. Alle Punkte einer Poincaré-Ebene haben dieselbe Energie. Weitere Startwerte werden zufällig

```
y0 = pi*[rand*phi10/3;randn*pscale/2;0;randn*pscale/2]/180;
         % phi,        dphi1,     phi2, dphi2
```

ausgewählt. Die Funktion `dopPendelanffun.m` berechnet die Abweichung der aktuellen Energie von der vorgegebenen Anfangsenergie. Mittels

```
fun = @(phi2) dopPendelanffun(phi2,y0,E0,m1,m2,l1,l2,g);
phi2 = fzero(fun,pi*randn/180);
```

wird der Winkel ϕ_2 solange variiert, bis die Startwerte für die neue Trajektorie die korrekte Energie haben. Dazu dient die Funktion `fzero`. .

Nullstellen berechnen ist eine durchaus übliche Aufgabe in der Physik, daher einen kleinen Ausflug in die Numerik der Berechnung von Nullstellen.

1.4.6   Berechnung von Nullstellen

MATLAB erlaubt mittels `n = roots(p)` die Berechnung aller Nullstellen „n" des Polynoms „p". In MATLAB wird beispielsweise das Polynom

$$p(x) = x^4 - 5x^2 + 4 \,. \tag{1.55}$$

durch den Vektor >> `p=[1 0 -5 0 4];` repräsentiert, also von rechts nach links die Koeffizienten von x^0 bis x^n in aufsteigender Ordnung.

Für sehr hochdimensionale Polynome, von denen wir nur wenige Nullstellen benötigen, bietet sich noch ein anderer Weg.

Ist „A" eine n×n-Matrix mit Eigenwerten λ, dann gilt

$$p_A(\lambda) = det(A - \lambda * I_n) = 0 \,. \tag{1.56}$$

I_n ist die n-dimensionale Einheitsmatrix und p_A das korrespondierende charakteristische Polynom. D.h. Eigenwerte einer Matrix korrespondieren zu den Nullstellen des charakteristischen Polynoms. (Streng genommen ist „A" ein Vertreter aus der Klasse aller ähnlichen Matrizen, da Ähnlichkeitstransformationen die Eigenwerte erhalten.) Wir können daher die Nullstellen eines Polynoms auch durch eine Eigenwertberechnung bestimmen. Die korrespondierende Matrix können wir mittels `A = compan(p_A)` berechnen und Eigenwerte mittels den Funktionen `eig` und `eigs`, siehe [4].

Numerische Verfahren zu Berechnung der Nullstellen einer beliebigen Funktion sind beispielsweise Bisektions- und Sekantenverfahren [2]. Beispiele zu beiden finden sich unter den ergänzenden Beispielen zu diesem Kapitel.

Beim Bisektionsverfahren werden zwei willkürlich gewählte Startpunkte so ausgewählt, dass sie auf unterschiedlichen Seiten der Funktionsnullstelle liegen. Innerhalb dieses Intervalls darf sich nur eine Nullstelle befinden. Halbieren des Intervalls liefert den ersten

Iterationsschritt. Dieser Punkt und derjenige Vorgängerpunkt, der auf der anderen Seite der Nullstelle liegt liefern das zweite Intervall. Die Iteration „Intervallhalbierung" wird solange fortgeführt bis der Funktionswert hinreichend nahe bei Null liegt.

Beim Sekantenverfahren wird der nachfolgende Punkt mit Hilfe der Sekante durch zwei Vorgängerwerte bestimmt:

$$x_{n+1} = x_n - \frac{x_n - x_{n-1}}{f(x_n) - f(x_{n-1})}\, f(x_n) \quad . \tag{1.57}$$

Diese Gleichung wird solange iteriert, bis der Funktionswerte nahe genug bei Null liegt.

Beide Verfahren haben gewisse Nachteile. Die Bisektion ist langsam, aber sehr stabil, das Sekantenverfahren ist schnell, aber eher unzuverlässig. Das Dekker-Brent-Verfahren [2] kombiniert beide Methoden. Das Sekantenverfahren wird angewandt und dann geprüft, ob der neue Wert innerhalb des Ausgangsintervalls liegt. Ist dies wahr wird der Wert genommen, sonst verworfen und das Bisektionsverfahren angewandt. Das Verfahren wird solange iterativ fortgesetzt bis der Funktionswert hinreichend nahe bei Null liegt. Die MATLAB-Funktion x0 = fzero(fun, xs) beruht auf dem Dekker-Brent-Verfahren. „fun" ist das Funktion-Handle der zu untersuchenden Funktion und „xs" der Startwert. fzero erlaubt weitere Übergabewerte wie Optionen oder Parameter, die an die Funktion „fun" übergeben werden sollen, sowie weitere Rückgabewerte wie beispielsweise der Funktionswert oder Informationen über den Verlauf der Iteration, vgl. [4].

1.4.7   Das diamagnetische Wasserstoffatom

Hochangeregte Rydbergzustände des Wasserstoffatoms im starken Magnetfeld werden unter dem Schlagwort „diamagnetisches Wasserstoffatom" geführt. Dieses System hat den Vorteil, dass es klassisch einen Übergang von integrabler (regulärer) zu nicht-integrabler (chaotischer) Dynamik aufweist. Damit liegt ein relativ einfaches System vor, in dem sich dieser Übergang quantenmechanisch untersuchen und mit dem klassischen Pendant vergleichen läßt und das sowohl theoretisch als auch experimentell. Hochangeregte Rydbergzustände sind außerdem nahe dem semiklassischen Limes und eröffnen damit ein weiteres Forschungsgebiet. Beispielsweise findet man in den quantenmechanischen Wellenfunktionen Strukturen der klassischen periodischen Bahnen wieder, sogenannte „Scars".

Für die Hamilton-Funktion des Wasserstoffatoms in einem äußeren Magnetfeld gilt

$$H = \frac{p^2}{2m_1} + \frac{e}{2m_1}\vec{B}\cdot\vec{L} + \frac{e^2}{8m_1}(\vec{B}\times\vec{r})^2 - \frac{e^2}{4\pi\epsilon_0\,|\,\vec{r}\,|} \quad , \tag{1.58}$$

mit $\vec{B}$ dem Magnetfeld, $\vec{L}$ dem Drehimpuls und e der Ladung des Elektrons. Der paramagnetische Anteil ist eine Erhaltungsgröße und kann abgespalten werden. O.B.d.A. wählen wir das Magnetfeld zu $\vec{B} = (0,0,B)$. Im Folgenden beschränken wir uns zunächst auf verschwindenden azimuthalen Drehimpuls $L_z = 0$. Durch geeignete Skalierung erhalten wir aus Gl. (1.58)

$$H = \frac{p^2}{2} - \frac{1}{|\,\vec{r}\,|} + \frac{1}{8}\gamma^2(x^2 + y^2) \quad ,$$

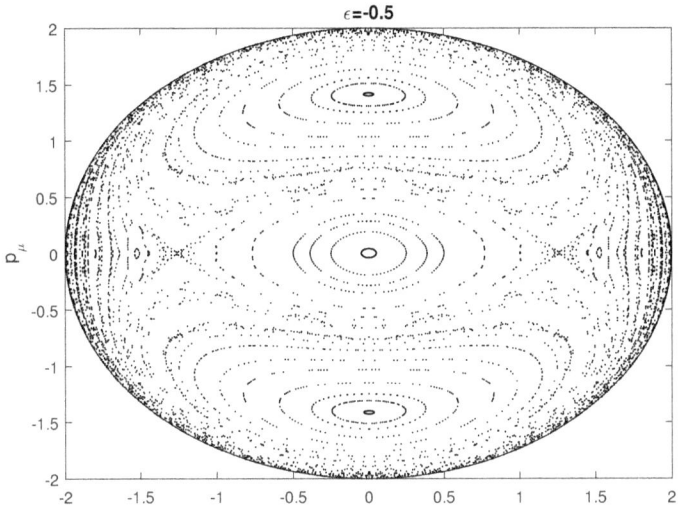

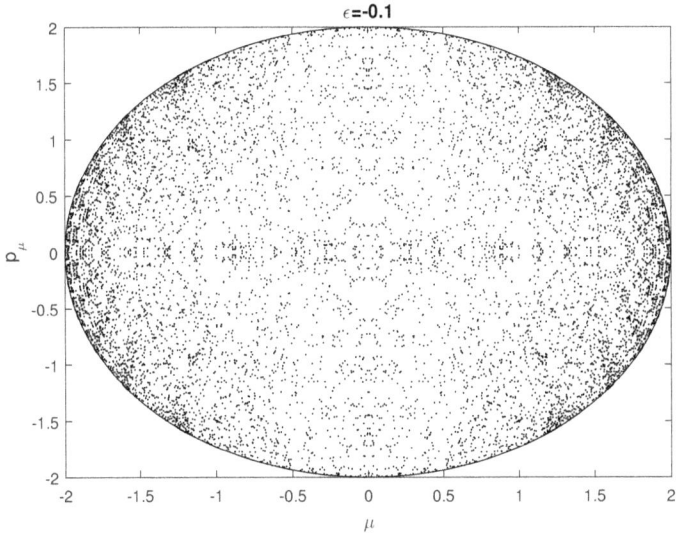

Abbildung 1.20: *Poincaré-Ebene des diamagnetischen Wasserstoffatoms für $L_z = 0$. Oben für $\epsilon = -0,5$ unten für $\epsilon = -0,1$. Mit steigender skalierter Energie werden mehr und mehr klassische Bahnen Liapunov-instabil, d.h. immer größere Bereiche des Phasenraums zeigen Chaos.*

mit dem Magnetfeld γ in Einheiten von $2,35 \cdot 10^5$ T. Diese Hamilton-Funktion hängt neben der Energie parametrisch von der Magnetfeldstärke γ ab. Führen wir die folgende Skalierung

$$\gamma^{-\frac{2}{3}} H(\vec{r}, \vec{p}; \gamma, L_z) = H(\gamma^{2/3}\vec{r}, \gamma^{-1/3}\vec{p}; \gamma = 1, \gamma^{1/3} L_z) \qquad (1.59)$$
$$= H_\epsilon(\vec{r_s}, \vec{p_s}; \vec{F_s}, L_{z,s})$$

ein, so hängt die skalierte Hamilton-Funktion nicht mehr von Energie und Magnetfeldstärke getrennt, sondern von deren Kombination

$$\epsilon = E\gamma^{-\frac{2}{3}} \qquad (1.60)$$

ab, d.h., die Zahl der Parameter wurde um eins reduziert und damit signifikant der Analyseaufwand. In semiparabolischen Koordinaten, Gl. (1.40), ist die Singularität hebbar, vgl. Abschnitt 1.4.1, und wir erhalten:

$$2 = \frac{1}{2}\left(p_\mu^2 + p_\nu^2\right) - \epsilon\left(\mu^2 + \nu^2\right) + \frac{1}{8}\mu^2\nu^2\left(\mu^2 + \nu^2\right) \quad . \qquad (1.61)$$

Die zu lösenden Bewegungsgleichungen sind durch

$$\dot{\mu} = p_\mu \qquad (1.62)$$
$$\dot{\nu} = p_\nu \qquad (1.63)$$
$$\dot{p_\mu} = 2\epsilon\mu - \frac{1}{4}\mu\nu^4 - \frac{1}{2}\mu^3\nu^2 \qquad (1.64)$$
$$\dot{p_\nu} = 2\epsilon\nu - \frac{1}{4}\nu\mu^4 - \frac{1}{2}\nu^3\mu^2 \qquad (1.65)$$

gegeben. Trajektorien, also Bahnen, lassen sich durch das folgende Skript berechnen:

```
% Datei: diahen.m
% ausgewaehlte Startwerte
y0(2)=0;
% Zufallswerte fuer die Impulse
zwi=2*rand;
z(randperm(2))=[zwi;sqrt(4-zwi^2)*rand];
y0(3)=z(1);
y0(4)=z(2);
epsilon=-0.1;
% Aus der Energieerhaltung folgt
y0(1)=sqrt((1/2*(y0(3)^2+y0(4)^2)-2)/epsilon);
options = odeset('RelTol',1e-11,'AbsTol',1e-11,'MaxStep',0.1);
tmax=200;
[t,y] = ode23(@(t,y) diahdgl(t,y,epsilon),[0 tmax],y0,options);
```

Für die Koordinatenzuordnung gilt

$$\mu = y(1),\ \nu = y(2),\quad p_\mu = y(3),\ p_\nu = y(4)\,.$$

$y0(\cdot)$ sind die Anfangswerte, die zufällig gewählt sind. `randperm` sorgt für eine zufällige Vertauschung der Impulse. Als Löser bieten sich entweder `ode45` oder `ode23` an. „options" ist eine Struktur, die die Defaultoptionen des Lösungsalgorithmus überschreibt. Da die Koordinatenwerte von der Größenordnung 1 sind, bietet es sich an, relative und absolute Toleranz gleich zu wählen. Die anonymen Funktion `@(t,y) diahdgl(t,y,ep-silon)` liefert ein Function Handle zurück, das sicherstellt, dass die Funktion, die das zu lösende Differentialgleichungssystem definiert, vom Differentialgleichungssolver `ode...` auch gefunden wird. „(t,y) " sind die Übergabeparameter mittels denen die Funktionen `ode23` und `diahdgl` miteinander kommunizieren und „epsilon" die skalierte Energie. Der Parameter tmax legt die Integrationsdauer fest. Da es sich um ein Skript handelt, sind die Lösungen im Base Space (MATLAB Command Window) verfügbar.

```
function dy = diahdgl(t,y,epsilon)
% Differentialgleichung des diamagnetischen Wasserstoffatoms
% y(1)=mu, y(2)=nu, y(3)=p_mu, y(4)=p_nu
% epsilon sollte negativ sein

%persistent n
%if isempty(n)
%    n=0
%end
%n=n+1

dy(1)=y(3);
dy(2)=y(4);
dy(3)=2*epsilon*y(1) - 1/4*y(1)*y(2)^4 - 1/2*y(1)^3*y(2)^2;
dy(4)=2*epsilon*y(2) - 1/4*y(2)*y(1)^4 - 1/2*y(2)^3*y(1)^2;
dy=dy';
dy(1)=sign(dy(1))*sqrt(abs(4-y(4)*y(4) +2*epsilon*(y(1)*y(1)+...
y(2)*y(2))- 1/4*(y(1)*y(1)*y(2)*y(2))*(y(1)*y(1)+y(2)*y(2))));
```

„dy" repräsentiert das zu lösende Differentialgleichungssystem. Persistente Variablen (auskommentiert) werden bei wiederholtem Aufruf einer Funktion nicht gelöscht, sondern stehen mit ihrem letzten Wert zur Verfügung. Dies erlaubt es, beispielsweise die Häufigkeit einer aufgerufenen Funktion zu bestimmen. Die übergebenen Parameter t und y sind die Zeit und die Lösungen des Differentialgleichungssystems.

Poincaré-Ebene. Das folgende Skript dient der Berechnung von Poincaré-Schnitten. Die Poincaré-Ebene ist dabei durch $\mu = 0$ festgelegt.

```
% Datei diapoin.m
% ausgewaehlte Startwerte
```

```
h1=subplot(2,1,2) % subplot(2,1,1) oberes Fenster
y0(2)=0;
epsilon=-0.1;      % -0.5
% Zufallswerte fuer die Impulse
for k=1:50
    k               % Wo stehn wir
zwi=2*rand;
z(randperm(2))=[zwi;sqrt(4-zwi^2)*rand];
farb=[0,0,0];%rand(1,3); %Schwarz - farbig
y0(3)=z(1);
y0(4)=z(2);
% Aus der Energieerhaltung folgt
y0(1)=sqrt((1/2*(y0(3)^2+y0(4)^2)-2)/epsilon);
% Test:
zwei=0.5*(y0(3)*y0(3)+y0(4)*y0(4)) -epsilon*(y0(1)*y0(1)+y0(2)*y0(2))+...
    1/8*(y0(1)*y0(1)*y0(2)*y0(2))*(y0(1)*y0(1)+y0(2)*y0(2))
options = odeset('RelTol',1e-10,'AbsTol',1e-10,'MaxStep',0.1, ...
                'Events',@(t,y) poinevent(t,y,epsilon));
tmax=100;
xa=sqrt(-2*epsilon)*y0(1);
plot(xa,y0(3),'o',...
    'MarkerSize',1,'MarkerFaceColor',farb,'MarkerEdgeColor',farb)
hold on
plot(-xa,y0(3),'o',...
    'MarkerSize',1,'MarkerFaceColor',farb,'MarkerEdgeColor',farb)
plot(xa,-y0(3),'o',...
    'MarkerSize',1,'MarkerFaceColor',farb,'MarkerEdgeColor',farb)
plot(-xa,-y0(3),'o',...
    'MarkerSize',1,'MarkerFaceColor',farb,'MarkerEdgeColor',farb)
[t,y,te,ye,ie] = ode45(@(t,y) diahdgl(t,y,epsilon),[0 tmax],y0,options);
% Visualisierung der Berechnung
xa=sqrt(-2*epsilon)*ye(:,1);
ya = ye(:,3);
xa = [xa;-xa;xa;-xa];
ya = [ya;ya;-ya;-ya];
plot(xa,ya,'.',...
    'MarkerSize',1,'MarkerFaceColor',farb,'MarkerEdgeColor',farb)
%xlim([-2,2]),ylim([-2,2])
%axis equal
end
%hold off
```

Die folgende Eventfunktionen ermittelt den Durchstoßungspunkt durch die Poincaré-
Ebene.

```
function [poinwert,isterminal,richt] = poinevent(t,y,epsilon)
% Die Poincareflaeche ist definiert durch y(2)=0
```

```
poinwert=y(2);
isterminal=0;
richt=0;
```

Das Ergebnis zeigt Abb. (1.20).

Parametrische Resonanz und die Bahn parallel zum Magnetfeld. Für die periodische Bahn parallel zur Magnetfeldachse z verschwindet stets die Zylinderkoordinate ($\rho = 0$) und deren kanonisch konjugierter Impuls ($p_\rho = 0$). Aus Gl.(1.62) folgt für die semiparabolischen Koordinaten entweder $\nu = 0$, $p_\nu = 0$ oder $\mu = 0$, $p_\mu = 0$. Aus Symmetriegründen sind beide Fälle äquivalent. Setzen wir $\nu = 0, p_\nu = 0$, so folgt

$$\frac{d\mu}{d\tau} = \mu' = p_\mu \tag{1.66}$$
$$\frac{dp_\mu}{d\tau} = p'_\mu = \epsilon\mu \quad .$$

Für $\epsilon < 0$ (gebundene Bewegungen) ist dies die Gleichung eines harmonischen Oszillators mit der Lösung

$$\mu(\tau) = \sqrt{\frac{2}{-\epsilon}} \sin(\sqrt{-2\epsilon}\tau) \quad \text{und} \tag{1.67}$$
$$p_\mu(\tau) = 2\cos(\sqrt{-2\epsilon}\tau) \quad ,$$

wobei wir als Anfangsbedingung $\mu(0) = 0$ gesetzt haben.

Die Schwingungsdauer dieser Bahn ist im Oszillatorbild $\mathcal{T}_{osz} = \frac{2\pi}{\sqrt{-2\epsilon}}$. In Zylinderkoordinaten gilt nach Gl.(1.43)

$$t = \int_0^\tau \frac{2}{-2\epsilon} \sin^2(\sqrt{-2\epsilon}\tau')d\tau' \tag{1.68}$$
$$= -\frac{1}{\epsilon}\left(\tau - \frac{1}{\sqrt{-2\epsilon}}\sin(\sqrt{-2\epsilon}\tau)\cos(\sqrt{-2\epsilon}\tau)\right)$$

und nach Gl.(1.40)

$$z = \frac{1}{2}\mu^2 \qquad p_z = \mu\dot{\mu} = \mu\frac{d\tau}{dt}\mu'$$
$$z(\tau) = \frac{1}{-\epsilon}\sin^2(\sqrt{-2\epsilon}\tau) \qquad p_z(\tau) = \sqrt{-2\epsilon}\cot(\sqrt{-2\epsilon}\tau) \quad ,$$

d.h., die wahre Periode ist $\mathcal{T}_{Periode} = \frac{\pi}{\sqrt{-2\epsilon}}$ und in der skalierten physikalischen Zeit $\mathcal{T}_{Periode} = -\frac{1}{\epsilon}\frac{\pi}{\sqrt{-2\epsilon}}$.

An diesem Beispiel sehen wir, dass selbst für scheinbar einfache Begriffe wie „Periode" genau festgelegt werden muss, welches Bild und welche Koordinaten wir verwenden.

Diese (Schein-)Problematik rührt von dem quadratischen Zusammenhang zwischen herkömmlichen euklidischen und semiparabolischen Koordinaten her, der u.U. dazu führt, dass eine Bahn im „wirklichen" Phasenraum bereits zweimal durchlaufen worden ist, während sie im semiklassischen Phasenraum erst einmal durchlaufen wurde.

Die Stabilität einer Bahn hängt von ihrem Verhalten unter kleinsten Variationen der Anfangsbedingungen ab. Die parallele Bahn folgt in dem jeweilig nicht-verschwindenden Paar kanonisch konjugierter Phasenraumkoordinaten den dynamischen Gleichungen des harmonischen Oszillators. Wählen wir wieder den Fall einer oszillatorischen Bewegung in der (μ, p_μ)-Ebene und untersuchen eine beliebig feine Auslenkung in der dazu orthogonalen (ν, p_ν)-Ebene, so folgt aus den Gleichungen (1.62) die Bewegungsgleichung eines parametrischen Oszillators

$$\frac{d^2\nu}{dt^2} - \left(2\epsilon - \frac{1}{4}\left(\frac{-2}{\epsilon}\right)^2 \sin^4\sqrt{-2\epsilon t}\right)\nu = 0 \quad . \tag{1.69}$$

Wegen $\sin^4 x = \frac{1}{8}(3 - 4\cos 2x + \cos 4x)$ ist obige Differentialgleichung vom Hill-Whittaker Typ. (Das Stabilitätsverhalten der Lösungen dieser Differentialgleichung wurde schon 1943 von Klotter und Kotowski untersucht. Da es damals noch keine Computer-berechnete Bildschirmdarstellung gab, wurden aus Holz Modelle des Stabilitätskörpers ausgesägt und abfotografiert.)

Starten wir die Bewegung des parametrischen Oszillators mit einer beliebig kleinen Amplitude, so bleibt diese Amplitude im nicht-resonanten Fall verschwindend klein. Eine senkrechte Störung der Bahn parallel zum Magnetfeld, führt folglich zu einer neuen Bahn, die sich stets in der Umgebung der ursprünglichen Bahn aufhält. Im resonanten Fall dagegen schaukelt sich die Bewegung auf, die Amplitude wächst unbeschränkt. Eine senkrechte Störung der Bahn parallel zum Magnetfeld führt daher zu einer neuen Trajektorie, die sich nicht mehr in der Umgebung der ursprünglichen Bahn aufhält. Die Bahn parallel zum Magnetfeld ist in solchen Parameterbereichen instabil. Abbildung (1.21) zeigt die Resonanzen von Gleichung (1.69) als Funktion der skalierten Energie.

Berechnet wurde Abb.(1.21) mit den folgenden Programmen bzw. Skripten: `diahparallel.m` (Aufrufeskript), `diahparalelldgl.m` (die zugehörige Differentialgleichung) und `diahparallelevent.m` mit dem die Amplitude nach mehreren Oszillationen bestimmt wurde. Alle drei Funktionen stehen via Internet zur Verfügung und sind einfach verständlich.

Die Bahn parallel zur Magnetfeldachse weist ein fluktuierendes Stabilitätsverhalen auf. Bei jedem Übergang von Stabilität zu Instabilität entsteht eine stabile Bahn durch Bifurkation und bei einem Übergang von Instabilität zu Stabilität eine instabile periodische Bahn. Die Abb. (1.22) zeigt Poincare-Schnitte der Bahn parallel zum Magnetfeld.

Die Abb. (1.22) wurde mit dem Skript `diahpoinparallel.m` berechnet, das die bereits diskutierten Programme für die Differentialgleichung und die Eventfunktion aufruft.

Nicht-verschwindender azimuthaler Drehimpuls. Um das diamagnetische Wasserstoffatom mit azimuthalem Dreimpuls $p_\phi \neq 0$ zu beschreiben, muss die Hamilton-Funktion Gl. (1.45) noch um den diamagnetischen Beitrag ergänzt werden. Für die

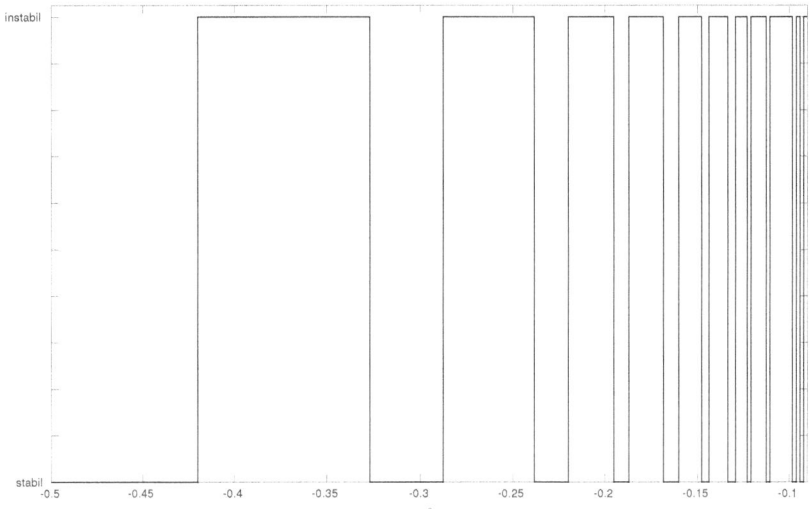

Abbildung 1.21: *Resonanzartiges Verhalten zeigt sich immer dann, wenn das Verhältnis zwischen der Periode der Bahn parallel zum Magnetfeld $T_\parallel$ und der mittleren Periode des parametrischen Oszillators T_{osc} nahezu ganzzahlig wird. In diesem Fall divergiert die Oszillatoramplitude und die Bahn parallel zum Magnetfeld wird instabil. Aufgetragen ist eine Stufenfunktion, die zu 2 gesetzt wurde wenn die Amplitude mit der Zeit divergiert als Funktion der skalierten Energie ϵ. Deutlich sehen wir einen stufenartigen Verlauf. (Dieses Ergebnis ist in Übereinstimmung mit Berechnungen des Liapunov-Exponenten der Bahn parallel zum Magnetfeld.)*

Hamilton-Funktion gilt:

$$\mathcal{Z} = \frac{1}{2}(p_1^2 + p_2^2 + p_3^2 + p_4^2) - \epsilon(z_1^2 + z_2^2 + z_3^2 + z_4^2) \tag{1.70}$$
$$+ \frac{1}{8}(z_1^2 + z_2^2)(z_3^2 + z_4^2)(z_1^2 + z_2^2 + z_3^2 + z_4^2).$$

Im Gegensatz zur Coulomb-Singularität $-\frac{1}{r}$ ist der Zentrifugalbeitrag zur Gesamtenergie streng positiv. Es gibt daher keinen Pfad, der mit nicht-divergierender Energie zur z-Achse ($\rho = 0$) führt. In der Kustaanheimo-Stiefel Darstellung muß zusätzlich noch die skleronome Nebenbedingung Gl.(1.46) erfüllt werden; $(z_2p_1 - z_1p_2)$ ist gerade gleich dem Drehimpuls l_z. Für die z-Achse ($\rho = 0$) gilt in Kustaanheimo-Stiefel Koordinaten entweder $z_1 = z_2 = 0$ oder $z_3 = z_4 = 0$ und folglich erzwingt die skleronome Nebenbedingung auf der z-Achse verschwindenden Drehimpuls. Die Trajektorie parallel zur Magnetfeldachse kann daher nicht länger existieren.

Da $\rho = 0$ streng verboten ist, existieren keine Poincaré-Schnitte zu $\mu = 0$ oder $\nu = 0$ mehr. Die Abbildung (1.23) zeigt ein Beispiel. Gewählt wurden an Stelle der üblichen

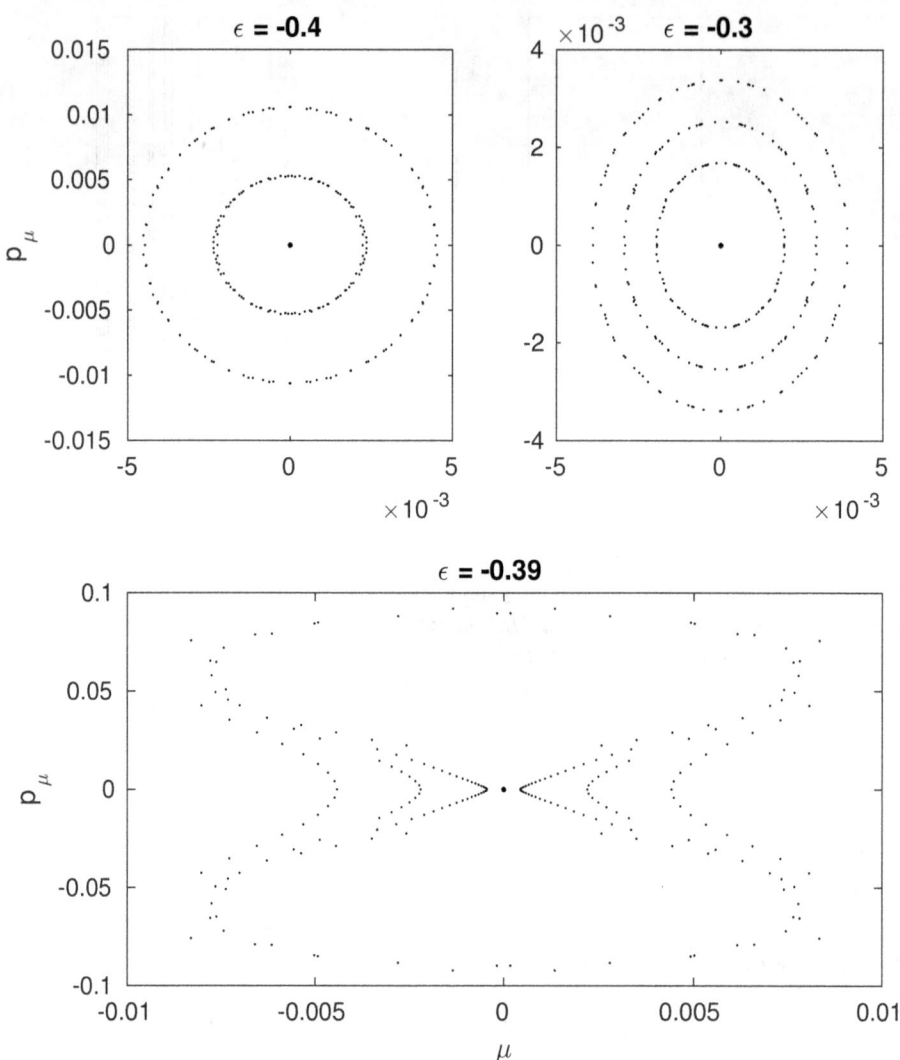

Abbildung 1.22: *Die Bahn parallel zum Magnetfeld ist bei tiefen skalierten Energien stabil und durchläuft dann eine Kaskade von Stabilitätswechsel. In der obigen Zeile Poincaré-Schnitte in stabilen Bereichen $\epsilon = -0,4$ und $\epsilon = -0,3$ dazwischen (unten) ein instabiler Bereich bei $\epsilon = -0,39$. Für stabile periodische Bahnen entsteht ein elliptischer Fixpunkt, bei Liapunov-Instabilität ein hyperbolischer Fixpunkt.*

semiparabolischen Koordinaten (μ, ν) die Koordinaten $\frac{1}{2}(\mu + \nu)$, $\frac{1}{2}(\mu - \nu)$, mit der

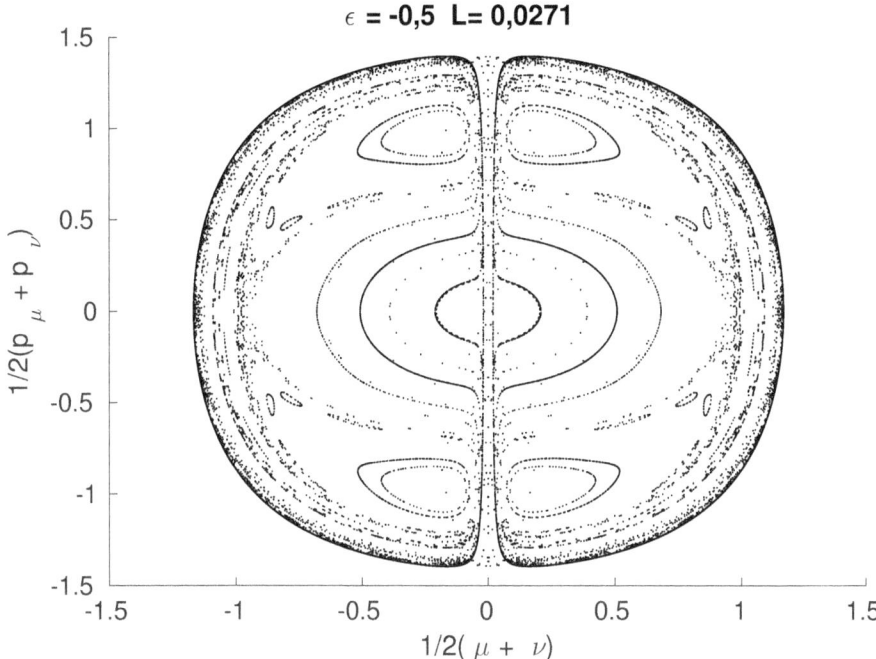

Abbildung 1.23: *Poincaré-Schnitt zu $\epsilon = -0,5$ und $L_z = 0,0271$. Dies entspricht bei einem Magnetfeld von $\gamma = 2 \cdot 10^{-5}$ gerade einer Magnetquantenzahl von $m = 1$. Streng genommen dürften in der Umgebung von $(\mu + \nu) = 0$ keine Punkte existieren. Dass doch welche sichtbar sind, liegt an der endlichen Genauigkeit. Bei einer Veröffentlichung würde ich diese Punkte abfangen. Bei einem Buch ist es eine gute Gelegenheit, auf endliche Genauigkeiten und damit verknüpfte Einschränkungen hinzuweisen.*

Poincaré-Ebene $\frac{1}{2}(\mu - \nu) = 0$, dies ist gleichbedeutend zu z=0. Zur Berechnung dienen `diahphienPoin.m` als Aufrufskript, `diahphiendgl.m` repräsentiert die Differentialgleichung, `diaphievent.m` führt zu den korrekten Schnittpunkten und `diaphianfang.m` berechnet die Startwerte, dabei muss für jede Trajektorie gewährleistet sein, dass sowohl der Wert 2 erhalten bleibt als auch der korrekte Drehimpuls gewählt wird. Alle Programme sind über das Internet zugänglich und sollten mit ein wenig Arithmetik verständlich sein. Einsetzen des Drehimpuls in die Energiegleichung führt zu einem Polynom 4. Ordnung in den Koordinatenquadrate, die in `diaphianfang.m` mit Hilfe der Funktion `roots` für die Nullstellenberechnung gelöst wird.

Fehler kaschieren. Betrachten wir Abb. (1.23) so treten hier zusätzliche Punkte nahe der $(\mu + \nu) = 0$ Linie auf. Diese fehlerhaften Punkte beruhen auf der endlichen Genauigkeit numerischer Rechnungen. Welche Lösungsmöglichkeiten gibt es? Erhöhung der Genauigkeiten, Wahl eines anderen Lösungsalgorithmus, Löschen der auftretenden Punkte.

Streng genommen gibt es keine beliebig dünne Ebene, die wir programmieren können.

Unsere Poincaré-Ebene ist in wirkliche eine Platte endlicher Dicke. Dies hat zur Folge, dass Punkte, die knapp über der theoretischen Ebene liegen zu numerisch erlaubten Punkten werden. Datenpunkte zu entfernen birgt immer ein Risiko. Bei solchen Bereinigungen sollte man sich stets sicher sein, dass es sich um numerische Artefakte und nicht echte Physik handelt. Mit Hilfe der logischen Indizierung können wir Regeln für das Entfernen von Datenpunkte aufstellen:

```
test = abs(xa)<0.018;                        % Raus oder nicht ??
xa(test) = [];
pxa(test) = [];
test = abs(xa)<0.053 & abs(pxa>1.3175);
xa(test) = [];
pxa(test) = [];
```

„test" legt logische Regeln fest nach denen Punkte, beispielsweise mittels `xa(test) = []`;, gelöscht werden. „test" ist dabei eine logischer Vektor.

1.4.8   Gleichgewichtspunkte, Katastrophen und Hysterese

In diesem Abschnitt wollen wir Gleichgewichtspunkte diskutieren und einen interessanten Blick auf Hysteresen werfen. In der Elektrodynamik bezeichnen wir als Hysterese die Eigenschaft, dass die Magnetisierung beim Abklingen eines Magnetfeldes nicht denselben Weg folgt wie beim Anstieg des Magnetfeldes. Ähnliches können wir auch bei der Verfolgung der Position in einem Potenzialminimum in Abhängigkeit eines äußeren Parameters beobachten. Als Beispiel betrachten wir das folgende Potenzial:

$$V(x) = \frac{1}{4}x^4 + \frac{1}{2}ax^2 + bx .$$ (1.71)

Dieses Potenzial beschreibt eine Zeemann Katastrophenmaschine [14], die sich sehr einfach auf einem Holzbrett mittels einer drehbaren Scheibe und zwei Gummibändern aufbauen läßt. Das Potenzial führt zu einer Kuspe, die zugehörige Katastrophe wird auch als Riemann-Hugoniot Katastrophe bezeichnet.

Ein Gleichgewichtspunkt ist stabil, wenn eine kleine Auslenkung zu einer gebundenen Bewegung um diesen Punkt führt. Für nicht-beschleunigte Systeme gilt dies im Potenzialminimum

$$\frac{dV}{dx} = x^3 + a\,x + b = 0 .$$ (1.72)

Die Diskriminante Δ ist durch

$$\Delta = 4^3 + 27b^2$$ (1.73)

gegeben. Für $\Delta \leq 0$ gibt es drei reelle Wurzeln sonst eine. Für $\Delta < 0$ liegen zwei Minima vor und für $\Delta = 0$ ein Minimum und ein Sattelpunkt, d.h. ein labiler oder indifferenter Gleichgewichtspunkt. Abb. (1.24) zeigt den Verlauf der Kurve $\Delta = 0$ und für einen ausgewählten Parametersatz das zugehörige Potenzial.

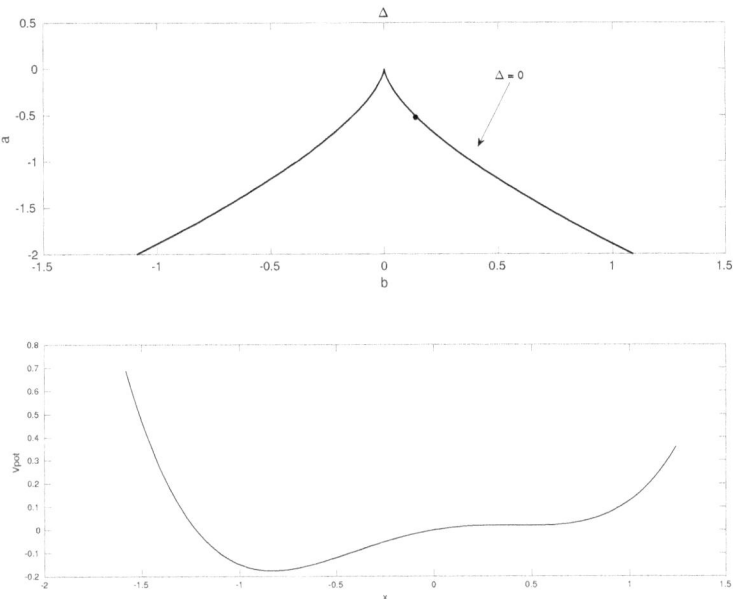

Abbildung 1.24: *Oben: $\Delta = 0$ in Abhängigkeit der Potenzialparameter a und b. Unterhalb der Kurve gilt $\Delta < 0$, d.h. es liegen zwei Potenzialminima vor, oberhalb ist Δ positiv und das Potenzial besitzt nur ein Potenzialminimum. Unten: Potenzialform für den eingezeichneten Kreis. Das Programm* `katastrophbsp.m` *erlaubt per Mausklick Parameter auszuwählen und die korrespondierende Potenzialform darzustellen. Zusätzlich öffnet sich eine weitere zweiteilige Abbildung, die die Potenzialminima darstellt.*

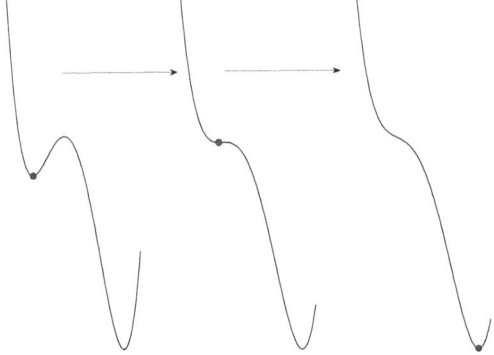

Abbildung 1.25: *Links: Der Ball befindet sich zunächst in einem Minimum. Mitte: Durch verändern des Parameters b wird dieses Minimum solange angehoben bis ein Wendepunkt entsteht (indifferentes Gleichgewicht). Rechts: Eine weitere geringfügige Veränderung von b und der Ball springt in das untere Minimum.*

Platzieren wir einen kleinen Ball in einem Potenzialminimum und beginnen wir den äußeren Parameter *b* zu variieren. Durchläuft das Potenzial durch Verändern des äußeren Parameters einen labilen Gleichgewichtspunkt, Abb. (1.25), so führt dies bei einer minimalen weiteren Änderung zu einem Umklappvorgang (Katastrophe) und unser Ball springt in das niedrigere Minimum. In Abb. (1.26) stellen wir den weiteren Verlauf dar. Unser Ball im Beispiel bleibt zunächst in diesem Minimum. Lassen wir den Parameter wieder rückwärts laufen verbleibt der Ball solange in diesem lokalen Minimum bis er wieder durch einen Umklappvorgang in das nun tiefere Minimum springt. Die Position des Balls unterscheidet sich folglich beim Durchlaufen des Parameters trotz gleicher Werte. Visualisieren läßt sich dieses Verhalten mit dem Programm `hysteresegui.m`. Die zugehörige Hysteresekurve zeigt Abb. (1.27) an einem Beispiel. Berechnet wurde dieses Beispiel mit dem Skript `hystertest.m`:

```
hyster = @(a,b,d,x) polyval([1/4 d a/2 b 0],x); % Potential
ablhyster = @(a,b,d) polyder([1/4 d a/2 b 0]);  % Ableitung Potential
x = linspace(-5,5);                             % a,b,d sind Parameter,
                                                % x Polynomvariable

d = 0;
Ort =1;
bh=[];                           % Visualisierung des Parameters b
xh=[];                           % Visualisierung Ballposition
close all,clc
subplot(2,1,2)
xlim([-5,5])
ylim([-22,22])
hold on

%%
for b=[linspace(-20,20,50),linspace(20,-20,50)]
    a=-12;%2; d=0;%d=0.15;% b=-6 ... +6
    minimar = roots(ablhyster(a,b,d));   %Berechnung der Extrema
    MinimumWert = [];
    for k=1:length(minimar)
        if isreal(minimar(k))
            MinimumWert = [MinimumWert;minimar(k)];
        end
    end
    if isempty(MinimumWert)
        disp('Komplex'),d
    end
    if ~exist('xballv')
        xball = min(MinimumWert);
        xballv = xball;
    else
        [w,index]=min(abs(MinimumWert-xballv));
        xball=MinimumWert(index);
        xballv=xball;
    end
```

```
yball=polyval([1/4 d a/2 b 0],xball);

subplot(2,1,1)
    xlim([-5,5]),ylim([-120,60])
    plot(x,hyster(a,b,d,x),xball,yball,'o'),shg
    xlim([-5,5]),ylim([-120,60])
    bh = [bh;b];
    xh = [xh;xball];
subplot(2,1,2)
    plot(xball,b,'*')
    pause(0.2)
end
figure,comet(bh,xh,0.75)
```

Die for-Schleife `for b=[linspace(-20,20,50),linspace(20,-20,50)]` sorgt dafür, dass der Potenzialparameter „b" zunächst in aufsteigender und dann in absteigender Reihenfolge durchlaufen wird. Die MATLAB-Funktion `comet` dient der zeitaufgelösten Visualisierung und zeigt das Durchlaufen der Hystereseschleife Abb. (1.27).

1.4.9   Kurze Übersicht der MATLAB-Programme

harmoscER.slx Beispiel zu Simulink, Simulation des harmonischen Oszillators.

harmoscStoss.slx Beispiel zu Simulink, Modell eines Stoßdämpfers.

realesPendel.m MATLAB-Skript zur Simulation und Visualisierung eines realen Pendels; ruft `realesPendelDGL.m` und `realesPendelevent.m` zur Bestimmung der Periode auf.

foucault_call.m Visualisierung des Faucoult-Pendels via `foucault_dgl.m`.

DopPendelPoincare.m ist ein grafisches User-Interface (`DopPendelPoincare.fig`) zum Visualisieren von Poincaré-Schnitten des Doppelpendels. Aufgerufen wird: `dopPendelLagDGL.m`, die das Differentialgleichungssystem beherbergt, `dopPendelEvent.m` zur Bestimmung der Poincaré-Ebene und `dopPendelanffun.m` zur Bestimmung der korrekten Anfangswerte. Zum Abspeichern der Abbildungen wird `saveas` verwandt. Die Ausgangsgleichungen wurden mit dem symbolischen Programm `doppendlagsym.mn` abgeleitet. Zum Experimentieren ist noch `dopPendel.m` beigefügt. (t ist die Zeit, y sind die Pendelwinkel etc..)

diahen.m berechnet Trajektorien des diamagnetischen Wasserstoffatoms. Die Differentialgleichung liegt in `diahdgl.m`. Die Poincaré-Schnitte werden mit `diapoin.m` berechnet, die Ebene via `poinevent.m` festgelegt. Die Funktionen und Skripte `diahparalleldgl.m`, `diahparallelevent.m`, `diahparallel.m` und `diahpoinparallel.m` dienen der Untersuchung der Trajektorie parallel zum Magnetfeld. Die Berechnung zu nicht-verschwindendem Drehimpuls erfolgen mit `diaphievent.m`, `diaphidgl.m`, `diaphianfang.m` und `diahphienPoin.m` (Aufruf).

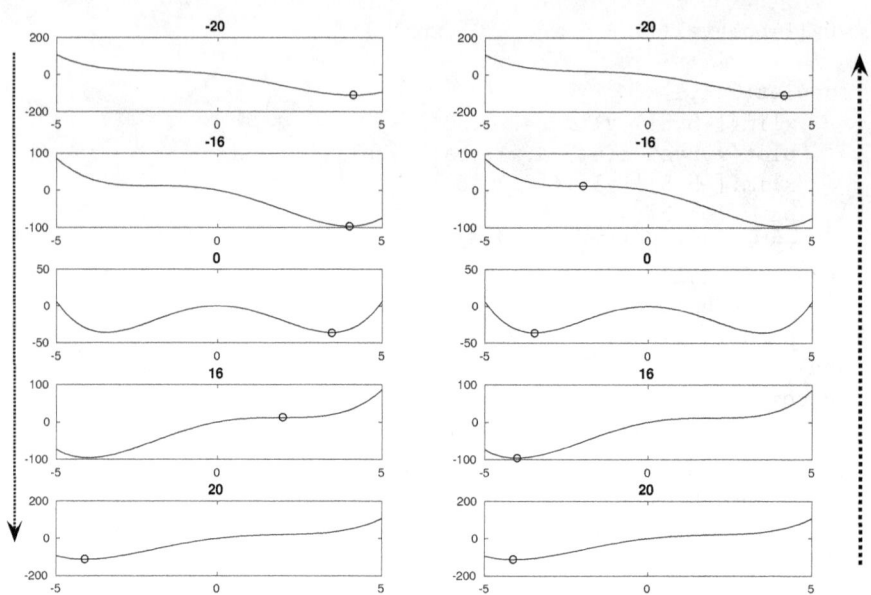

Abbildung 1.26: *Zum Startzeitpunkt ist b = −20 und der Ball befindet sich im rechten Mini- mum. b wird langsam angehoben bis der Ball schließlich in das linke Minimum springt. Dort verbleibt der Ball zunächst. Bei b = +20 kehren wir den Vorgang um. Obwohl wir dieselben Werte von b durchlaufen bei denen sich der Ball ursprünglich im rechten Minimum befand, verbleibt er nun im linken Minimum, bis wieder ein labiler Gleichgewichtspunkt (Wendpunkt) erreicht ist und der Ball in das rechte Minimum springt. Eine Umkehrung des Kontrollpa- rameters b führt zu einer unterschiedlichen Position des Balls und folglich in Analogie zum Ferromagnetismus zu Hysterese.*

katastrophbsp.m dient der Darstellung verschiedener Potenzialformen einer Riemann-
Hugoniot Katastrophe. `hysteresegui.m` ist ein grafisches User-Interface (`hyste-`
`resegui.fig`) zur Visualisierung einer Hysterese s. auch `hystertest.m`.

1.5   Billardsysteme und inelastische Stöße

Im vorigen Abschnitt beobachteten wir Chaos in dynamischen Systemen. In diesem
Kapitel werden wir ebenfalls Chaos finden, allerdings ganz ohne „Dynamik". Starten
wir mit Billardsystemen.

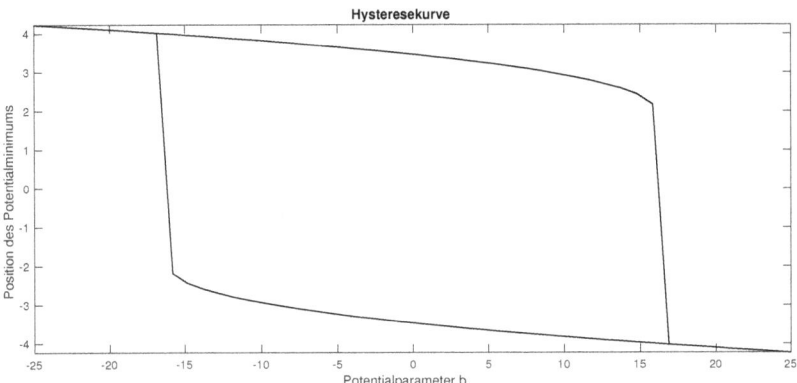

Abbildung 1.27: *Hysteresekurve: Position des Balls in Abhängigkeit vom Parameter b für a = −12. Der Kontrollparameter b wird dabei von einem minimalen Wert langsam zu einem maximalen Wert durchlaufen (obere Kurve) und dann umgekehrt (untere Kurve).*

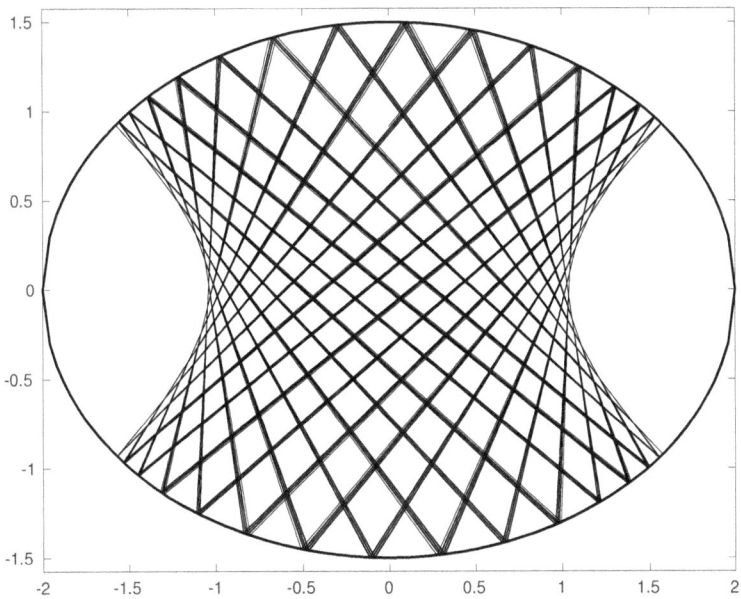

Abbildung 1.28: *Bahnen für ein elliptisches Billardsystem mit großer Halbachse a = 2 und kleiner Halbachse b = 1,5. Die Startposition und -richtung der Billardkugel wurde zufällig gewählt. Es zeigen sich reguläre Strukturen.*

1.5.1   Chaos im Stadion

Unter einem Stadion- oder Billardsystem verstehen wir ein System in dem sich eine
ideale Kugel frei bewegen kann und an den Rändern elastisch reflektiert wird. Betrachten
wir als erstes Beispiel ein elliptisches System. Die Berandung ist durch

$$1 = \frac{x^2}{a^2} + \frac{y^2}{b^2} \quad \text{gegeben, mit} \tag{1.74}$$

a der großen und b der kleinen Halbachse. Ein Teilchen läuft in eine zufällig gewählte
Richtung und wird an der Berandung so reflektiert, dass der Einfallswinkel gleich dem
Ausfallswinkel ist. Die praktische Aufgabe reduziert sich daher auf die Berechnung
des Schnittpunkts und der entsprechenden Winkel, die sich alle analytisch aus den
Ellipsengleichungen und der Geradengleichung der Kugel berechnen läßt. Das Ergebnis
zeigt Abb. (1.28). Elliptische Billardsysteme sind stets regulär.

Betrachten wir nun ein auf den ersten Blick ellipsenähnliches Stadion:

$$\begin{aligned}
x &= R_0 \left[1 + \epsilon \cos(\phi) \right] \cdot \cos(\phi) \\
y &= R_0 \left[1 + \epsilon \cos(\phi) \right] \cdot \sin(\phi) \quad,
\end{aligned} \tag{1.75}$$

dabei ist R_0 eine positive Zahl und $\epsilon > 0$ klein. (Bei zu großen Werten entstehen
Einschnürungen.) Das folgende Code-Fragment des Skripts `chaos_stossGE.m` zeigt die
prinzipielle Vorgehensweise und die Abb. (1.29) das Ergebnis.

```
%% Festlegung der Berandung und Startwerte
R0 = 1;
epsilon = .25;
phi = linspace(0,2*pi,200);
x = R0*(1+epsilon*cos(phi)).*cos(phi);
y = R0*(1+epsilon*cos(phi)).*sin(phi);
plot(x,y,'k'),shg
hold on
% Teilchenbahn Start
vaus = [-1,1]; % bewegt sich das Teilchen in
              % positive oder negative x-Richtung
vt = vaus(randperm(2,1));
vstart = vt;
phi0 = rand*pi;
mt = tan(phi0);
bt = R0*0.9*rand;
bstart = bt;
%% Berechnung des Einfallwinkels
hphi = @(phi)  R0*(1+epsilon*cos(phi)).*sin(phi) - ...
              mt * R0 * (1+epsilon*cos(phi)).*cos(phi)-bt;
phi0 = fzero(hphi,phi0)
%% Plotten der Start-Trajektorie
```

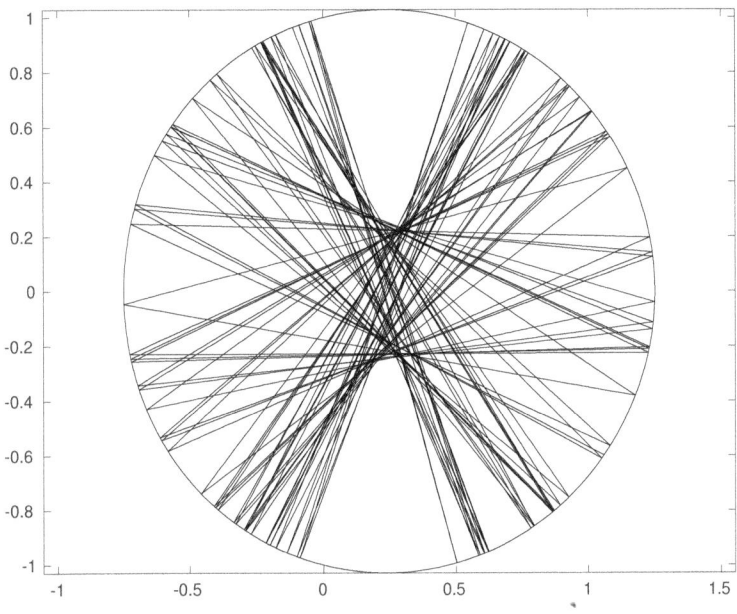

Abbildung 1.29: *Bahnen für ein nicht-elliptisches Billard, manchmal auch als gestörte Ellipse bezeichnet;* $\epsilon = 0,25$. *Der Startwert ist wieder zufällig gewählt, die Strukturen zeigen nun ein chaotisches Verhalten.*

```
xs = R0*(1+epsilon*cos(phi0)).*cos(phi0);
x0 = xs;
xt = linspace(0,xs);
yt = mt*xt + bt;
ys = yt(end);
plot(xt,yt,'k')
%% Berechnen der Tangente
dx = -epsilon*sin(phi0)*cos(phi0) - (1+epsilon*cos(phi0))*sin(phi0);
dy = -epsilon*sin(phi0)*sin(phi0) + (1+epsilon*cos(phi0))*cos(phi0);
mtan = dy/dx;
phit = atan(mtan);
axis equal, hold on
%% Berechnung der reflektierten Bahn
tanp = (mtan - mt)/(1+mtan*mt);
mt2 = (mtan+tanp)/(1-tanp*mtan);
%% Berechnung des naechsten Schnittpunkts
bt2 = ys - mt2*xs;
hphi2 = @(phi)  R0*(1+epsilon*cos(phi)).*sin(phi) - ...
                mt2 * R0 * (1+epsilon*cos(phi)).*cos(phi)-bt2;
```

```
phi0 = fzero(hphi2,-pi+1);
xs2 = R0*(1+epsilon*cos(phi0)).*cos(phi0);
xs,xs2
%% Plotten der naechsten Bahn
xt = linspace(xs,xs2);
yt = mt2*xt + bt2;
ys2 = yt(end);
plot(xt,yt,'k')
```

1.5.2   Inelastische Stöße

Für den elastischen Stoß zweier Körper mit den Massen m_1 und m_2 gilt die Impulserhaltung

$$m_1 v_1 + m_2 v_2 = m_1 \tilde{v}_1 + m_2 \tilde{v}_2 \qquad (1.76)$$

sowie die Energieerhaltung

$$m_1 v_1^2 + m_2 v_2^2 = m_1 \tilde{v}_1^2 + m_2 \tilde{v}_2^2 \quad , \qquad (1.77)$$

dabei bezeichnet v_i die Geschwindigkeit vor und $\tilde{v}_i$ die Geschwindigkeit nach dem Stoß. Beim inelastischen Stoß wird dagegen ein Teil der Energie zur Deformation genutzt bzw. in Wärme gewandelt. Betrachten wir als Beispiel das ballistische Pendel.

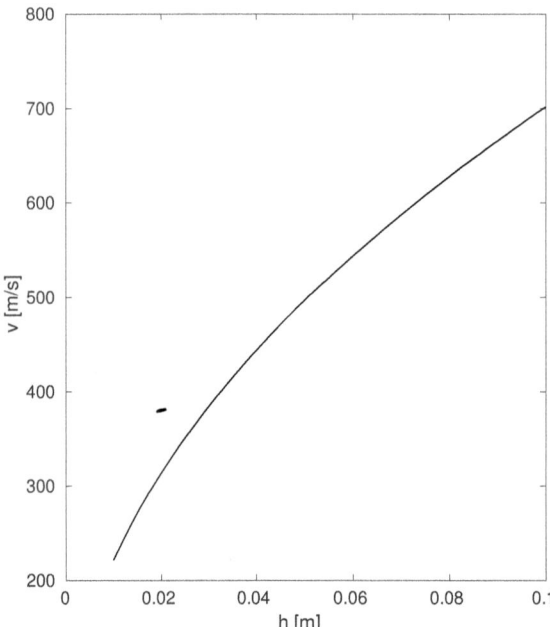

Abbildung 1.30: *Anwendungsbeispiel zu ballistischem Pendel. Die Geschoßgeschwindigkeit kann aus der gemessenen maximalen Pendelhöhe berechnet werden. Gewählte Werte:* $m_1 = 0,01 \; m_2 = 5 \; g = 9,81;$ *Berechnung und Visualisierung:* `h = linspace(0.01,0.1); v = (m1+m2)/m1 * sqrt(2*g*h);` `plot (h,v) xlabel('h [m]'),` `ylabel('v [m/s]')`

Ein ballistisches Pendel kann beispielsweise zur Bestimmung der Geschwindigkeit eines Geschoßes verwandt werden. Der Pendelkörper ist vor dem Stoß in Ruhe. m_1 ist die

Masse des Geschoßes, m_2 die Masse des Pendelkörpers, v_0 die Geschwindigkeit der Kugel vor dem Stoß und v die gemeinsame Geschwindigkeit nach dem Stoß. Aus der Impulserhaltung folgt

$$m_1 v_0 = (m_1 + m_2) v \tag{1.78}$$

und aus der Energieerhaltung unmittelbar nach dem Stoß

$$\frac{1}{2} (m_1 + m_2) v^2 = (m_1 + m_2) g h \tag{1.79}$$

mit h der maximalen Höhe des Pendelkörpers. Aus beiden Gleichungen folgt die Geschoßgeschwindigkeit zu

$$v_0 = \frac{m_1 + m_2}{m_1} \sqrt{2gh} \, . \tag{1.80}$$

Ein Beispiel zeigt Abb (1.30).

1.5.3 Kurze Übersicht der MATLAB-Programme

chaos_stoss.m berechnet die Trajektorien einer Billardkugel in einem elliptischen Stadion. Dazu wird `GerEllSchnitt.m` aufgerufen, das den Schnittpunkt mit der Ellipsenberandung berechnet. Hier ist keine Numerik notwendig sondern Geometrie.

chaosstoss_GE.m berechnet die Trajektorien für das chaotische System. Hier wird `fzero` zur Nullstellenberechnung benötigt.

ballPendel.m dient der Berechnung der Bahn eines ballistischen Pendels.

1.6 Dreikörperproblem und Lagrangesche Punkte

Die Bewegungsgleichungen für ein Vielteilchensystem lauten

$$m_i \ddot{\vec{x}}_i = \sum_{j \neq i} \vec{F}_{i,j} + \vec{F}_i^{(a)} \qquad \text{mit} \qquad \vec{F}_{i,j} = \frac{G \, m_i m_j}{r_{i,j}^3} \, .$$

Dabei bezeichnet m_i die Massen, $r_{i,j}$ den Abstand zwischen dem i-ten und j-ten Massenpunkt, G die Gravitationskonstante und $\vec{F}_i^{(a)}$ zusätzliche äußere Kräfte. Bei mehr als zwei Massenpunkten sind die Bewegungsgleichungen nicht mehr allgemein lösbar.

Für die Satelliten gestützte Astronomie ist die Frage nach Stabilitätspunkten besonders wichtig. Schränken wir diese Frage auf ein Dreiteilchensystem bestehend aus zwei Himmelskörper und einem Satelliten ein. Die Masse des Satelliten m_3 ist sehr klein im Vergleich zur Masse des Erde, Sonne oder des Mondes. Die Forderung $m_1 > m_2 \gg m_3$ wird auch als reduziertes Dreikörperproblem bezeichnet.

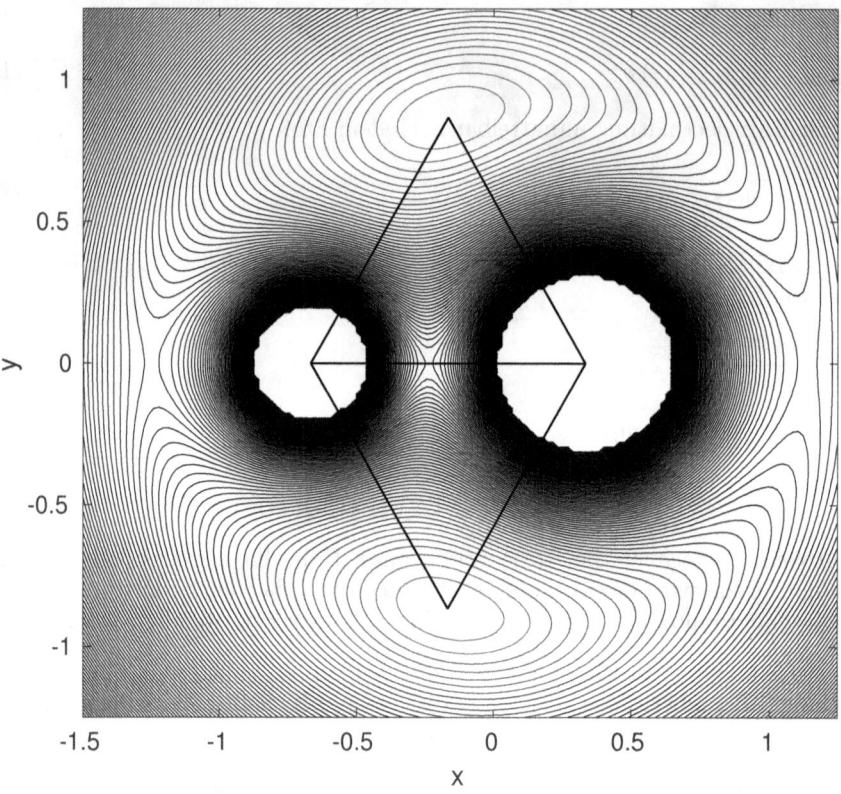

Abbildung 1.31: *Kontur-Plot des effektiven Potenzials Gl. (1.85), mit $m_1 = 2, m_2 = 1, r_0 = 1, G = 1$. Superponiert die beiden gleichseitigen Dreiecke, die die Lagrange-Punkte L_4 und L_5 mit den Massenmittelpunkten bilden.*

Würden wir nur die Gravitationspotenziale betrachten, würde es für unser Testteilchen nur ein instabiler Gleichgewichtspunkt vorliegen. Da die beiden großen Körper jedoch gemeinsam um ihren Schwerpunkt rotieren befinden wir uns in einem rotierenden System und müssen zusätzlich die Zentrifugalkraft und die Corioliskraft berücksichtigen. Wir führen unsere Betrachtungen daher im mitrotierenden System aus. D.h. der Ursprung liegt im Schwerpunkt der beiden großen Massen m_1, m_2, ihr Verbindungsvektor rotiert mit, so dass in diesem System die beiden Massen ruhen. (Schwerpunkt- und Relativkoordinaten wurden bereits im Kapitel 1.3.1 diskutiert.) Desweiteren wählen wir das Koordinatensystem $\vec{r} = (x, y, z)$ so, dass die z-Richtung senkrecht auf der Bewegungsebene steht. Die Körper mit den Massen m_1 und m_2 befinden sich im mitrotierende System auf einer starren Linie, die wir als x-Achse wählen. Für den Schwerpunkt gilt

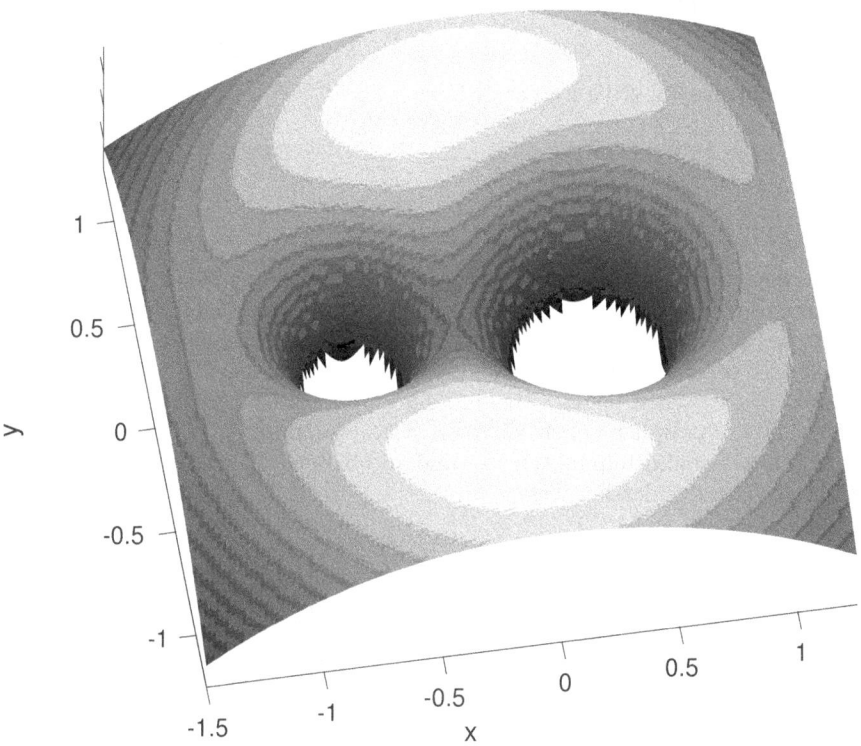

Abbildung 1.32: *Darstellung des effektiven Potenzials Gl. (1.85), mit* $m_1 = 2, m_2 = 1, r_0 = 1, G = 1$.

$m_1 x_1 + m_2 x_2 = 0$ und damit für die Position dieser beiden Körper auf der x-Achse

$$x_1 = \frac{m_2}{M} r_0 \quad , x_2 = -\frac{m_1}{M} r_0 \qquad \text{mit} \qquad M = m_1 + m_2 \; . \tag{1.81}$$

Da wir die Bahnstörung duch die Masse m_3 vernachlässigen können, ergibt sich die Rotationsgeschwindigkeit aus dem 3. Keplerschen Gesetz zu

$$\vec{\omega} = (0, 0, \omega) \quad \text{mit} \quad \omega = \sqrt{\frac{G \cdot M}{r_0^3}} \; . \tag{1.82}$$

Für die Bewegungsgleichung von m_3 gilt

$$m_3 \ddot{\vec{r}} = \vec{\nabla} \left(\frac{G\, m_1\, m_3}{r_{13}} + \frac{G\, m_2\, m_3}{r_{23}} \right) - \underbrace{2\, m_3\, \vec{\omega} \times \dot{\vec{r}}}_{\text{Coriolis-}} - \underbrace{m_3\, \vec{\omega} \times (\vec{\omega} \times \vec{r})}_{\text{Zentrifugalbeitrag}} \; , \tag{1.83}$$

dabei bezeichnet r_{i3} den Abstand des dritten Körpers von den jeweilig beiden anderen. Befindet sich die Masse m_3 am Ort $\vec{r} = (x, y, 0)$ dann gilt

$$r_{13} = \sqrt{y^2 + (\frac{m_2}{M} \cdot r_0 - x)^2} \quad \text{und} \quad r_{23} = \sqrt{y^2 + (\frac{m_1}{M} \cdot r_0 + x)^2} \ . \tag{1.84}$$

Damit erhalten wir das effektive Potenzial U zu

$$U = -\frac{G\, m_1}{m_{13}} - \frac{G\, m_2}{r_2 3} - \frac{\omega^2}{2}(x^2 + y^2) \ , \tag{1.85}$$

s. Abb. (1.31) und (1.32).

Fragen wir nun nach den für die Satelliten gestützte Astronomie wichtigen Stabilitätspunkten, also denjenigen Punkten an denen unser Satellit im rotierenden System ruht. Diese Punkte werden als Lagrange- oder Librationspunkte bezeichnet. Betrachten wir die Abb (1.31), so sehen wir drei instabile Gleichgewichtspunkte auf der x-Achse. Den Lagrangepunkt L_1 zwischen beiden Massen, L_2 und L_3 links bzw. rechts der jeweiligen Massenpunkte. Zusätzlich sehen wir zwei Stabilitätspunkte, die ein gleichseitiges Dreieck mit den Massenmittelpunkten m_1 und m_2 bilden. Ableiten können wir diese Positionen analytisch aus der Forderung

$$\ddot{x} = \ddot{y} = \dot{x} = \dot{y} = 0 \ . \tag{1.86}$$

Mit ein wenig Gleichungsgymnastik folgt

$$x_3^{(L_4, L_5)} = \frac{(m_2 - m_1)}{2\, M} \cdot r_0 \quad \text{und} \quad y_3^{(L_4, L_5)} = \pm \frac{\sqrt{(3)}}{2} \cdot r_0 \ , \tag{1.87}$$

dabei kennzeichnet L_4, L_5 den stabilen 4. bzw. 5. Lagrange-Punkt.

Die beiden Abbildungen wurden mit folgendem selbsterklärenden Programm berechnet. Eingehen möchte ich gezielt auf das Plotten der Abbildungen.

```
% Simulation der Lagrangeschen Punkte
r0 = 1;
m2 = 1;
m1 = 2; %330000; Erde - Sonne
G = 1;
M = m1 + m2;
%
x = linspace(-1.5*r0,1.25*r0,150);
y = linspace(-1.25*r0,1.25*r0,150);
[X,Y] = meshgrid(x,y);
%
r13 = sqrt(Y.^2 + (m2/M*r0 - X).^2);
r23 = sqrt(Y.^2 + (m1/M*r0 + X).^2);
rq = X.^2 + Y.^2;
omega2 = G*M/r0^3;  % omega^2
```

```
%
U = -G*m1./r13-G*m2./r23-omega2*rq/2;
%
Umax = max(U(:));
Umin = min(U(:));
Ucut = (49*Umax + Umin)/50;
U(U<Ucut) = NaN;
figure, surf(X,Y,U),shading interp,xlabel('x'),ylabel('y'), ...
        colormap lines, view(-9.5,84),axis tight,shg
figure, contour(X,Y,U,100),shg, axis equal
hold on
x1 = m2/M * r0;
x2 = -m1/M * r0;
xe = (m2-m1)/(2*M) * r0;
ye = sqrt(3)/2 * r0;
plot([x2,x1],[0,0],'k')
plot([x2,xe],[0,ye],'k')
plot([x2,xe],[0,-ye],'k')
plot([x1,xe],[0,ye],'k')
plot([x1,xe],[0,-ye],'k')
xlabel('x'),ylabel('y')
hold off
```

Die Bezeichnungen im obigen Skript LagrangePunkt.m folgen denen der verwendeten Gleichungen. Ab einem Massenverhältnis von etwa 1/40 wird die kleinere Masse grafisch nicht mehr aufgelöst, daher wurde für die Visualisierung ein Massenverhältnis von 1/2 gewählt. Das MATLAB-Skript erstellt eine farbige Darstellung. Schauen wir uns die folgende Zeile

```
figure, surf(X,Y,U),shading interp,xlabel('x'),ylabel('y'), ...
        colormap lines, view(-9.5,84),axis tight,shg
```

etwas genauer an: surf erstellt eine Flächengrafik, dabei legt shading ... mit den Werten „flat" (keine Begrenzungslinien), „faceted" (Voreinstellung, schwarze Umrandung der einzelnen Farbflächen) oder „interp" (kontinuierliche Farbinterpolation) die Schattierung der Fläche fest. colormap ... legt das Farbschema fest, dabei verbirgt sich hinter dem Namen (oben „lines") eine $m \times 3$-RGB Matrix (Rot-Grün-Blau). Man kann sich auch eine eigene Farbmatrix „cmap" erstellen, die dann mittels colormap(cmap) übergeben wird. Für die Graudarstellung im Buch war dies

```
cmap =

    0.0159    0.0159    0.0159
    0.2000    0.2000    0.2000
    0.3000    0.3000    0.3000
    0.3250    0.3250    0.3250
```

```
0.3500      0.3500      0.3500
...         ...         ...
0.8000      0.8000      0.8000
0.9000      0.9000      0.9000
```

Punkte mit dem Wert NaN werden nicht dargestellt.

MATLAB-Skript. Die Berechnungen und grafischen Darstellungen wurden mit dem MATLAB-Skript LagrangePunkt.m durchgeführt. In cmap.mat befindet sich die Farbmatrix für die Buchabbildung (1.32).

1.7   Starrer Körper

Gegenstand der bisherigen Kapitel waren im Wesentlichen Punktteilchen. Im folgenden Abschnitt wenden wir uns dem starren Körper zu. Der starre Körper besitzt 6 Freiheitsgrade, beschrieben durch 3 mit dem Körper in einem Punkt (beispielsweise dem Schwerpunkt) verbundene Koordinaten sowie drei Winkel, die die Rotation um diesen Punkt beschreiben. Als Drehwinkel werden üblicherweise die Euler-Winkel genutzt.

Betrachten wir die folgenden Rotationsmatrizen: Drehung um z-Achse mit Winkel α

$$R_z(\alpha) = \begin{pmatrix} \cos\alpha & \sin\alpha & 0 \\ -\sin\alpha & \cos\alpha & 0 \\ 0 & 0 & 1 \end{pmatrix} \tag{1.88a}$$

Rotation um x-Achse mit Winkel β

$$R_x(\beta) = \begin{pmatrix} 1 & 0 & 0 \\ 0 & \cos\beta & -\sin\beta \\ 0 & \sin\beta & \cos\beta \end{pmatrix} \tag{1.88b}$$

Gehen wir von einem körperfestes Bezugssystem aus, das durch eine Rotation aus dem raumfesten Koordinatensystem hervorgeht. Zur Beschreibung der Lage dieses körperfesten Koordinatensystems im Raum dienen die Euler-Winkel ϕ, θ, ψ

$$R(\phi, \theta, \psi) = R_z(\psi)\, R_x(\theta)\, R_z(\phi) \tag{1.88c}$$

(In der Literatur gibt es unterschiedliche Konventionen, so wird an Stelle der Rotation um die x-Achse auch die y-Achse verwandt.)

$R_z(\phi)$: Beschreibt eine Drehung um die raumfeste z-Achse, dies führt zu einer neuen x,y-Achse als Zwischenschritt.
$R_x(\theta)$: Drehung um die neue x-Achse, dies führt auf die körperfeste z-Achse.
$R_z(\psi)$: Drehung um die körperfeste z-Achse zum körperfesten Koordinatensystem.

1.7.1   Der schwere symmetrische Kreisel

Als Anwendungsbeispiel betrachten wir den schweren symmetrische Kreisel. Die Ableitungen der Gleichungen würden den Rahmen sprengen und finden sich in [1], Kapitel 5.

Für die Lagrange-Funktion des schweren symmetrischen Kreisels gilt

$$L = \frac{I_1}{2}(\dot{\phi}^2 \sin^2\theta + \dot{\theta}^2) + \frac{I_3}{2}(\dot{\phi}\cos\theta + \dot{\psi})^2 - m\,g\,h\,\cos\theta\,, \tag{1.89}$$

mit I_n den Trägheitsmomenten, $I_1 = I_2$ und m der Masse. Die Lagrange-Funktion ist zyklisch in den Koordinaten ϕ und ψ und folglich sind die kanonisch konjugierte Impulse, Gl. (1.3), Erhaltungsgrößen:

$$(I_1 \sin^2\theta + I_3 \cos^2\theta)\,\dot{\phi} + I_3\dot{\psi}\,\cos\theta = A \tag{1.90}$$

$$I_3\,(\dot{\phi}\,\cos\theta + \dot{\psi}) = B\,, \tag{1.91}$$

außerdem gilt die Energieerhaltung

$$E = \frac{I_1}{2}(\dot{\phi}^2 \sin^2\theta + \dot{\theta}^2) + \frac{I_3}{2}\underbrace{(\dot{\phi}\cos\theta + \dot{\psi})^2}_{Konstant} + m\,g\,h\,\cos\theta\,. \tag{1.92}$$

Ziehen wir diesen konstanten Beitrag von E ab $(\tilde{E})$ und setzen die beiden Konstanten (1.90) und (1.91) ein, so erhalten wir

$$\tilde{E} = \underbrace{\frac{1}{2}I_1\dot{\theta}^2}_{kin.Energie} + \underbrace{\frac{1}{2}I_1 \sin^2\theta\left(\frac{A - B\cos\theta}{I_1 \sin^2\theta}\right)^2 + m\,g\,h\,\cos\theta}_{eff.Potential} \tag{1.93}$$

Im effektiven Potenzial taucht ein $1/\sin^2\theta$ Term auf. Wir hatten schon beim Kepler-Problem gesehen, dass Singularitäten durch geeignete Koordinatenwahl hebbar sein können. Die Ableitung des Kosinus führt zu einem Sinus. Wir wählen daher den folgenden Ansatz

$$u = \cos\theta \;\Rightarrow\; \dot{\theta}^2 = \frac{\dot{u}^2}{\sin^2\theta}\,. \tag{1.94}$$

Eingesetzt in Gl. (1.93) und mit $\sin^2\theta$ multipliziert folgt

$$0 = \frac{1}{2}I_1\dot{u}^2 + \underbrace{\frac{1}{2I_1}(A - B\,u)^2 + (m\,g\,h\,u - \tilde{E})(1 - u^2)}_{\equiv V(u)} \tag{1.95}$$

Multiplizieren wir das Potenzial $V(u)$ aus, so erhalten wir

$$V(u) = c_0 + c_1\,u + c_2\,u^2 + c_3\,u^3 \tag{1.96}$$

mit

$$c_0 = \frac{1}{2I_1}A^2 - \tilde{E} \qquad c_1 = m\,g\,h - \frac{A\,B}{I_1} \tag{1.97}$$

$$c_2 = \frac{B^2}{2I_1} + \tilde{E} \qquad c_3 = -m\,g\,h\,, \tag{1.98}$$

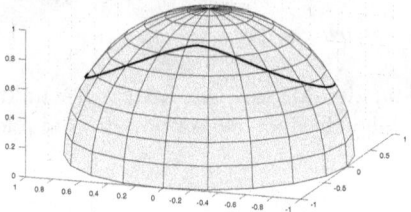

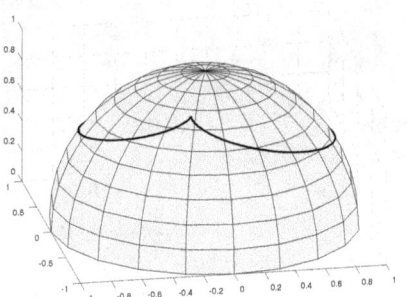

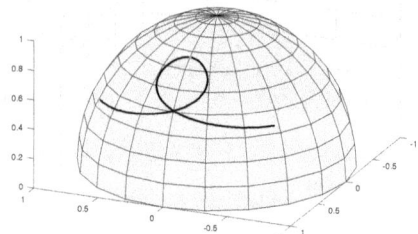

Abbildung 1.33: *Nutationsbewegung des schweren symmetrischen Kreisels. Oben links: $\dot{\phi}$ änderst sein Vorzeichen nicht; rechts: $\dot{\phi}$ wird entweder für den maximalen oder minimalen Wert von θ null; unten: $\dot{\phi}$ ändert sein Vorzeichen.*

d.h. für $m = 0$ verschwindet der Term dritter Ordnung und der kräftefreie symmetrische Kreisel wird durch die Bewegungsgleichung des harmonischen Oszillators beschrieben.

Das Potenzial V ist ein Polynom dritter Ordnung in u und wird in MATLAB durch den Vektor C = [c3,c2,c1,c0] repräsentiert und an der Stelle „u" mittels V0 = poly-val(C,u) berechnet. Gl. (1.95) kann durch Quadratur gelöst werden. Für die Variable u gilt $-1 \leq u \leq 1$ und das Potenzial V muss negativ sein, um eine physikalische Lösung zu erlauben. Als Polynom dritter Ordnung besitzt V drei Nullstellen; interessant sind nur diejenigen, die den negativen Bereich von V begrenzen. Ermitteln können wir die Nullstellen mittels uNull = roots(C) und in aufsteigender Reihenfolge, uNull = sort(uNull), sortieren. Die Lösung von Gl. (1.95) erhalten wir durch:

```
ui = linspace(uNull(2),uNull(1),100);
fintegral = @(x) 1./sqrt(-2/I1*polyval(C,x));
%
for n = 1:length(ui)
    t(n)=quadgk(fintegral,ui(n),uNull(2));
end
%
theta =acos(ui);
```

Interessanter ist die Frage nach Präzessions- und Nutationsbewegung. Aus den Erhaltungsgleichungen (1.90) und (1.91) folgt

$$\dot{\phi} = \frac{A - B\cos\theta}{I_1\sin^2\theta} \quad \text{und} \tag{1.99}$$

$$\dot{\psi} = \frac{B}{I_3} - \frac{A - B\cos\theta}{I_1\sin\theta}\cos\theta \ . \tag{1.100}$$

ψ beschreibt die Rotation um die Figurenachse und ϕ die Nutationsbewegung. Auf der rechten Seite von Gl. (1.99) stehen nur Konstanten und Ausdrücke in θ, d.h. wir können diese Gleichung auch umschreiben: $\dot{\phi} = \frac{d\phi}{du}\dot{u} \Rightarrow d\phi = \dot{\phi}(\dot{u})^{-1}du$ und direkt nach u integrieren. Dies führt auf folgenden Ansatz:

```
phiInt = @(x) A/I1 * (1-B/A*x)./(1-x.^2) ./ sqrt(-2/I1 .* polyval(V,x));
%
ul0=ul(1);
ul(1)=ul(1)*1.001;          % Nullstelle von V
ul(end)=ul(end)/1.001;
for n = 1:length(ul)
    phi(n)=quadgk(phiInt,ul(n),ul0)/pi*180;
    theta(n) = acos(ul(n))/pi*180;
end
```

wobei „ul" ein Vektor über den erlaubten Bereich von $u = \arccos\theta$ ist. Bei der Auswertung sind drei Fallunterscheidungen interessant: $\dot{\phi}$ ändert sein Vorzeichen nicht, dies führt zu einer Bewegung wie in Abb. (1.33) oben links dargestellt. $\dot{\phi}$ wird an einem der Grenzpunkte von V null. In diesem Fall verschwindet $\dot{\phi}$ und $\dot{\theta}$ gleichzeitig periodisch; das Ergebnis zeigt Abb. (1.33) oben rechts. Der dritte Fall: $\dot{\phi}$ ändert sein Vorzeichen, dies führt zu einer schleifenartigen Bewegung, Abb. (1.33) unten links.

1.7.2   Der umfallende Schornstein

Die Sprengung eines Industrieschornsteins ist stets ein beeindruckendes Ereignis. Dabei zeigt sich, dass die Geschwindigkeit des umstürzenden Schornsteins höher werden kann als die Geschwindigkeit eine frei fallenden Teilchens aus der selben Höhe. Als Beispiel betrachten wir einen Stab wie in Abb. (1.34) dargestellt. Die zugehörige Hamilton-Funktion ist

$$H(p_\phi, \phi) = \frac{1}{2J}p_\phi^2 + mg\frac{l}{2}\cos\phi \quad , \tag{1.101}$$

mit dem Trägheitsmoment $J = \frac{ml^2}{3}$. Ohne Auslenkung befindet sich der Schornstein in einem instabilen Gleichgewicht, bleibt also stehen. Die Bewegungsgleichungen erhalten wir aus den Gleichungen (1.5a) und (1.5b). Bei einer beliebig kleinen Auslenkung verschwindet die kinetische Energie, unmittelbar vor dem Aufschlag auf der Erde die potenzielle Energie und daraus folgt

$$v_{max} = \sqrt{3gl} \quad . \tag{1.102}$$

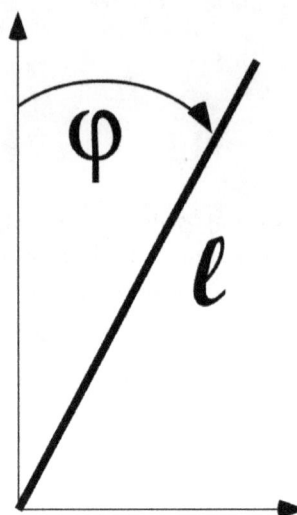

Abbildung 1.34: *Der umfallende Schornstein.*

Dagegen gilt für den freien Fall $\sqrt{2\,g\,l}$.

Die Abbildung (1.35) wird durch die folgenden Programme, die ausschnittsweise gelistet sind, berechnet:

```
... Festlegung der Materialwerte
... Anfangswerte
options = odeset('RelTol',1e-8,'AbsTol',1e-8,'MaxStep',0.1, ...
    'Events',@(t,y) kippStabevent(t,y,l,m,J));
[t,y] = ode23(@(t,y) kippStabDGL(t,y,l,m,J),[0:0.005:tmax],y0,options);
%% Visualisierung
he = l * cos(y(1,1)) - 1/2 * g * t.^2;
h2e = l * cos(y(:,1));
plot(t,he,t,h2e),shg
xlabel('Zeit'),ylabel('Hoehe')
legend('freies Teilchen','Stab','location','NorthWest')
title('Vergleich Freier Fall-Stab')
%
figure,plot(t,h2e), grid on
xlabel('Zeit'),ylabel('Hoehe')
ve = y(:,2)/J*l;              % Geschwindigkeit Stab
vef = sqrt(2*l*cos(y(1,1))*g);   % max. Geschwindigkeit freier Fall
vee = sqrt(3*l*cos(y(1,1))*g);   % max. Geschwindigkeit Stab
vteste = ve - vef;
figure, plot(vteste,h2e),grid on
xlabel('Geschwindigkeit - Maxmimum'),ylabel('Hoehe')
title('Differenzgeschwindigkeit')
```

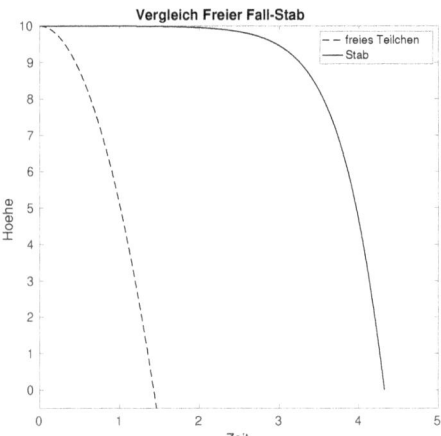
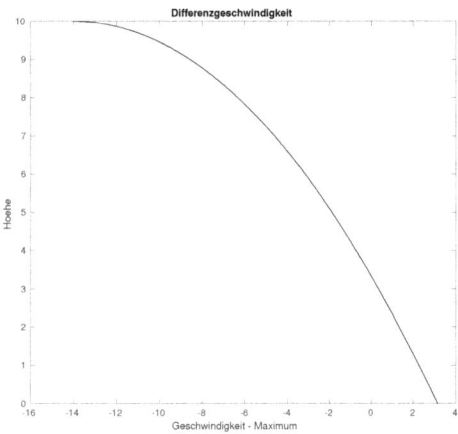

Abbildung 1.35: *Auf der linken Seite die Höhe des Schornsteinmodells und eines frei fallenden Teilchens in Abhängigkeit der Zeit. Unser Modell wurde nur geringfügig ausgelenkt und verharrt lange in einer fast aufrechten Haltung. Rechts die Geschwindigkeit des Schornsteins abzüglich der maximalen Geschwindigkeit des frei fallenden Teilchens. Negative Werte: Das frei fallende Teilchen ist schneller; positive Werte der Schornstein hat eine höhere Geschwindigkeit.*

odeset legt die Genauigkeit und die aufzurufenden Funktionen fest. Die Differentialgleichung wird durch

```
function dy = kippStabDGL(t,y,l,m,J)
% Differentialgleichung

g= 9.81;% m/s^2 Beschleunigung

dy(1) = 1/J * y(2);
dy(2) = m * g * l/2 * sin(y(1));

dy = dy.';
```

repräsentiert. Die Berechnung soll bei Erreichen des Bodens beendet werden. Dies wird durch die Eventfunktion

```
function [eventwert,isterminal,richt] = kippStabevent(t,y,l,m,J)
% Forderung Integration auf Erdoberflaeche beendet
eventwert = l * cos(y(1));
isterminal = 1;
richt = -1;
```

sicher gestellt.

1.7.3   Kurze Übersicht der MATLAB-Programme

Kreisel2.m dient der Visualisierung der Nutationsbewegung des schweren Kreisels.

kippStab.m Bewegung eines umfallenden Schornsteins. Die Differentialgleichung ist in `kippStabDGL.m` und der Boden mittels `kippStabevent.m` festgelegt.

1.8   Relativistische Mechanik

Im folgenden Abschnitt werden wir Beispiele der speziellen und allgemeinen Relativitätstheorie diskutieren. Die grundlegenden Postulate der speziellen Relativitätstheorie sind: Die Lichtgeschwindigkeit c ist konstant und alle Inertialsysteme sind gleichberechtigt. Mit der allgemeinen Relativitätstheorie tritt noch die Äquivalenz zwischen Gravitation und Beschleunigung hinzu. Einstein zeigte, dass sich die Gravitation als Krümmung des Raumes interpretieren läßt. Für die Theorie will ich auf [5] verweisen.

1.8.1   Metrik

Wichtige Effekte im Rahmen der speziellen Relativitätstheorie sind beispielsweise Zeitdilatation und Längenkontraktion. Führen wir die folgenden Abkürzungen ein

$$\beta = \frac{v}{c} \quad \text{und} \quad \gamma = \frac{1}{\sqrt{1 - \beta^2}} \, , \tag{1.103}$$

dann gilt

$$\Delta t_A = \gamma \Delta t_B \quad \text{und} \quad \Delta x_A = \frac{1}{\gamma} \Delta x_B \, . \tag{1.104}$$

Das Intertialsystem „B" bewegt sich dabei mit der Geschwindigkeit v gegenüber dem ruhenden System „A". Die Uhr in „B" zeigt eine geringere Zeit an als die Uhr in „A" und der ruhenden Maßstab erscheint dem bewegten Beobachter verkürzt. Als Eigenzeit τ bezeichnen wir die Zeit der im Inertialsystem ruhenden Uhr.

Raum- und Zeitkoordinaten werden zu einem Vierervektor der Raumzeit **x** zusammengefasst, ebenso Vierergeschwindigkeit **u** und Viererimpuls **p**:

$$\mathbf{x} = \begin{pmatrix} ct \\ x \\ y \\ z \end{pmatrix}, \quad \mathbf{u} = \frac{d\mathbf{x}}{d\tau} = \frac{d\mathbf{x}}{dt}\frac{dt}{d\tau} = \gamma \begin{pmatrix} c \\ v_x \\ v_y \\ v_z \end{pmatrix} \quad \text{und} \quad \mathbf{p} = m\,\mathbf{u} \, . \tag{1.105}$$

Die Minkowski-Metrik der Raumzeit

$$g^{\mu\nu} = \begin{pmatrix} -1 & 0 & 0 & 0 \\ 0 & 1 & 0 & 0 \\ 0 & 0 & 1 & 0 \\ 0 & 0 & 0 & 1 \end{pmatrix} \tag{1.106}$$

unterscheidet sich je nach Konvention um das Vorzeichen. Für das invariante Wegelement gilt

$$ds^2 = g_{ij}\, x^{ij} = -c^2\, dt^2 + dx^2 + dy^2 + dz^2 \,, \tag{1.107}$$

wobei wir die Einsteinsche Summenkonvention genutzt haben, nach der über gleich lautende Indizes summiert wird.

Gegenüber welcher Operation ist das Wegelement invariant? Invariant gegenüber der Lorentz-Transformation.

1.8.2 Lorentz-Transformation

Die Lorentz-Transformation verknüpft die Raumzeit verschiedener Inertialsysteme mit einander.

$$\Lambda^{(R)\mu}{}_{\nu} = \begin{pmatrix} 1 & 0 & 0 & 0 \\ 0 & R_{11} & R_{12} & R_{13} \\ 0 & R_{21} & R_{22} & R_{23} \\ 0 & R_{31} & R_{32} & R_{33} \end{pmatrix} \tag{1.108a}$$

beschreibt die Rotation, vgl. Gl. (1.88a), um eine beliebige Achse. Für die Transformation auf ein Inertialsystem, das sich mit konstanter Geschwindigkeit β in $x-, y-$ oder z-Richtung (boost) bewegt, gilt

$$\Lambda^{(x)\mu}{}_{\nu} = \begin{pmatrix} \cosh\alpha & \sinh\alpha & 0 & 0 \\ \sinh\alpha & \cosh\alpha & 0 & 0 \\ 0 & 0 & 1 & 0 \\ 0 & 0 & 0 & 1 \end{pmatrix} \tag{1.108b}$$

$$\Lambda^{(y)\mu}{}_{\nu} = \begin{pmatrix} \cosh\alpha & 0 & \sinh\alpha & 0 \\ 0 & 1 & 0 & 0 \\ \sinh\alpha & 0 & \cosh\alpha & 0 \\ 0 & 0 & 0 & 1 \end{pmatrix} \tag{1.108c}$$

$$\Lambda^{(z)\mu}{}_{\nu} = \begin{pmatrix} \cosh\alpha & 0 & 0 & \sinh\alpha \\ 0 & 1 & 0 & 0 \\ 0 & 0 & 1 & 0 \\ \sinh\alpha & 0 & 0 & \cosh\alpha \end{pmatrix} \tag{1.108d}$$

mit

$$\cosh\alpha = \gamma \quad \text{und} \quad \sinh\alpha = -\beta\gamma \tag{1.108e}$$

Wie erscheint nun einem bewegten Beobachter ein Objekt in einem ruhenden Intertialsystem?

```
%% Transformation
alpha = 0.99;
```

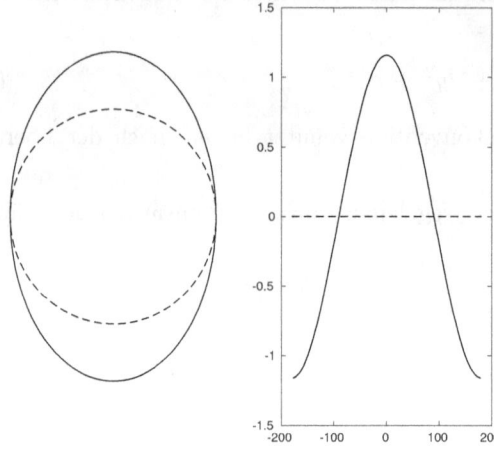

Abbildung 1.36: Beispiel Lorentz-Transformation. Auf der linken Seite gestrichelt ein Kreis im ruhenden System, durchgezogen in einem mit 99% Lichtgeschwindigkeit in vertikaler Richtung sich bewegenden Inertialsystem. Auf der rechten Seite die zugehörigen Zeiten ct in Abhängigkeit des Kreiswinkels. Für den ruhenden Beobachter gilt für jeden Bildpunkt t = 0, im bewegten System variiert die Zeit in Abhängigkeit des horizontal aufgetragenen Kreiswinkels. In einem Inertialsystem gleichzeitige Ereignisse sind in einem anderen Inertialsystem nicht mehr gleichzeitig.

```
Lambda = [cosh(alpha) 0 0 sinh(alpha)
               0       1 0      0
               0       0 1      0
          sinh(alpha) 0 0 cosh(alpha)];
%
phi = linspace(0,2*pi);
x = sin(phi);
z = cos(phi);
t = zeros(size(x));
y = t;
%
koord = [t;x;y;z];          % Kreis im ruhenden System
koordTrafo = Lambda*koord;% Beobachter mit 99 % c
%% Darstellung Kreis
subplot(1,2,1)
plot(koord(2,:),koord(4,:))
hold on
plot(koordTrafo(2,:),koordTrafo(4,:)), axis equal, axis off
xlabel('x'), ylabel('y')
%% Eigenzeiten
phi = atan2(x,z)*180/pi;
subplot(1,2,2)
plot(phi(1:50),koordTrafo(1,1:50)), hold on
plot(phi(51:end),koordTrafo(1,51:end)), shg
plot([-180,180],[0,0]), shg
```

Abb. (1.36) zeigt einen Kreis für den ruhenden Beobachter im ruhenden Inertialsystem, sowie nach einer Lorentz-Transformation. In einem Intertialsystem gleichzeitige

Ereignisse sind in einem dazu bewegten Inertialsystem nicht mehr gleichzeitig. Wir sehen jedoch dasjenige Gebilde, dessen Bildpunkte gleichzeitig in unser Auge tritt. Ein ruhender Balken beispielsweise erscheint dem bewegten Beobachter verdreht und nicht einfach verkürzt. An dieser Stelle will ich auf die exzellenten Visualisierungen von Ute Kraus und Marc Borchers im Internet verweisen: http://www.tempolimit-lichtgeschwindigkeit.de und (fahren Sie einmal mit dem Fahrrad schnell genug durch Tübingen) ···/filme/tue1/tue1.mov.

1.8.3   Der relativistische Doppler-Effekt

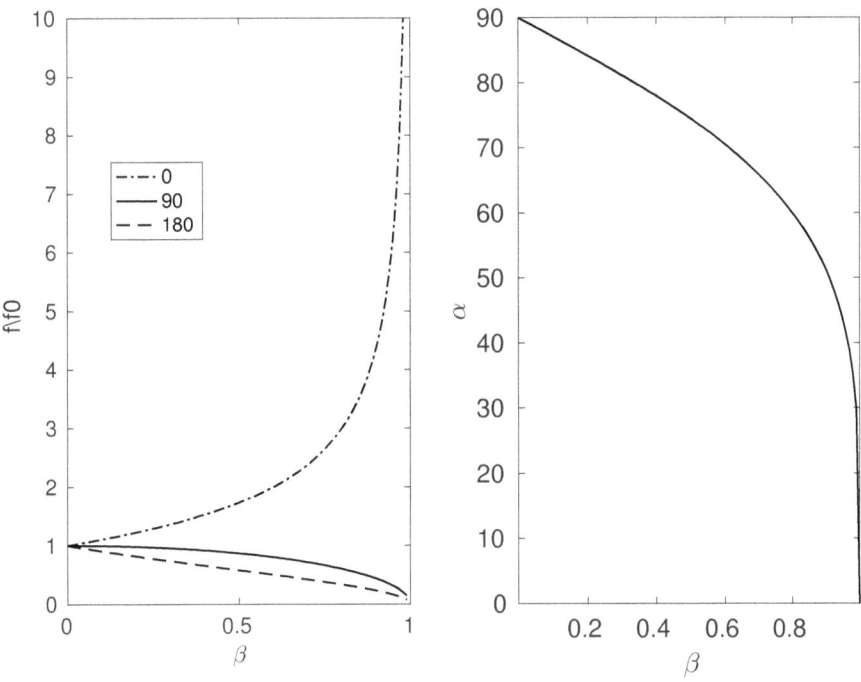

Abbildung 1.37: *Auf der linken Seite die relative Frequenzänderung in Abhängigkeit der Geschwindigkeit β wenn die Lichtquelle auf den Beobachter zukommt ($\alpha = 0$), senkrecht zu ihm ($\alpha = 90$) bewegt und von ihm weg läuft ($\alpha = 180$). Rechts die Richtung α unter der der Dopplereffekt verschwindet in Abhängigkeit von β. Für $\beta \to 1$ nähert sich der Winkel der Null.*

Bei einer klassischen Schallwelle hängt der Doppler-Effekt davon ab, ob sich die Quelle auf den Beobachter zu oder von ihm weg bewegt und verschwindet genau senkrecht zur Bewegungsrichtung. Für ein Photon gilt $p = \hbar k$, mit k dem Wellenzahlvektor, d.h. wir können mittels einer Lorentz-Transformation den Wellenzahlvektor auf das bewegte System transformieren. Nehmen wir an die Lichtquelle bewegt sich in Richtung der x-Achse und der Beobachter sieht das Licht unter einem Winkel α, so gilt

$$\frac{f}{f_0} = \frac{1}{\gamma} \frac{1}{1 - \beta \cos \alpha}, \tag{1.109}$$

mit der Eigenfrequenz f_0 und der beobachteten Frequenz f. Diese Gleichung hat zur Folge, dass auch das Licht senkrecht zur Bewegungsrichtung dopplerverschoben ist; dies bezeichnet man als transversalen Doppler-Effekt. Das Frequenzverhältnis in Abhängigkeit der Geschwindigkeit zeigt Abb. (1.37) links und auf der rechten Seite den Winkel α unter dem der Doppler-Effekt verschwindet. Die zugehörige Gleichung folgt durch Auflösen der Gl. (1.109) für $\frac{f}{f_0} = 1$. Die Abbildung wurde mit dem Skript `dopplertest.m` erstellt.

1.8.4   Visualisierung der Schwarzschild-Metrik

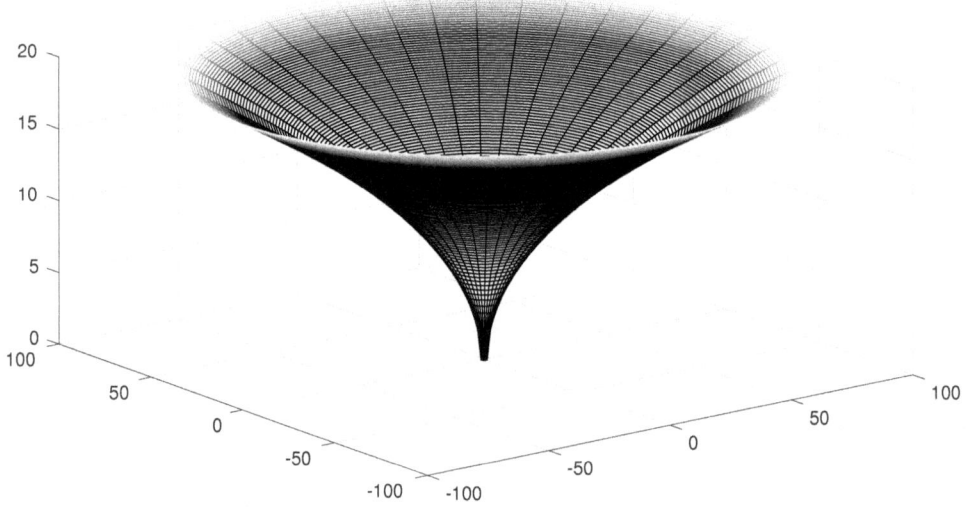

Abbildung 1.38: *Visualisierung der Schwarzschild-Metrik mittels eines Flammschen Paraboloids. r in Einheiten von r_s*

Die Schwarzschild-Metrik ist eine Lösung der Einsteinschen Feldgleichungen

$$R_{\mu\nu} - \frac{1}{2} g_{\mu\nu} R = \kappa T_{\mu\nu} \tag{1.110}$$

und beschreibt die Krümmung des Raumzeit außerhalb einer Massenverteilung. Für das Wegelement gilt

$$ds^2 = -\left(1 - \frac{r_s}{r}\right) c^2 dt^2 + \left(1 - \frac{r_s}{r}\right)^{-1} dr^2 + r^2(d\theta^2 + \sin^2\theta \, d\phi^2), \tag{1.111}$$

mit dem Schwarschildradius

$$r_s = \frac{2\,G\,M}{c^2}\,, \tag{1.112}$$

mit der Gravitationskonstanten G und der Masse M. Für $r \gg r_s$ geht die Schwarzschild-Metrik in die Minkowski-Metrik über. Für $r = r_s$ liegt eine Koordinatensingularität vor, die durch geeignete Koordinaten (Eddington-Finkelstein oder Kruskal-Szekers Koordinaten) vermieden werden kann. r_s kennzeichnet den Ereignishorizont. Für die Fluchtgeschwindigkeit v_F gilt

$$v_F = \sqrt{\frac{2\,G\,M}{r_M}} \tag{1.113}$$

mit r_M dem Radius des Objekts der Masse M: Für $r_M = r_s$ wird die Fluchtgeschwindigkeit gleich der Lichtgeschwindigkeit c und damit das entsprechende Objekt zu einem Schwarzen Loch. Zum Vergleich: Der Schwarzschildradius der Sonne beträgt etwa $2,9$ km.

Zur Veranschaulichung der Geometrie der Schwarzschild-Metrik betrachten wir einen Schnitt zur konstanten Zeit t. Für $\theta = pi/2$ erhalten wir eine Parabel, deren oberen Ast wir rotieren können. Dies führt dann zu einem Flammschen Paraboloid[9], Abb. (1.38),

$$x = r \cdot \sin \theta \tag{1.114}$$
$$y = r \cdot \cos \theta \tag{1.115}$$
$$z = 2\,\sqrt{r_s \cdot (r - r_s)} \tag{1.116}$$

Die Visualisierung erfolgte mittels

```
r = 1:1:100;theta = 0:pi/20:2*pi;
[Theta,r] = meshgrid(theta,r);
x = r.*sin(Theta);
y = r.*cos(Theta);
z = 2*sqrt(r-1);
figure, surf(x,y,z),shg
```

1.8.5   Lichtablenkung im Gravitationsfeld

Die ersten Erfolge der Allgemeinen Relativitätstheorie waren die Erklärung der bis dahin unverstandenen quantitativen Abweichung der Periheldrehung des Merkus von dem nicht-relativistisch berechneten Wert, vgl. Kap. 1.3.2, sowie die Beobachtung der Lichtablenkung am Rand der Sonne bei einer Sonnenfinsternis 1921 durch Arthur Eddington.

Es gibt mehrere Wege, die Lichtablenkung im Gravitationsfeld abzuleiten. Eine Möglichkeit ist aus dem Verschwinden des Wegelements $ds^2 = 0$ für Licht, Gl. (1.111), eine ortsabhängige Lichtgeschwindigkeit abzuleiten und daraus einen ortsabhängigen

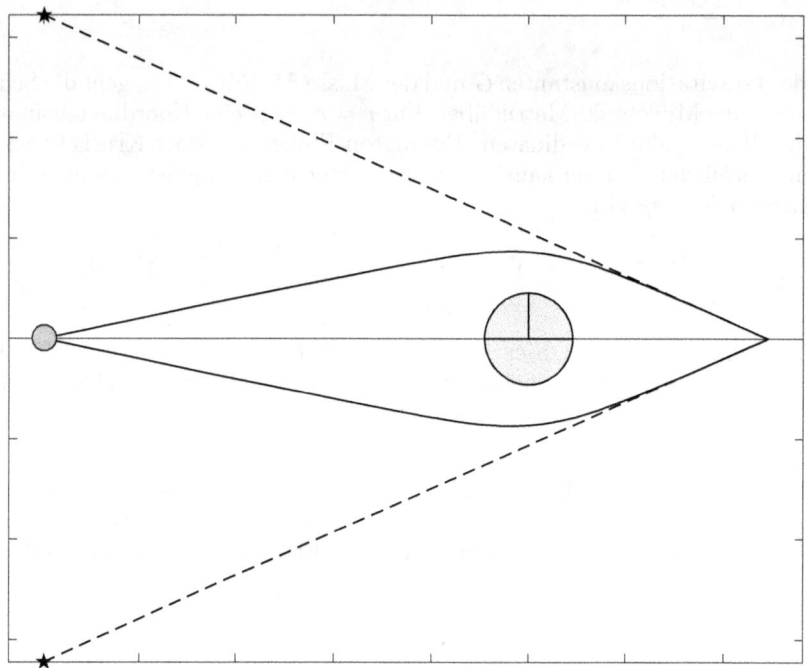

Abbildung 1.39: *Am rechten Bildrand wird das Licht beobachtet, das vom linken Stern ausgeht und am Zentralstern ($r_s = 1$) abgelenkt wird. Der Beobachter sieht zwei Sterne scheinbar in der gestrichelt geplotteten Richtung. Der zentrale Stern wirkt wie eine Gravitationslinse.*

Brechungsindex. Wir wollen hier jedoch einen anderen Weg skizzieren, der explizit den Lichtweg aufzeigt. Die Bewegung eines freien Teilchens wird durch die geodätische Gleichung beschrieben

$$\frac{d^2 x^i}{d\tau^2} + \Gamma^i_{jk} \frac{dx^j}{d\tau} \frac{dx^k}{d\tau} = 0 \,, \tag{1.117}$$

mit den Christoffelsymbolen

$$\Gamma^i_{jk} = \frac{1}{2} g^{in} \left(\partial_k g_{jn} + \partial_j g_{nk} - \partial_n g_{jk} \right) \quad \text{mit} \quad \partial_m = \frac{\partial}{\partial x^m} \,. \tag{1.118}$$

Werten wir diese Bewegungsgleichungen aus, so erhalten wir mehrere Erhaltungsgrößen, die wir in das Wegelement $ds^2 = 0$ einsetzen. Für die Lichtablenkung ist die Zeitabhängigkeit unwesentlich. Umschreiben der Gleichung mittels

$$\dot{r} = \frac{dr}{d\phi}\dot{\phi} \tag{1.119}$$

und Einführung einer neuen Variablen y liefert nach einer weiteren Ableitung nach ϕ

$$\frac{d^2y}{d\phi^2} + y = \frac{3}{2}r_s\,y^2 \quad \text{mit} \quad y(\phi) = \frac{1}{r(\phi)}\;. \tag{1.120}$$

Die Zwischenschritte finden sich in vielen Lehrbüchern, beispielsweise in [10] Kap. 12. Der Winkel ϕ ist dabei der Winkel zwischen der vertikalen Linie (z-Achse) und der Verbindungslinie zwischen Sternzentrum und Lichtstrahl, der Abstand Sternzentrum-Lichtstrahl r und r_s der Schwarzschildradius. Das Ergebnis zeigt Abb. (1.39). Die folgende Funktion repräsentiert die Differentialgleichung

```
function dy = LichtablenkungDGL(t,y,rs)

% Differentialgleichung zur Lichtablenkung
dy(1) = y(2);
dy(2) = 3/2*rs*y(1).^2 - y(1);
dy = dy.';
```

und der Aufruf erfolgt mit Lichtablenkung.m

```
%% Lichtablenkung
figure
r0=5;                    % ist nicht der minimale Abstand
rs = 1;                  % Schwarzschildradius
rmin = 1/(1/r0+rs/(2*r0^2));
phi0 = -90.0/180*pi;     % Startwinkel: Anfangswerte
                         % aus Naeherungsloesung
y00 = cos(phi0)/r0 + rs/(2*r0^2) * (1 + sin(phi0)^2);
dy0 = -sin(phi0)/r0 + rs/(r0^2) * sin(phi0)*cos(phi0);
y0 =[y00;dy0];
[phi,yy] = ode45(@(phi,y) LichtablenkungDGL(phi,y,rs), [phi0,pi/2], y0);
% Visualisierung der Lichtablenkung
r = 1./yy(:,1);
x = r.*sin(phi);
y = r.*cos(phi);
plot(x,y),axis equal,shg
hold on
plot(x,-y)
% Visualisierung der scheinbaren Sternorte
theta = linspace(0,2*pi);
area(rmin/2*sin(theta),rmin/2*cos(theta))
yseh = (y(end)-y(end-1))/(x(end)-x(end-1)) *x - ...
```

```
        (y(end)-y(end-1))/(x(end)-x(end-1))*x(end);
plot(x,yseh,x(1),yseh(1),'p')
yseh = (y(end)+y(end-1))/(x(end)-x(end-1)) *x - ...
        (y(end)+y(end-1))/(x(end)-x(end-1))*x(end);
plot(x,yseh,x(1),yseh(1),'p')
plot(x(1),y(1),'o')
hold off
```

1.8.6   Gravitationswellen

In diesem Abschnitt werden wir sowohl die Erzeugung von Gravitationswellen diskutieren als auch deren Effekt in einem irdischen Laboratorium und verschiedene Fragen zur Visualisierung unter MATLAB aufgreifen.

Gravitationswellen erzeugen.

Obwohl für das folgende Beispiel die lineare Näherung nicht mehr gültig ist, sind die Ergebnisse qualitativ korrekt und die Abweichungen liegen im wenig %-Bereich - eine rein numerische Berechnung würde aber den Rahmen des Buches sprengen.

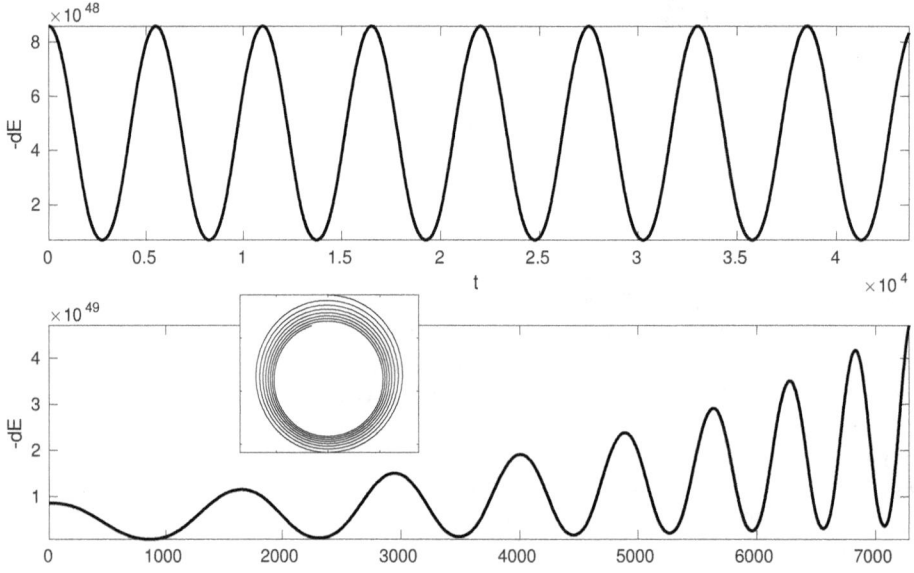

Abbildung 1.40: *Strahlungsleistung eines Sterns mit der 10-fachen Sonnenmasse, der um ein schwarzes Loch der $3 \cdot 10^6$-fachen Sonnenmasse im Abstand von 1 AE und einer Exzentrizität von $\epsilon = 0.2056$ kreist. Unten mit denselben Zahlenwerten, nun aber auf einer Spiralbahn. Man sieht deutlich unterschiedliche Profile in der Strahlungsleistung. Die Periode wird kürzer und die Amplitude nimmt zu.*

Ausgangspunkt sind die Einsteinschen Feldgleichungen (1.110). In der linearen Näherung gilt

$$g_{ij} = \eta_{ij} + h_{ij}, \quad |h_{ij}| \ll 1, \tag{1.121}$$

mit η dem metrischen Tensor der Minkowski-Raumzeit. Berechnung der Christoffelsym-
bole und konsequentes Verwerfen aller nicht-linearen Terme führt auf die linearisierte
Form der Feldgleichungen, aus der bereits Einstein 1916 die Quadrupolformel für die
Strahlungsleistung ableitete

$$-\frac{dE}{dt} = \frac{G}{45\,c^5}\,\dddot{D}_{ij}^{\,2}, \tag{1.122}$$

wobei der Punkt für die Zeitableitung steht und das Quadrupolmoment durch

$$D_{ij} = \int \rho\left(3\,x_i\,x_j - \delta_{ij}r^2\right)\,dV \tag{1.123}$$

gegeben ist, mit ρ der Dichte der Ruhemasse. Die detaillierte Ableitung findet sich in
[5]. Für das System der Abb. (1.40) müssen wir noch das Quadrupolmoment berechnen.
„Die ziemlich langwierige Berechnung", [11] §110, liefert

$$-\frac{dE}{dt} = \frac{8\,G^4\,m_1^2 m_2^2\,(m_1 + m_2)}{15\,r_0^5\,c^5\,(1 - \epsilon^2)^5}(1 + \epsilon\cos\phi)^4[12\,(1 + \epsilon\cos\phi)^2 + \epsilon^2\sin^2\phi] \tag{1.124}$$

$$-<\frac{dE}{dt}> = \frac{32\,G^4\,m_1^2 m_2^2\,(m_1 + m_2)}{5\,r_0^5\,c^5}\,\frac{1}{(1 - \epsilon^2)^{7/2}}\left(1 + \frac{73}{24}\,\epsilon^2 + \frac{37}{96}\,\epsilon^4\right) \tag{1.125}$$

dabei bezeichnet r_0 das Aphel des Systems und $< \cdot >$ die Mittelung über eine Periode.

Abb. (1.40) oben zeigt die Strahlungsleisung eines Systems bestehend aus einem Stern
mit 10-facher Sonnenmasse und einem schwarzen Loch mit $3\cdot 10^6$ Sonnenmasse, wie es
beispielsweise das Zentrum der Milchstraße bilden könnte. Die mittlere Strahlungleis-
tung der Gravitationsabstrahlung beträgt etwa $3\cdot 10^{48}$ W. Zum Vergleich die elektromagnetische Strahlungsleistung der Sonne liegt bei etwa 10^{24} W und die Graviationsab-
strahlung der Erde bei 180 W und des Jupiters bei gut 4000 W. Abb. (1.40) wurde mit
dem Skript `GravErz.m` berechnet, die Gravitationsabstahlung der Planeten mit dem
Skript `GravErzP.m`. Beide greifen auf die Funktion `keplerDGL.m` zu.

Die Möglichkeit Gravitationswellen zu detektieren, öffnet ein neues Fenster der beobachtenden Astronomie. Je nach Quelle wird sich die Signatur der beobachteten Gravitationswellen verändern. Ein sehr vereinfachtes Beispiel zeigt Abb. (1.40) unten. Hier
betrachten wir ein in ein schwarzes Loch spiralenden Stern. Die numerisch korrekte Simulation würde den Rahmen bei weitem sprengen. Zur Visualisierung wurde hier daher
in jedem Zeitschritt der Abstand und die Umlauffrequenz zwischen Schwarzem Loch
und Stern skaliert und Gl. (1.124) ausgewertet. Da der Abstand sich verringert steigt
die Amplitude und da die Umlauffrequenz sich vergrößert, steigt auch die Frequenz der
Gravitationsstrahlung. Ein sehr vereinfachtes Modell, das aber bereits einige Ähnlichkeiten mit den beobachteten Werten (LIGO, 11.02.2016) aufweist und sehr vereinfacht

aufzeigt, daß sich aus der Form der beobachteten Gravitationstrahlung Rückschlüsse auf das entsprechenden System ziehen läßt.

Anmerkungen zur Visualisierung. In der unteren Abbildung (1.40) haben wir die Spiralbahn des äußeren Sternes mit dargestellt. Dies ist durch folgenden Kunstgriff möglich:

```
h(2)=subplot(2,1,2)
hp2 = plot(tneu,dEneu,'k'),axis tight, hold on
hp2.LineWidth=2; ylabel('-dE')
ha = axes('Position',[0.275,0.25,0.22,0.25])
plot(x1n,x2n,'k'), axis equal
ha.XTickLabel={};
ha.YTickLabel={};
set(h,'FontSize',12)
```

Mit der ersten Zeile wird die untere Bildebene erstellt und dann die Strahlungsleistung in Abhängigkeit der Zeit geplottet. Der Befehl `axes` erstellt eine Achsenobjekt mit dem Handle „ha". Das Argument „Position" bestimmt die Position, dabei legen die ersten beiden Werte den linken unteren Punkt (x,y) fest, der dritte Werte ergibt die Länge und der Vierte die Breite des Achsenobjekts. Die Einheiten sind sogenannte natürliche Einheiten, bei denen die Abbildung die Länge 1 und die Höhe 1 hat. Mittels `ha.Eigenschaft = Wert` werden Eigenschafts-Werte Paare festgelegt. Eine Liste aller Eigenschaften ergibt >> `ha`, eine vollständige Beschreibung findet sich in der MATLAB-Dokumentation oder in [4]. An Stelle der obigen Übergabe wäre auch `set(ha,'XTickLabel',{})` möglich gewesen. Handelt es sich nicht nur um ein Handle-Objekt sondern um ein Array oder Vektor von Handle-Objekts bei denen man dieselbe Eigenschaft aller Objekte auf den gleichen Wert setzen möchte, so ist dies der beste Weg. `h.FontSize = 12` (letzte Zeile) würde zu einer Fehlermeldung führen. Das Gegenstück zum set-Kommando ist `get`.

Wirkung einer Gravitationswelle. 100 Jahre nach Einsteins Betrachtungen zu Gravitationswellen ist dem LIGO Observatorium mittels Laserinterferometrie der direkte Nachweis gelungen.

Betrachten wir die Ausbreitung einer Gravitationswelle in z-Richtung in einem irdischen Laboratorium. Hier wird die Metrik nur geringfügig von der Minkowski-Metrik abweichen

$$g_{\mu\nu} = \begin{pmatrix} -1 & 0 & 0 & 0 \\ 0 & 1+h_+ & h_\times & 0 \\ 0 & h_\times & 1-h_+ & 0 \\ 0 & 0 & 0 & 1 \end{pmatrix}, \tag{1.126}$$

wobei die periodischen Abweichungen von der Form

$$h_{+,\times} = h_{+,\times} \cos(k\,z - \omega\,t) \tag{1.127}$$

sind. Analog zur Elektrodynamik treten zwei Polarisationzustände auf, die +- und die ×-Polarisation

$$h_+ = h^0 \sin^2\theta \cos 2\phi \quad \text{und} \quad h_\times = h^0 \sin^2\theta \sin 2\phi. \tag{1.128}$$

Wählt man beispielsweise die +-Polarisation so folgt für das Linienelement

$$ds^2 = -dt^2 + (1 + h_+)\, dx^2 + (1 - h_+)\, dy^2 + dz^2 \tag{1.129}$$

und für die Längen in x- und y-Richtung

$$L_x(t) = L_x^0 \sqrt{1 + h_+(t)} \quad \text{und} \quad L_y(t) = L_y^0 \sqrt{1 - h_+(t)}. \tag{1.130}$$

Das Ergebnis zeigt Abb. (1.41). Berechnet wurde die Abbildung mit dem Skript `Grav-Wirk.m`.

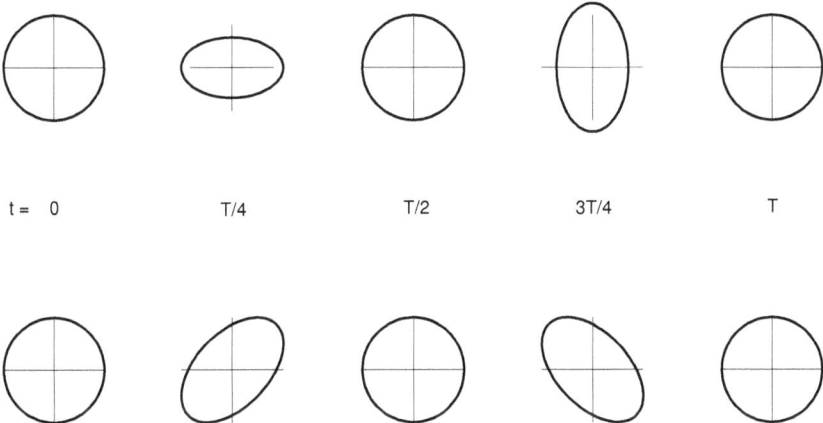

Abbildung 1.41: *Zeitlicher Verlauf der periodischen Raumänderungen. Oben für die +- unten für die ×-Polarisation. In der Mitte sind die zugehörigen Zeiten eingetragen, T ist die Periode.*

Zur Visualisierung einen Film erstellen. Das Skript `GravWirk.m`, erlaubt zusätzlich einen kleinen Film zu erstellen, der die Wirkung einer in z-Richtung laufenden Gravitationswelle zeigt:

```
%% Gravitationswelle - Wirkung auf Zylinder
figure
n = 20; r = ones(n+1,1); m = length(r);
theta = (0:n)/n*2*pi;
sintheta = sin(theta); sintheta(n+1) = 0;
x = r * cos(theta);
y = r * sintheta;
z = pi/2*(0:m-1)'/(m-1) * ones(1,n+1);
%
```

```
omega = 1;
ti = linspace(0,pi/2,100);
ti = [ti,fliplr(ti),ti,fliplr(ti)];
j=0;
for t=ti
    j=j+1;
    h = 0.75*cos(omega*(t-z));
    xn = x.*sqrt(1+h);
    yn = y.*sqrt(1-h);
    surf(xn,yn,z)
    drawnow
    F(j) = getframe;
end
```

Der erste Teil erstellt einen Zylinder, in der For-Schleife werden die x- und y-Werte entsprechend der Gl. (1.130) modifiziert. Die For-Schleife läuft über die gewählten Zeitschritte. `surf` erstellt das zugehörige Flächenobjekt. Der Befehl `drawnow` überspringt die vorgegebene Ausführungsreihenfolge und plottet die Grafik sofort. Ohne `drawnow` würde zuerst die for-Schleife abgearbeitet werden und dann geplottet. Mit `getframe` wird die aktuelle Abbildung in der Struktur „F" abgebildet. >> `movie(F,n)` erlaubt es, den erstellten Film n-mal abzuspielen.

1.8.7   Kosmische Expansion

Nach unserer gegenwärtigen Vorstellung ist das Universum etwa $13,6$ Mrd. Jahre alt. Trotzdem hören wir Meldungen über astronomische Objekte in 35 Mrd. Lichtjahre (Lj) Entfernung. Wie kamen diese Objekte in der viel zu kurzen Zeit so weit? Diesen Umstand werden wir hier etwas näher beleuchten. Das Kapitel folgt dabei [10] Kap. 15. Insbesondere die Erläuterungen dort sind für das Verständnis lesenswert.

E. P. Hubble beobachtete, dass die Spektren weit entfernter Galaxien umso stärker rotverschoben sind, je weiter sie entfernt sind. Die Beobachtung legt dabei eine lineare Zunahme der Geschwindigkeit $\propto H(t) \cdot r(t)$ nahe, wobei H die zeitabhängige Hubblekonstante und r den Abstand bezeichnet. Auf großen Skalen kann das Universum durch die Robertson-Walker-Metrik

$$ds^2 = -c^2 dt^2 + a(t)^2 \left(\frac{1}{1 - Kr^2} dr^2 + r^2 (d\theta^2 + \sin^2 \theta \, d\phi^2) \right), \tag{1.131}$$

mit einem zeitabhängigen Skalenfaktor $a(t)$ und der Krümmung K des Raumes, beschrieben werden. Astronomische Beobachtung und Robertson-Walker-Metrik miteinander verknüpft legen den folgenden Zusammenhang nahe

$$H(t) = \frac{\dot{a}(t)}{a}. \tag{1.132}$$

Die Rotverschiebung wird durch den z-Faktor gekennzeichnet

$$z = \frac{\lambda_m - \lambda_e}{\lambda_e}, \tag{1.133}$$

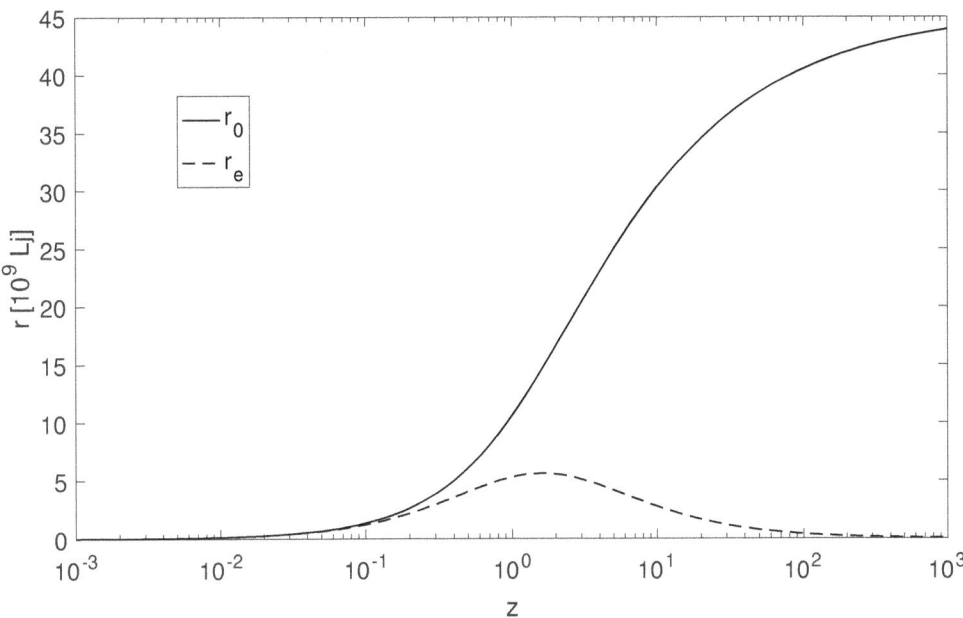

Abbildung 1.42: *Abstand ferner Galaxien r_0 zum heutigen Zeitpunkt und zum Zeitpunkt der Lichtemission r_e in Anhängigkleit von der Rotverschiebung z.*

mit λ_m der heute gemessenen Wellenlänge und λ_e der emittierten Wellenlänge. Die Eigengeschwindigkeit ferner Galaxien ist gering. Die Änderung der Wellenlänge wird im Wesentlichen durch die Raumexpansion verursacht, d.h. es gilt $\lambda_e = a_e \cdot \lambda_m$ und damit

$$\frac{1}{a_e} = 1 + z_e\,. \tag{1.134}$$

Auswerten der Einsteinschen Feldgleichungen mit der Robertson-Walker-Metrik führt schließlich auf

$$H(a) = H_0 \left(\frac{\Omega_m}{a^3} + \Omega_\Lambda\right)^{\frac{1}{2}} \tag{1.135}$$

und Einsetzen von Gl. (1.134) zu

$$H(z) = H_o \left[\Omega_m \cdot (1 + z)^3 + \Omega_\Lambda\right]^{\frac{1}{2}} \tag{1.136}$$

mit der Hubbelkonstante $H_0 = 71 kms^{-1}MPc^{-1}$, der Massendichte $\Omega_m = 0,3$ und der Vakuumenergiedichte $\Omega_\Lambda = 0,7$.

Die Beobachtung weit entfernter Supernovae-Explosionen legt nahe, dass die Krümmung des Raumes auf großen Skalen vernachlässigbar ist, $K = 0$. Damit folgt aus der Metrik

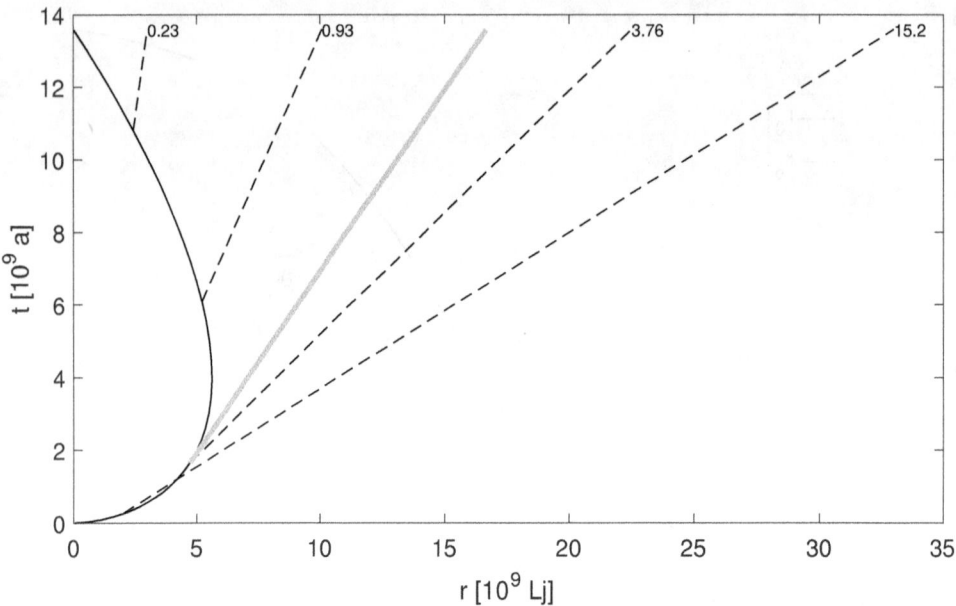

Abbildung 1.43: *Zeitpunkt nach dem Urknall und Abstand zum Zeitpunkt der Emission für $10^{-3} \leq z \leq 10^3$ (durchgezogene Linie). Die gestrichelte Linie repräsentiert die Weltlinien einiger Galaxien für ausgewählte z-Werte. Der graue Balken entspräche der Weltlinie der Galaxie mit $z = 3,76$ wenn die Fluchtgeschwindigkeit gleich der Lichtgeschwindigkeit wäre. Alle Weltlinien flacher als diese Linie repräsentieren eine Expansionsgeschwindigkeit größer als die Lichtgeschwindigkeit.*

Gl. (1.131) für Licht in radialer Richtung

$$ds^2 = -c^2 \, dt^2 + a(t)^2 \, dr^2 \tag{1.137}$$

und wegen $ds^2 = 0$ $c \, dt = a(t) \, dr$ und durch etwas Gleichungsarithmetik für die Entfernung r_0

$$r_0 = -\int_{z_e}^{0} \frac{c}{H(z)} \, dz \tag{1.138}$$

und für die Entfernung r_e zum Zeitpunkt der Emission

$$r_e = \frac{r_0}{1 + z} \, . \tag{1.139}$$

Die beiden Ergebnisse zeigt Abb. (1.42). Die Beobachtung der Rotverschiebung der Spektrallinien weit entfernter Galaxien erlaubt mittels Gl. (1.132) auch die Berechnung des Emissionszeitpunkts. Abb. (1.43) zeigt den Abstand zum Emissionszeitpunkt sowie den Zeitpunkt nach dem Urknall für verschiedene Rotverschiebungen. Für einige ausgewählte z-Werte wurden auch die zugehörigen Weltlinien eingezeichnet. Für

hinreichend weit entfernte Galaxien kann die Expansionsgeschwindigkeit die Lichtge-
schwindkeit übersteigen. Dies gilt für alle Weltlinien, die flacher als der eingezeichnete
graue Balken verlaufen.

Die Berechnungen wurden mit dem Skript `entexpuni.m` durchgeführt. Der größte Teil
dürfte selbsterklärend sein, daher hier nur ein Ausschnitt:

```
Hzint = @(z) c./(H0.*sqrt(omega_m.*(1+z).^3 + omega_la));
z = logspace(-3,3,100);
for n=0:length(z)-1
    n=n+1;
    q(n) = -integral(Hzint,z(n),0)*3.26/1000;
end
semilogx(z,q)
hold on
semilogx(z,q./(1+z));
shg
legend('r_0','r_e')
```

Das Integral Gl.(1.138) wurde mit Hilfe des MATLAB-Befehls `integral(Hzint,z(n),0)`
gelöst. „Hzint" ist dabei das Funktion Handle einer anonymen Funktion. Da sich die
z-Werte über einen weiten Wertebereich erstrecken, wurde eine logarithmische Aufteilung `logspace` der z-Werte und eine semilogarithmische Darstellung `semilogx` gewählt. `semilogx` wird gleich wie der Standard plot-Befehl aufgerufen. Für z = log-
space(-3,3,100); werden 100 logarithmisch äquidistante Werte von 10^{-3} bis 10^3 erstellt.

1.8.8   Kurze Übersicht der MATLAB-Programme

TrafoVisu.m Skript zur Transformation geometrischer Objekte von einem Inertialsystem auf ein anderes.

dopplertest.m Skript zur Darstellung des relativistischen Doppler-Effekts.

schwarzschildmetrik.m Miniskript zur Darstellung der Schwarzschildmetrik.

Lichtablenkung.m MATLAB-Skript zur Visualisierung der Lichtablenkung an einem
Stern; ruft `LichtablenkungDGL.m` auf, das die zugehörige Differentialgleichung
beherbergt.

GravErz.m MATLAB-Skript zur Gravitationsabstrahlung. Das Skript ruft `Kepler-`
`DGL.m` auf zur Lösung der Bewegungsgleichung. Zusätzlich liegt noch das Skript
`GravErzP.m` vor, das die Gravitationsabstrahlung der Planeten berechnet. Die
Auswahl der Planeten folgt `kepler.m`.

GravWirk.m dient der Visualisierung der Wirkung einer Gravitationswelle.

entexpuni.m Skript zur Visualisierung der Expansion des Universums.

2 Klassische Elektrodynamik

In diesem Abschnitt werden wir ausgewählten Modelle der klassischen Elektrodynamik diskutieren. Gravitationswellen, Higgs Bosonen, dunkle Materie - hier trifft sich das Riesengroße mit dem Allerwinzigsten. Eine sehr gute Kenntnis der Elektrodynamik ist zwingende Voraussetzungen zur Bewältigung der experimentellen Herausforderungen an großen Beschleunigeranlagen wie beispielsweise am CERN.

2.1 Die Maxwell-Gleichungen - Übersicht

Die Maxwell-Gleichungen im Vakuum [15] lauten:

$$\vec{\nabla}\vec{E} = \frac{\rho}{\epsilon_0} \tag{2.1a}$$

mit $\vec{E}$ der elektrischen Feldstärke, ρ der Ladungsdichte und der Dielektrizitätskonstante des Vakuums ϵ_0.

$$\vec{\nabla}\vec{B} = 0 \tag{2.1b}$$

mit $\vec{B}$ dem magnetischen Feld auch als magnetische Induktion bezeichnet. Aus diesen beiden Gleichungen folgt, dass die elektrische Ladung ein elektrisches Feld erzeugt während das Magnetfeld quellenfrei ist.

$$\vec{\nabla}\times\vec{E} = -\frac{\partial\vec{B}}{\partial t} \tag{2.1c}$$

und

$$\vec{\nabla}\times\vec{B} = \mu_0\vec{j} + \mu_0\,\epsilon_0\frac{\partial\vec{E}}{\partial t} \quad , \tag{2.1d}$$

mit $\vec{j}$ der elektrischen Stromdichte und μ_0 der magnetischen Permeabilität. Die letzten beiden Gleichungen verknüpfen Veränderungen des elektrischen Feldes bzw. bewegte Ladungen mit dem Magnetfeld. In MKSA-Einheiten ist die Dielektrizitätskonstante des Vakuums $\epsilon_0 = 8,854187817\frac{As}{Vm}$ und $\mu_0 = 4\pi \cdot 10^{-7}\frac{N}{A^2}$ und erfüllen die Gleichung

$$\mu_0\,\epsilon_0\,c^2 = 1 \tag{2.2}$$

mit c der Lichtgeschwindigkeit.

Sowohl das elektrische als auch das magnetische Feld lassen sich mittels geeigneter Potentiale berechnen:

$$\vec{E} = -\vec{\nabla}\Phi - \frac{\partial \vec{A}}{\partial t} \tag{2.3a}$$

und

$$\vec{B} = -\vec{\nabla} \times \vec{A} \quad ; \tag{2.3b}$$

dabei bezeichnet Φ das elektrische Potential und $\vec{A}$ das Vektorpotential. Beide spielen eine große Rolle beispielsweise bei der Berechnung von Teilchenbewegungen im elektromagnetischen Feld oder in der Quantenmechanik, auch wenn die Potentiale nur bis auf Eichtransformationen

$$\tilde{\vec{A}} = \vec{A} + \nabla f \qquad \text{und} \qquad \tilde{\Phi} = \Phi - \frac{\partial f}{\partial t} \tag{2.4}$$

eindeutig bestimmt sind, mit f einer beliebigen differenzierbaren skalaren Funktion.

2.2 Ladungen im elektromagnetischen Feld

2.2.1 Lagrange- und Hamilton-Funktion im elektromagnetischen Feld

Für die Lagrange-Funktion [15] einer Ladung q im elektromagnetischen Feld gilt

$$L = -mc^2 \sqrt{1 - \frac{v^2}{c^2}} + q\vec{A}\vec{v} - q\Phi \,. \tag{2.5}$$

Nach Gl. (1.3) ergibt sich der kanonische Impuls $\vec{p}$ zu

$$\vec{p} = \frac{m\vec{v}}{\sqrt{1 - \frac{v^2}{c^2}}} + q\vec{A} = \vec{p}_{kin} + q\vec{A} \,, \tag{2.6}$$

dabei bezeichnet $\vec{p}_{kin}$ den kinetischen Impuls. Für die Hamilton-Funktion (1.4) folgt daraus

$$H = \sqrt{m^2 c^4 + c^2 \left(\vec{p} - q\vec{A}\right)^2} + q\Phi \,. \tag{2.7}$$

Im nicht-relativistischen Grenzfall erhalten wir

$$L = \frac{m}{2}v^2 + q\left(\vec{A}\vec{v} - \Phi\right) \tag{2.8}$$

und

$$H = \frac{1}{2m}\left(\vec{p} - q\vec{A}\right)^2 + q\Phi \,. \tag{2.9}$$

Für Geschwindigkeiten, die klein gegenüber der Lichtgeschwindigkeit sind folgen aus den Lagrangeschen Gleichungen die korrespondierenden Bewegungsgleichungen.

2.2.2 Bewegung einer Ladung in homogenen statischen elektrischen und magnetischen Feldern

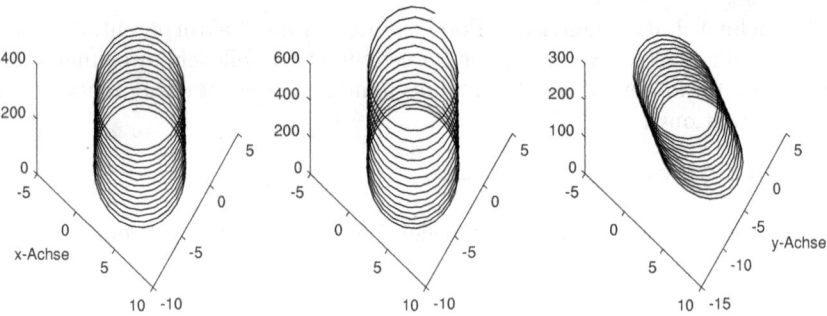

Abbildung 2.1: *Simulation eines Kohlenstoffions $^{12}C^+$ in äußeren homogenen elektrischen und magnetischen Feldern. Das Magnetfeld weist in z-Richtung und hat eine Stärke von 3,7 T. Die Anfangsgeschwindigkeit beträgt $100\frac{m}{s}$ in alle drei Raumrichtungen. Die Längen sind in μm. Links: Ohne elektrisches Feld; Mitte: Magnetisches und elektrisches Feld sind parallel; Rechts: Magnetisches und elektrisches Feld (x-Richtung) sind senkrecht. Das elektrische Feld betrug in beiden Fällen $-7,5\frac{V}{m}$.*

Betrachten wir als Beispiel ein geladenes Teilchen in einem homogenen und zeitunabhängigen elektrischen und magnetischen Feld. O.B.d.A. wählen wir die magnetische Feldrichtung in z-Richtung und die senkrechte Komponente des elektrischen Felds in x-Richtung. Für die Potentiale gilt dann

$$A = \frac{1}{2}B_0 \begin{pmatrix} -y \\ x \\ 0 \end{pmatrix} \qquad \text{und} \qquad \Phi = E_x \cdot x + E_z \cdot z \ .$$

Damit wird die Lagrangefunktion (2.8) zu

$$L(x,y,z,v_x,v_y,v_z) = \frac{m}{2} + \frac{1}{2}qB_0\underbrace{(xv_y - yv_x)}_{L_z} + q(E_x x + E_z z) \qquad (2.10)$$

und daraus lassen sich gemäß Gleichung (1.2c) die Bewegungsgleichungen berechnen. Ohne elektrisches Feld führt die Bewegung eines geladenen Teilchens zu einer Kreisbewegung um die Magnetfeldrichtung. Der Beitrag des Magnetfelds ist proportional zum Drehimpuls.

Abb. (2.1) zeigt die Bewegung eines ionisierten Kohlenstoffatoms $^{12}C^+$ in äußeren Feldern. Ohne elektrisches Feld führt das Ion entsprechend den Anfangsgeschwindigkeiten eine Kreisbewegung in der Ebene senkrecht zum Magnetfeld aus. Die Geschwindigkeit in Magnetfeldrichtung ist konstant, Abb. (2.1) links. Mit parallelem elektrischen Feld wird die Bewegung in Magnetfeldrichtung beschleunigt und eine senkrechte elektrische Feldkomponente führt zu einer schiefen Spiralbewegung, Abb. (2.1) rechts.

Die Simulation läßt sich mit MATLAB sehr einfach berechnen. Die Bewegungsgleichungen werden in gewohnter Manier in ein System gewöhnlicher Differentialgleichungen umgewandelt. Dies führt zur Funktion konstMagnDGL.m,

```
function dy = konstMagnDGL(t,y,qm,B0,Ex,Ez)
% Differentialgleichung

dy(1) = y(4);              % x-Richtung
dy(2) = y(5);              % y-Richtung
dy(3) = y(6);              % z-Richtung
dy(4) = qm*(B0*y(5)-Ex); % + E-Feld in x-Richtung
dy(5) = -qm*B0*y(4);
dy(6) = -qm*Ez;            % + E-Feld in z-Richtung

dy = dy.';
```

die über das Skript konstMagn.m

```
% konstantes elektrisches und magnetisches Feld

% Aufruf:  konstMagnDGL(t,y,qm,B0,Ex,Ey)
% B0 Magnetfeld in z-Richtung in Tesla
% Ex, Ez elektrisches Feld in V/m
% qm = q/m in As/kg q Ladung; m Masse

tmax = 3e-06;
y0 = [0;0;0;100;100;100]; % x-y-z vx-vy-vz
qe = 1.602e-19; % C Elementarladung des Elektrons
me = 9.1096e-31; % Masse des Elektrons
m = 1836*me*12; % Masse C-12 (5-fach ionisiert)
qm = qe/m;
B0 = 3.7; %T
E0= 0;-7.5; % Betrag elektrisches Feld
wi = pi/2; % Richtung: Parallele Felder wi=0; senkrecht wi=pi/2
Ez = E0 * cos(wi);
Ex = E0 * sin(wi);

tic
[t,y] = ode15s(@(t,y) konstMagnDGL(t,y,qm,B0,Ex,Ez),[0,tmax],y0);
toc
```

aufgerufen wird. Zur Simulation kann auch die grafische Benutzeroberfläche `Bewegung-BuEFeld` genutzt werden.

2.2.3 Bewegung einer Ladung im elektrischen Quadrupol- und homogenen Magnetfeld

In diesem Abschnitt werden wir die Bewegung eines geladenen Teilchens in einem elektrischen Quadrupolfeld dem ein homogenes Magnetfeld in z-Richtung überlagert ist diskutieren. Eine solche Kombination wird als Penning-Falle [19] bezeichnet und kann beispielsweise zur hoch genauen Bestimmung der Elektronenmasse genutzt werden. Die Abbildungen (2.2) und (2.3) zeigen das entsprechende Potential und die zugehörigen elektrischen Feldlinien.

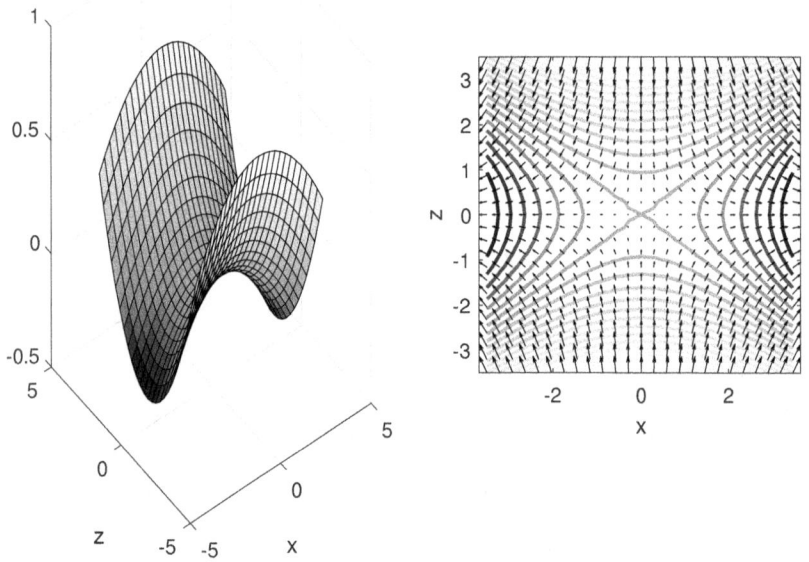

Abbildung 2.2: *Elektrisches Quadrupolpotential nach Gl. (2.11); U = −0,75V, Radius der Ringelektrode r$_0$ = 3,5mm. Dargestellt ist hier die x-z Ebene (y=0). Das Quadrupolpotential ist symmetrisch um die z-Achse. Links die Potentialfläche über der x-z Ebene, rechts die zugehörigen Höhenlinien mit superponierten elektrischen Feldlinien. Die Feldlinien weisen auf den Ursprung und bewirken dadurch den „Falleneffekt". Die Längenangaben sind in mm.*

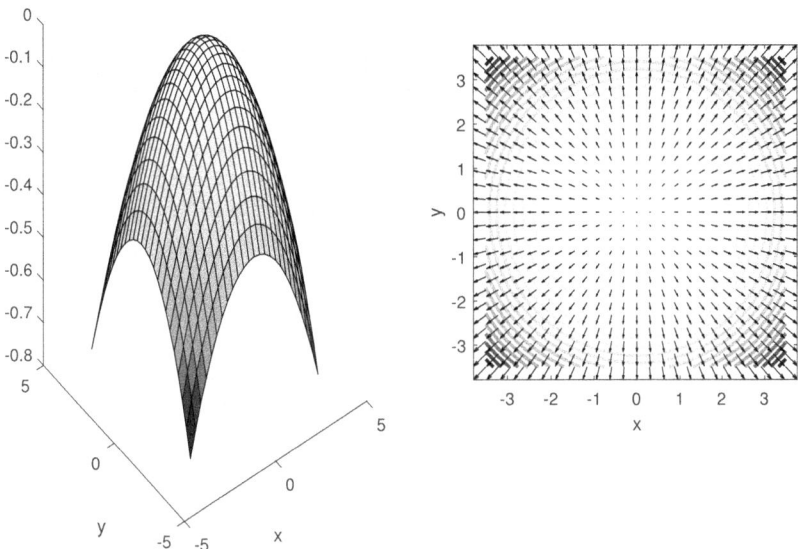

Abbildung 2.3: *Elektrisches Quadrupolpotential nach Gl. (2.11); $U = -0,75V$, Radius der Ringelektrode $r_0 = 3,5mm$. Dargestellt ist hier die x-y Ebene (z=0). Deutlich zeigt sich die Rotationssymmetrie um die z-Achse. Links die Potentialfläche über der x-y Ebene, rechts die zugehörigen Höhenlinien mit superponierten elektrischen Feldlinien. In der x-y Ebene wirkt zusätzlich noch die magnetische Lorentzkraft, d.h. die Feldlinien spiegeln hier nicht die Richtung und Stärke der Kraft wider. Die Längenangaben sind in mm.*

Für die Potentiale gilt

$$A = \frac{1}{2}B_0 \begin{pmatrix} -y \\ x \\ 0 \end{pmatrix} \qquad \text{und} \qquad \Phi = \frac{U}{2r_0^2}\left(x^2 + y^2 - 2z^2\right) \tag{2.11}$$

mit U der Spannung und r_0 dem Radius der Ringelektrode. Eingesetzt in die Lagrange-Funktion (2.8) folgen daraus die Bewegungsgleichungen

$$0 = m\ddot{x} - qB_0\dot{y} + \frac{qU}{r_0^2}x \, , \tag{2.12a}$$

$$0 = m\ddot{y} + qB_0\dot{x} + \frac{qU}{r_0^2}y \tag{2.12b}$$

und

$$0 = m\ddot{z} - \frac{qU}{r_0^2} 2z \ . \tag{2.12c}$$

Für negative Spannungen U is Gl. (2.12c eine Schwingungsgleichung mit Frequenz $\frac{1}{2\pi}\sqrt{2\frac{qU}{r_0^2}}$. Für die gewählten Parameter sind dies etwa 157 kHz. Wie im vorigen Beispiel lassen sich die Bewegungsgleichungen wieder in ein System gewöhnlicher Differentialgleichungen wandeln und mit MATLAB simulieren. Das Ergebnis zeigt Abb. (2.4).

Die MATLAB-Programme zur Lösung der Bewegungsgleichungen sind ähnlich den Programmen im vorigen Abschnitt. Eine explizite Diskussion erscheint mir daher unnötig. Das Programm zur Visualisierung des Quadrupolpotentials möchte ich jedoch kurz diskutieren:

```
U = -0.75;            %Festlegung der Potentialparameter
r0 = 3.5e-03;
vorf = U/(2*r0^2);

%% y = 0
z = x;                % Berechnung des Gitters zur Visualisierung
[X,Z] = meshgrid(x,z);
Phiy = vorf*(X.^2 - 2*Z.^2);
figure, subplot(1,2,1)
surf(X*1e03,Z*1e03,Phiy),shg
xlabel('x'), ylabel('z')
%figure
subplot(1,2,2)        % Erstellen der H"ohenlinien
contour(X*1e03, Z*1e03, Phiy, 20, 'LineWidth', 2)
axis equal
hold on        % schuetzt die Abbildung vor loeschen
xlabel('x')
ylabel('z')


% Berechnen und Plotten des elektrischen Feld

[Exy, Ezy] = gradient(Phiy, 0.1);    % "0.1" Ortsaufloesung
quiver(X*1e03, Z*1e03, -Exy, -Ezy, 1, 'k'), shg
% "1" ist ein Skalierungsfaktor, damit die Pfeile nicht ueberlappen
% 'k': schwarz, Darstellung in Mikrometer: 1e03
```

2.2.4   Teilchenbeschleuniger

Modell für diese Kapitel ist der LHC (Large Hardon Collider) am Cern. Auch wenn eine Simulation des LHC den Rahmen dieses Buches sprengen würde, lohnt es sich einige Aspekte genauer zu betrachten. Beginnen wir mit ein paar Daten [16]: Das LCH hat einen Umfang von $26658,833$ m. Die Teilchen (Protonen) werden durch 1232 Dipolmagnete mit einer Länge von ca. 15 m auf ihre Kreisbahn gebracht. Wir werden

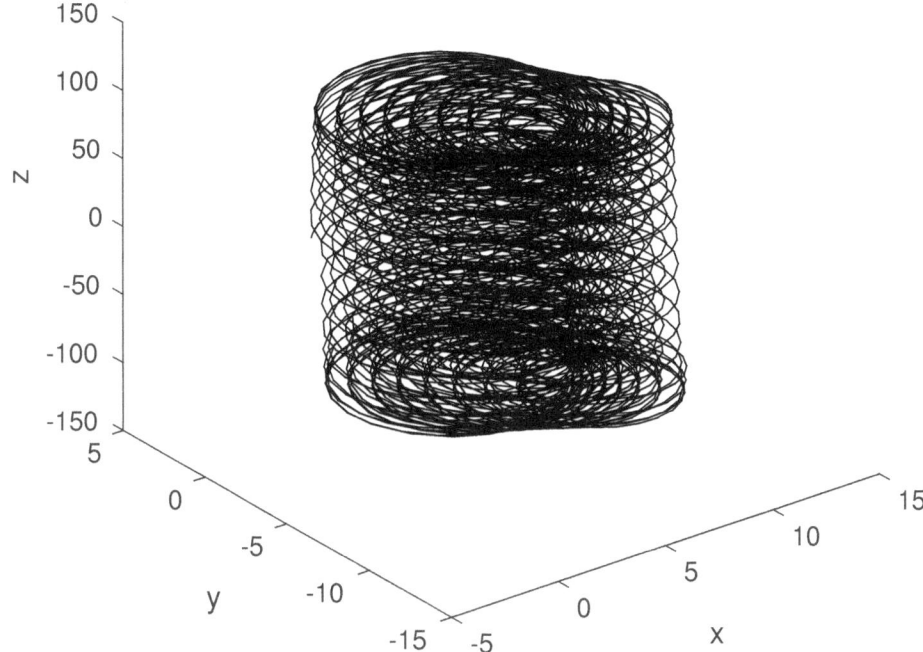

Abbildung 2.4: *Simulation eines Kohlenstoffions $^{12}C^+$ in einer Penning Falle. Die gewählte Spannung beträgt $U = -0,75V$ und der Radius der Ringelektrode $r_0 = 3,5mm$. Das Magnetfeld weist in z-Richtung und hat eine Stärke von 3,7 T. Die Anfangsgeschwindigkeit beträgt $100\frac{m}{s}$ in alle drei Raumrichtungen. Die Längen sind in μm. Ohne Felder hätte bei den gewählten Anfangsbedingungen das Teilchen in der xy-Ebene über 7000 μm und in z-Richtung 5000 μm zurück gelegt. Zum Vergleich, die Schwingungsamplitude in z-Richtung beträgt etwa 100 μm und der zurückgelegte Weg in x- bzw. y-Richtung etwa 10 μm.*

im folgenden diese Kreisbahn durch ein globales Magnetfeld simulieren. Die Protonen laufen nicht auf der idealen Bahn, Abweichungen müssen daher korrigiert werden. Dazu dient eine geeignete Anordnung von Multipolmagneten, u.a. 392 Quadrupole mit einer Länge von etwa 5 bis 7 m sowie mehrere Sextupole, Oktu- und Dekapole. Wir werden die Wirkung eines Quadrupols auf Teilchenbahnen anschauen und eine Bahnsimulation mit Sextupolen durchführen.

Bei Teilchenbeschleunigern ist es üblich Energien in eV anzugeben. Auch wenn wir im Folgenden bei den MKSA- bzw. SI-Einheitensystem bleiben, hier der Zusammenhang: 1 eV ist die Energie, die ein Elektron beim freien Durchlaufen einer Potenzialdifferenz von 1 Volt im Vakuum gewinnt und entspricht $1,602 \cdot 10^{-19}$ Joule. Für Teilchenmassen wird häufig wegen $E = mc^2$ die folgenden Äquivalenz genutzt: $1\text{eV}/c^2 = 1,783 \cdot 10^{-36}$ kg.

Beginnen wir mit der Wirkung eines Dipolmagneten auf Protonen. Die Teilchenbahn wählen wir so, dass das Proton im Koordinatenursprung sich tangential in z-Richtung bewegt und der Normalenvektor (Radius) in die negative x-Richtung weist, vgl. Abb. 2.5. Die Magnetfelder - und dies gilt auch für die nachfolgenden Betrachtungen zu den Quadru- und Sextupolen - besitzen keine z-Komponete. Die Bewegung erfolgt folglich in der x-z-Ebene mit (ideal) $y = 0$. Für das Vektorpotential gilt dann

$$A = \frac{1}{2} B_0 \begin{pmatrix} z \\ 0 \\ -x \end{pmatrix} \qquad \text{oder} \qquad A = B_0 \begin{pmatrix} 0 \\ 0 \\ -x \end{pmatrix} \tag{2.13a}$$

und für das Magnetfeld

$$B = B_0 \begin{pmatrix} 0 \\ 1 \\ 0 \end{pmatrix} . \tag{2.13b}$$

Wegen der Eichfreiheit, Gl. (2.4), gibt es mehrere Lösungen für das Vektorpotential. (Beispielsweise gilt hier für die skalare Funktion aus Gl. (2.4) $f(x, y, z) = z \cdot x$.)

Mit Hilfe der relativistischen Lagrangefunktion (2.5) ergeben sich die Bewegungsgleichungen (Lorentzkraft) zu

$$0 = m\ddot{x} + qB_0\dot{z} \tag{2.14a}$$
$$0 = m\ddot{y} \tag{2.14b}$$
$$0 = m\ddot{z} - qB_0\dot{x} . \tag{2.14c}$$

Da im Magnetfeld $|v|^2$ erhalten bleibt, gilt diese Form sowohl im relativistischen Fall als auch im nicht-relativistischen Grenzfall. Die Masse ist dann gerade die Ruhemasse m_0 und sonst

$$m = \gamma \cdot m_0 \qquad \text{mit} \qquad \gamma = \frac{1}{\sqrt{1 - v^2/c^2}} \quad . \tag{2.14d}$$

Die Lösung dieser Bewegungsgleichungen (vgl. MagDipolRel.m) führen zu einer Kreisbewegung und es gilt

$$B_0 \cdot q \cdot r = m \cdot v \quad , \tag{2.15}$$

mit q der Ladung und v der Teilchengeschwindigkeit. Obige Gleichung läßt sich aus der Gleichheit der Lorentz- und der Zentrifugalkraft ableiten. Ohne Berücksichtung der relativistischen Massenzunahme würde für $v = 0.999c$ ein Magnetfeld von ca $7,4 \cdot 10^{-4}$ T

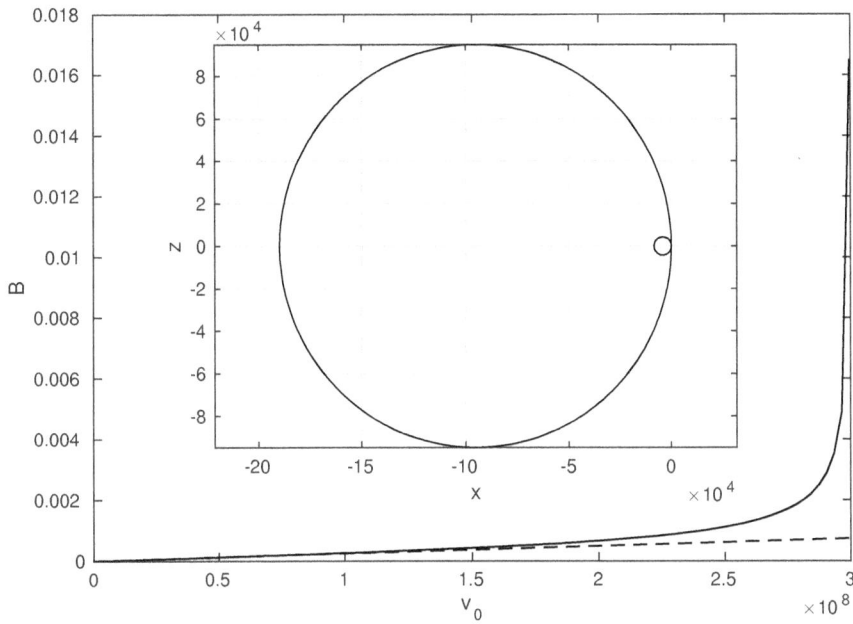

Abbildung 2.5: *Welche Rolle spielen relativistische Effekte für das Magnetfeld? Aufgetragen ist hier das Magnetfeld B in Abhängigkeit von der Teilchengeschwindigkeit v_0 für ein Proton auf einer Kreisbahn mit einem Umfang von 26658, 883 m. Die durchgezogene Linie unter Berücksichtigung, die gestrichelte flache Gerade ohne Berücksichtigung relativistischer Effekte. Dies führt für $v_0 = 0.999c$ zu einem Magnetfeld (nicht-relativistisch) von $7.3696 \cdot 10^{-4}$ T. Einbeschrieben sind die zugehörigen Kreisbahnen. Ohne Berücksichtigung relativistischer Effekte erhalten wir die gewünschte Kreisbahn (kleiner Kreis) von rund 26, 7 km, tatsächlich (großer Kreis, relativistisch) führt dieses Magnetfeld zu einem Umfang von knapp 600 km. Das korrekte Magnetfeld liegt dagegen bei 0.0165 T.*

genügen. Tatsächlich würde dies zu einem Kreis mit einem Umfang von fast 600 km statt der gewünschten 26, 7 km führen, vgl. Abb. (2.5).

Wenden wir uns nun den Quadrupol- und Sextupolmagneten [17] zu.

Quadrupol: Für das Vektorpotential und das Magnetfeld gilt

$$A = \frac{1}{2}B_0 \begin{pmatrix} 0 \\ 0 \\ y^2 - x^2 \end{pmatrix} \qquad \text{oder} \qquad A = B_0 \begin{pmatrix} zx \\ 0 \\ \frac{1}{2}y^2 \end{pmatrix} \tag{2.16a}$$

und

$$B = B_0 \begin{pmatrix} y \\ x \\ 0 \end{pmatrix} . \tag{2.16b}$$

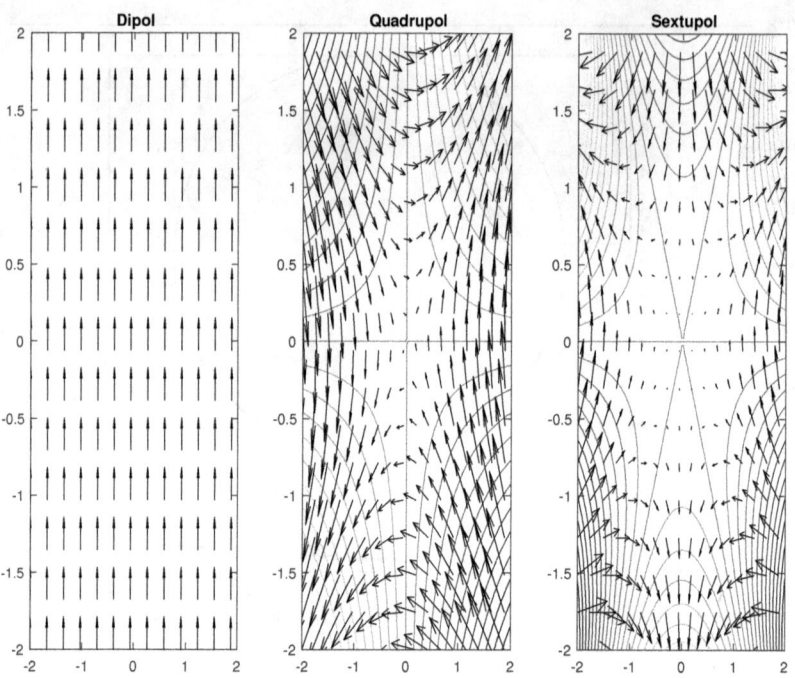

Abbildung 2.6: *Magnetooptik: Von links nach rechts die Magnetfeldlinien eines Dipol-, Quadrupol- und Sextupolmagneten überlagert mit Äquipotentiallinien. Deutlich zeigt sich für den Quadrupolmagenten, dass die Teilchen in die eine Richtung fokussiert und in die dazu senkrechte Richtung defokussiert werden. D.h. der Quadrupolmagnet wirkt wie ein konvexe Linse in die eine Richtung und wie eine konkave dazu senkrecht.*

(Zwischen den beiden Darstellungen des Vektorpotentials, Gl. (2.4), vermittelt $f(x, y, z) = \frac{1}{2}zx^2$.)

Sextupol:

$$A = \frac{1}{2}B_0 \begin{pmatrix} 0 \\ 0 \\ y^2x - \frac{1}{3}x^3 \end{pmatrix} \qquad \text{oder} \qquad A = \frac{1}{2}B_0 \begin{pmatrix} zx^2 \\ 0 \\ xy^2 \end{pmatrix} \qquad (2.17a)$$

und

$$B = B_0 \begin{pmatrix} xy \\ \frac{1}{2}(x^2 - y^2) \\ 0 \end{pmatrix} . \qquad (2.17b)$$

(Zwischen den beiden Darstellungen des Vektorpotentials, Gl. (2.4), vermittelt $f(x, y, z) = \frac{1}{3}zx^3$.)

Abb. (2.6) zeigt die Feldlinien für ein Dipol-, Quadrupol- und Sextupol-Feld. Deutlich ist zu erkennen, dass das Quadrupolfeld Feldlinien besitzt, die auf den Koordinatenursprung hinweisen und Feldlininen, die von ihm wegführen. Quadrupol- und Sextupolmagneten werden als magnetische Linsen zur Optimierung bzw. Fokussierung von Teilchenstrahlen eingesetzt. „Quadrupollinsen" wirken dabei in die eine Richtung wie Sammel- und in die orthogonale Richtung wie Zerstreuungslinsen. Geeignete Kombinationen dienen der Fokussierung auf die ideale Bahn. Die Aufgabe der Dipolmagneten ist die Teilchenführung, d.h. sie spielen die Rolle, die wir vereinfacht dem globalen Magnetfeld zugeordnet haben. Abb. (2.6) wurde mit dem folgenden Skript erstellt (`magnetoptikpub.m`):

```
%% Aufstellen des Gitters
x = linspace(-2,2,100);
y = x;
[X,Y] = meshgrid(x,y);
%% Dipol
Bxd = zeros(size(X));
Byd = ones(size(Y));
%% Quadrupol
Bxq= Y;
Byq = X;
%% Sextupol
Bxs= X.*Y;
Bys = 1/2*(X.^2-Y.^2);
%% Visualisierung
figure, axis off
subplot(1,3,1)
quiver(X(1:8:end,1:8:end),Y(1:8:end,1:8:end), ...
Bxd(1:8:end,1:8:end),Byd(1:8:end,1:8:end),0.5,'k'), shg
xlim([-2,2]),ylim([-2,2])
title('Dipol')
%
subplot(1,3,2)
Polfun = X.*Y;     % skalares magnetisches Potential
contour(X,Y,Polfun,25)
hold on
quiver(X(1:6:end,1:6:end),Y(1:6:end,1:6:end), ...
Bxq(1:6:end,1:6:end),Byq(1:6:end,1:6:end),2,'k'),shg
xlim([-2,2]),ylim([-2,2])
title('Quadrupol')
%
subplot(1,3,3)
Polfuns = (3*X.^2.*Y - Y.^3)/6;  % skalares magnetisches Potential
contour(x,y,Polfuns,25);
hold on
quiver(X(1:6:end,1:6:end),Y(1:6:end,1:6:end), ...
Bxs(1:6:end,1:6:end),Bys(1:6:end,1:6:end),2,'k'),shg
```

```
xlim([-2,2]),ylim([-2,2])
title('Sextupol')
```

Liegen keine freien Ströme vor, so kann ähnlich dem elektrischen Feld ein skalares magnetisches Potential $\vec{B} = \vec{\nabla}\,\Phi$ eingeführt werden.

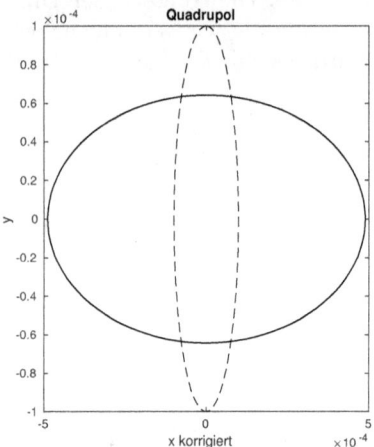 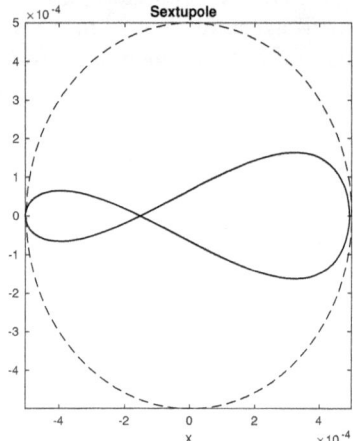

Abbildung 2.7: *Magnetooptik Abbildungseigenschaften: Links die Veränderung der Teilchenbahn durch einen Quadrupolmagneten. Am Eintritt in den Magneten liegt ein kreisförmiges Profil (gestrichelte Linie) mit einem Radius von 100μm an. Die Magnetlänge beträgt 6 m, die Magnetfeldstärke 10 T. Die durchgezogene Linie zeigt das Profil beim Verlassen des Quadrupols. Deutlich zeigt sich eine Fokussierung in die y-Richtung und eine Defokussierung in die x-Richtung. Rechts für ein System aus zwei Sextupolen. Das Ausgangsprofil (gestrichelte Linie) ist wieder kreisförmig, jetzt allerdings mit einem Radius von 500μm. Der erste Magnet befindet sich im Koordinatenursprung und die Magnetfeldstärke beträgt 7,3 T; der zweite beginnt exakt gegenüber (z = 0, x = 2 · Radius) und hat ein Magnetfeld von 1,3 T. Beide sind jeweils 6 m lang. Die durchgezogene Linie zeigt das Profil nach einem vollständigen Umlauf. In beiden Fällen war die Teilchengeschwindigkeit jeweils 0.999 · c und der Umfang des simulierten Beschleunigers 26658, 883 m.*

Aus Gl. (2.5) folgen die Bewegungsgleichungen zu

$$0 = m\ddot{x} + q\,B_0\,x\,\dot{z} \tag{2.18a}$$

$$0 = m\ddot{y} - q\,B_0\,y\,\dot{z} \tag{2.18b}$$

$$0 = m\ddot{z} + q\,B_0\,(y\,\dot{y}\, - \,z\,\dot{z}) \tag{2.18c}$$

für den Quadrupolmagneten und zu

$$0 = m\ddot{x} + \frac{1}{2}q\,B_0\,(x^2 - y^2)\,\dot{z} \tag{2.18d}$$

$$0 = m\ddot{y} - q\,B_0\,x\,y\,\dot{z} \tag{2.18e}$$

$$0 = m\ddot{z} + \frac{1}{2}q\,B_0\,(2\,x\,y\,\dot{y} - (x^2 - y^2)\,\dot{x}) \tag{2.18f}$$

für den Sextupol; m bezeichnet dabei die relativistische Masse. Dieses System Differenti-algleichungen zweiter Ordnung bilden wir mittels $(x, y, z, \dot{x}, \dot{y}, \dot{z}) = (y(1), y(2), \cdots, y(6))$ auf ein Differentialgleichungssystem erster Ordnung ab. Wenden wir uns im ersten Schritt dem Quadrupol, Abb. (2.7) links, zu.

Das Proton befindet sich auf einer Kreisbahn. Der Eingang des Oktupolmagneten im Koordinatenursprung. Streng genommen müßten wir die Krümmung der Bahn berück-sichtigen. Bei einem Umfang von $26658{,}883$ m führt dies bei einer Magnetlänge von 6 m immerhin zu einer Abweichung von 8.5 mm. Die gesamte Teilchenbahn mit ei-nem Quadrupolmagneten überlagert von einem Dipolfeld, das die Kreisbahn bewirkt kann mit den folgenden Programmen berechnet werden: `MagnetoptikQuad.m` ist das MATLAB-Skript, das das MATLAB-Programm `MagnetoptikQuadrupolDgl.m`, das die Differentialgleichungen beherbergt aufruft. Das Programm `MagnetoptikEvent.m` dient dem Abschalten des Quadrupolfelds nach Durchlaufen des Quadrupolmagneten. Das Ergebnis zeigt Abb. (2.7) links.

`MagnetoptikQuad.m`:

```
%% Relativistische Bahn: Quadrupolmagnet
%% Parameter
% Basieren auf den Daten des HCL
Umfang = 26658.883;        %m
radius = Umfang/(2*pi);
c = 2.998e08;              % m/s  Lichtgeschwindigkeit
v0= 0.999*c;               % Teilchengeschwindigkeit
qe = 1.602e-19;            % Elementarladung
me = 9.1096e-31;           % Masse des Elektrons
mp = 1836*me;              % Ruhemasse des Protons
m = mp/sqrt(1-v0.^2/c.^2); % relativistische Masse
BOf = m*v0 / (qe*radius);  % Fuehrungsfeld Dipol -> Kreisbahn
tmax = Umfang/v0;          % Umlaufdauer


x10 = 0.001;
x20 = 0.001;
y0 = [x10;x20;0;0;0;v0];   % x-y-z vx-vy-vz  Anfangswerte
qm = -qe/m;


BO = 10;                   % T Quadrupolfeld
qBOm = BO*qm;              % -> an Differentialgleichung
qBOfm = BOf*qm;
```

```
%% Quadrupol
tic
options = odeset('RelTol',1e-10,'AbsTol',1e-10, ...
          'Events',@(td,yd) MagnetoptikEvent(td,yd,qB0m,qB0fm,v0));
[tq1,yq1,tqe,yqe,ie] = ode113(@(tq1,yq1) ...
MagnetoptikQuadrupolDgl(tq1,yq1,qB0m,qB0fm,v0),[0,tmax],y0,options);
%
qB0m=0;                          % Bahn nach Quadrupol
options = odeset('RelTol',1e-10,'AbsTol',1e-10);
[tq2,yq2] = ode113(@(tq2,yq2) ...
MagnetoptikQuadrupolDgl(tq2,yq2,qB0m,qB0fm),[tqe,tmax],yqe,options);
tq = [tq1;tq2(2:end,:)];
yq = [yq1;yq2(2:end,:)];
toc
%% Visualisierung
figure,plot3(yq(:,1),yq(:,2),yq(:,3)),shg


MagnetoptikQuadrupolDgl.m:

function dy = MagnetoptikQuadrupolDgl(t,y,qB0m,qB0fm,v0)
% Differentialgleichung fuer den Quadrupolmagneten
% qB0fm Dipolfeld fuer Kreisbahn

dy(1) = y(4);
dy(2) = y(5);
dy(3) = y(6);
dy(4) = (-qB0fm-qB0m*y(1))*y(6);
dy(5) = qB0m*y(2)*y(6);
dy(6) = qB0m*(y(1)*y(4)-y(2)*y(5))+qB0fm*y(4);

dy = dy.';


MagnetoptikEvent.m

function [eventwert,isterminal,richt] ...
          = MagnetoptikEvent(t,y,qB0m,qBofm,v0)
% Magnetfeld nach Durchlaufen des Quadrupols oder Sextupols ausschalten
% Laenge des Magneten 6 m

eventwert = v0*t-6;  % aus in DGL
isterminal = 1;
richt = 0;
```

Abb. (2.7) rechts zeigt als Beispiel die Teilchenbahnen unter dem Einfluss zweier gegen-
überliegender Sextupole. Ähnlich den folgenden Programmen könnten beliebige Kombinationen von Magneten konstruiert werden. (Für umfangreiche Anwendungen ist es

empfehlenswerter, Analogien zur geometrischen Optik zu nutzen.) Das MATLAB-Skript
MagnetoptikSextuSystem.m dient der Berechnung der Bahnen zu Abb. (2.7) rechts. Es
ruft die Funktionen MagnetoptikSextupolDglsys.m, MagnetoptikSextopolDgl.m und
MagnetoptikEvent.m auf. MagnetoptikEvent.m wurde bereits oben erläutert, Magnet-
optikSextopolDgl.m ist bis auf die Korrekturterme identisch MagnetóptikSextupol-
Dglsys.m.

MagnetoptikSextuSystem.m:

```
%% Relativistische Bahn: Sextupolmagnet
%% Parameter
% Basieren auf den Daten des HCL
Umfang = 26658.883;            %m
radius = Umfang/(2*pi);
c = 2.998e08;                  % m/s
v0= 0.999*c;
qe = 1.602e-19;               % Elementarladung
me = 9.1096e-31;              % Masse des Elektrons
mp = 1836*me;                 % Masse des Protons
m = mp/sqrt(1-v0.^2/c.^2);    % Rel. Masse
B0f = m*v0 / (qe*radius)       % Fuehrungsmagnetfeld -> Kreis
tmax = Umfang/v0;

qm = -qe/m;

B0 = 7.3;                     % Magnetfeld 1. Sextupol
%RDipol = m*v0/(qe*B0);

winkel = linspace(0,2*pi);   % Anfangswerte
r = 0.0005;                  % Anfangswerte
xa = [];
ya = [];
xe = [];
ye = [];
for alpha = winkel
x10 = r*sin(alpha);
x20 = r*cos(alpha);
xa = [xa;x10];               % Ausgangsprofil
ya = [ya;x20];
y0 = [x10;x20;0;0;0;v0];
qB0m = B0*qm;                % Magnetfeld Sextupol
qB0fm = B0f*qm;              % Magnetfeld Dipol

%% Sextupol
% Magnet 1
tic
rpos=6;
```

```
options = odeset('RelTol',1e-10,'AbsTol',1e-10, ...
    'Events',@(td,yd) MagnetoptikEvents(td,yd,qB0m,qB0fm,v0,rpos));
[ts1,ys1,tse1,yse1,ie1] = ode113(@(ts1,ys1) ...
    MagnetoptikSextopolDgl(ts1,ys1,qB0m,qB0fm,v0),[0,tmax],y0,options);
%
rpos=v0*tmax/2;
options = odeset('RelTol',1e-10,'AbsTol',1e-10, ...
    'Events',@(td,yd) MagnetoptikEvents(td,yd,qB0m,qB0fm,v0,rpos));
[ts2,ys2,tse2,yse2,ie2] = ode113(@(ts2,ys2) ...
    MagnetoptikSextopolDgl(ts2,ys2,0,qB0fm,v0),[tse1,tmax],yse1,options);
rpos=rpos+6;
xcorr=ys2(end,1);  % Korrektur auf lokale Sextupolkoordinaten
zcorr=ys2(end,3);
% Magnet 2
qB0mc=1.3*qm;
options = odeset('RelTol',1e-10,'AbsTol',1e-10, ...
    'Events',@(td,yd) MagnetoptikEvents(td,yd,qB0m,qB0fm,v0,rpos));
[ts3,ys3,tse3,yse3,ie] = ode113(@(ts3,ys3) ...
    MagnetoptikSextupolDglsys(ts3,ys3,qB0mc,qB0fm,v0,xcorr,zcorr), ...
    [tse2,tmax],yse2,options);
%
options = odeset('RelTol',1e-10,'AbsTol',1e-10);
[ts4,ys4] = ode113(@(ts4,ys4) MagnetoptikSextopolDgl(ts4,ys4,0,qB0fm), ...
    [tse3,tmax],yse3,options);
ts = [ts1;ts2(2:end,:);ts3(2:end);ts4(2:end)];
ys = [ys1;ys2(2:end,:);ys3(2:end,:);ys4(2:end,:)];
toc
xe =[xe;ys(end,1)];    % Endprofil
ye =[ye;ys(end,2)];
end

MagentoptikSextupolDglsys.m:

function dy = MagnetoptikSextupolDgl(t,y,qB0m,qB0fm,v0,xcorr,zcorr)
% Differentialgleichung fuer Sextupol
% Magnet kann ich sich an beliebiger Stelle
% im Beschleuniger (x-z-Ebene) befinden
% Korrektur xcorr,zcorr

% qB0m Sextupol
% qB0fm Dipol

dy(1) = y(4);
dy(2) = y(5);
dy(3) = y(6);
yc(1) = y(1)-xcorr;
yc(2) = 0;
```

```
yc(3) = y(3)-zcorr;
dy(4) = (-qB0fm-1/2*qB0m*(yc(1).^2-y(2).^2))*y(6);
dy(5) = qB0m*yc(1)*y(2)*y(6);
dy(6) = -1/2*qB0m*(2*yc(1)*y(2)*y(5)+(y(2).^2 - yc(1).^2) * y(4)) ...
        + qB0fm*y(4);

dy = dy.';
```

Zwei weitere Effekte haben wir für unseren Teilchenbeschleuniger noch nicht berücksichtigt. Die Teilchen unterliegen der Schwerkraft, d.h., sie verlieren an Höhe und beschleunigte Teilchen strahlen elektromagnetische Wellen ab.

Ein Umlauf dauert bei einer Geschwindigkeit von $v = 0.999 \cdot c$ für den LHC zwar nur etwa $90\mu s$, dies führt aber bereits zu einem Höhenverlust von rund $440\mu m$, ein nicht zu vernachlässigender Wert. Nach einem mehrmaligen Durchlaufen des Rings würde dies zu einem Fehler von mehreren Millimetern führen. Zusätzlich treten Ungenauigkeiten in den Magnetfeldern, in den Teilchenenergien uns so fort auf. Alle diese Fehler müssen durch eine geeignete Magnetoptik minimiert werden. Im nächsten Kapitel wenden wir uns der Strahlung beschleunigter Teilchen zu.

2.2.5 Beschleunigte Bewegung relativistischer Teilchen im magnetischen Feld.

Beschleunigte Ladungen strahlen elektromagnetische Wellen ab. Diese Erkenntnis führte mit zur Entwicklung der Quantenmechanik. Im folgenden Abschnitt wollen wir die Strahlungscharakeristik beschleunigter Ladungen berechnen und zwar die beiden Spezialfälle „Synchrotronstrahlung" und „linearer Teilchenbeschleuniger". Die verwendeten Gleichungen stammen im Wesentlichen aus [18] (Kapitel 19), umgeschrieben auf MKSA-Einheiten und für die oben erwähnten Spezialfälle modifiziert.

Für die Berechnung der Strahlungscharakeristik beschleunigter Ladungen spielt der Poynting Vektor

$$\vec{S} = \epsilon_0 \, c^2 \, \vec{E} \times \vec{B} = \frac{1}{\mu_0} \vec{E} \times \vec{B} \tag{2.19a}$$

eine große Rolle. Sein Betrag gibt die Größe des Energieflusses pro Oberflächen- und Zeiteinheit und seine Richtung die Richtung der Energiefortpflanzung wieder. Mittels der Liénert-Wiechert-Potentiale lassen sich die Felder eines beschleunigten Teilchens berechnen und daraus der entsprechende Poynting Vektor

$$\vec{S} = \frac{q^2}{4\pi \, c} \frac{1}{4\pi \, \epsilon_0} \frac{\left(\vec{e_R} \times [(\vec{e_R} - \vec{\beta}) \times \vec{\beta}]\right)^2}{R^2(1 - \vec{\beta} \cdot \vec{e_R})^6} \vec{e_R} \; , \tag{2.19b}$$

dabei bezeichnet $\vec{e_R}$ den Einheitsrichtungsvektor von der Punktladung zum Beobachter, R dessen Abstand und $\vec{\beta}$ die Teilchengeschwindigkeit in Einheiten der Lichtgeschwindigkeit c. Durch ein Raumwinkelelement $d\Omega$ fließt dann die Leistung

$$\frac{dP}{d\Omega} = R^2 \, \vec{S} \cdot \vec{e_R} \; . \tag{2.20}$$

Die gesamte Strahlungsleistung erhält man durch Integration über das Raumwinkelelement $d\Omega$ zu

$$P = \frac{q^2}{6\pi\epsilon_0 \, c} \frac{\dot{\beta}^2 - (\vec{\beta}\times\dot{\vec{\beta}})^2}{(1-\beta^2)^3} \tag{2.21}$$

Synchrotronstrahlung

Zur Berechnung der Strahlungscharakteristik nehmen wir an, dass sich das Teilchen im Ursprung befindet und auf einer Kreisbahn mit Radius r in der x-z-Ebene umläuft. Für den radialen Einheitsvektor in Kugelkoordinaten gilt dann

$$\vec{e_R} = \begin{pmatrix} \sin\theta\cos\phi \\ \sin\theta\sin\phi \\ \cos\theta \end{pmatrix} , \qquad \vec{\beta} = \beta\,\vec{e_z}\,, \qquad \dot{\vec{\beta}} = \dot{\beta}\,\vec{e_x} \tag{2.22a}$$

und damit

$$\vec{e_R}\,\vec{\beta} = \beta\cos\theta \qquad \text{sowie} \qquad \vec{e_R}\,\dot{\vec{\beta}} = \dot{\beta}\sin\theta\cos\phi \tag{2.22b}$$

Auf einer Kreisbahn folgt wegen der Zentripedalbeschleunigung $\dot{\beta} = c\,\beta^2/r$

$$\frac{dP}{d\Omega} = \frac{q^2}{4\pi\,c}\frac{1}{4\pi\,\epsilon_0}\left(\frac{c\beta^2}{r}\right)^2 \frac{1}{(1-\beta\cos\theta)^4}\left(1 - \frac{\sin^2\theta\cos^2\phi}{\gamma^2(1-\beta\cos\theta)^2}\right) . \tag{2.23}$$

Das Ergebnis zeigt Abb. (2.8).

Auf Grund der Abstrahlung verliert ein Teilchen Energie. Für die gesamte Strahlungsleistung P folgt aus Gl.(2.21)

$$P = \frac{1}{6\pi\epsilon_0}\frac{q^2 c\beta^4}{r^2(1-\beta^2)} \tag{2.24}$$

und damit pro Umlauf $\Delta E = PT$ mit der Umlaufdauer $T = \frac{2\pi r}{\beta c}$ und der Energie $E = \gamma mc^2$

$$\Delta E = \frac{q^2}{3\epsilon_0}\frac{\beta^3 E^4}{r\,m^4\,c^8} \tag{2.25}$$

Abb. (2.9) zeigt den relativen Energieverlust für ein Proton auf einem Ring mit dem Umfang $26658, 883$m.

Linearbeschleuniger

Ausgangspunkt für die Berechnung der Strahlungscharakteristik eines Linearbeschleunigers sind die Gleichungen (2.19b) und (2.20). Nun ist allerdings Beschleunigung $\dot{\vec{\beta}}$ und Geschwindigkeit $\vec{\beta}$ parallel. Nehmen wir an das Teilchen bewege sich in z-Richtung, dann gilt

$$\frac{dP}{d\Omega} = \frac{q^2}{4\pi\,c}\frac{1}{4\pi\,\epsilon_0}\dot{\beta}^2\frac{\sin^2\theta}{(1-\beta\cos\theta)^6} . \tag{2.26}$$

Die Strahlungscharakteristik zeigt Abb. (2.10).

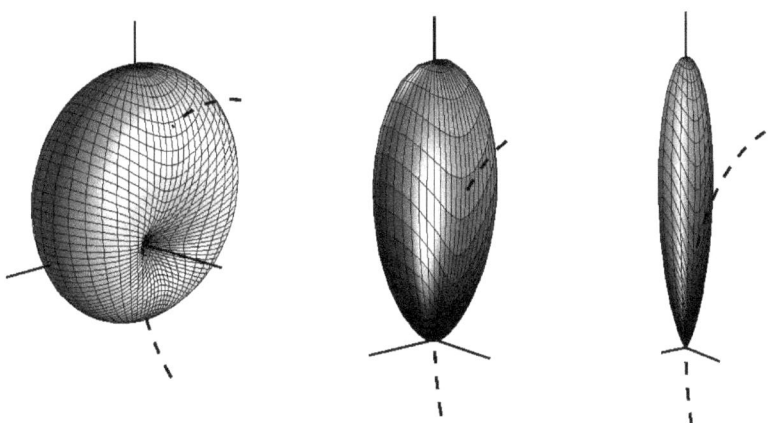

Abbildung 2.8: *Abstrahlungscharakteristik der Synchrotronstrahlung für ein Teilchen mit (von links nach rechts)* $\beta = 0,1,\ 0,6$ *und* $0,9$, *das durch den Ursprung läuft. Aufgetragen ist der skalierte Betrag der Strahlungsleistung in Abhängigkeit von der Raumrichtung. Zur besseren Vergleichbarkeit ist das Maximum auf* 1 *normiert. Für ein Proton das den Beschleunigungsring (gestrichelte Linie) des LHCs durchläuft ist der Skalierungsfaktor für* $\beta = 0,1$ $1,18 \cdot 10^{-33}$ *Watt, für* $\beta = 0,6$ $3,92 \cdot 10^{-29}$ *Watt und für* $\beta = 0,9$ $5,08 \cdot 10^{-26}$ *Watt. D.h ein Proton mit* $\beta = 0,9$ *strahlt eine um den Faktor* $4,3 \cdot 10^{7}$ *höhere Strahlungsleistung ab als ein Proton mit* $\beta = 0,1$.

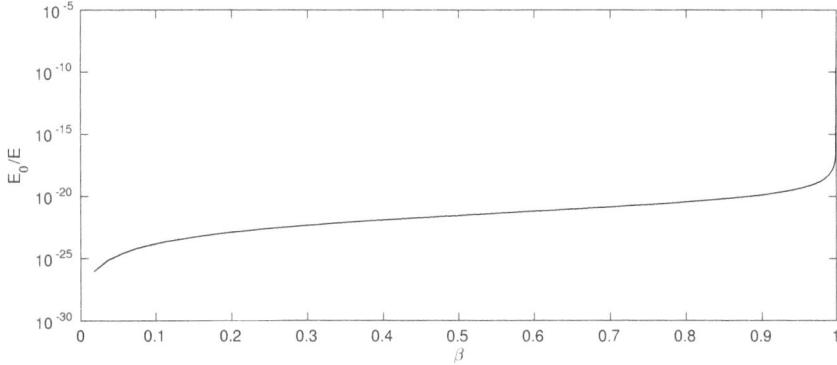

Abbildung 2.9: *Relativer Energieverlust* $\Delta E / E$ *eines Protons pro Umlauf auf einem Ring mit dem Umfang* $26658,883m$ *(d.h. mit derselben Größe wie der LHC am CERN) in Abhängigkeit von der Geschwindigkeit.*

Erstellen der Abbildungen. Die Abbildungen wurden mit den Programmen syn-chrotonabb2.m und linearbeschabb.m erstellt. Hier der Teil zum Plotten der Syn-

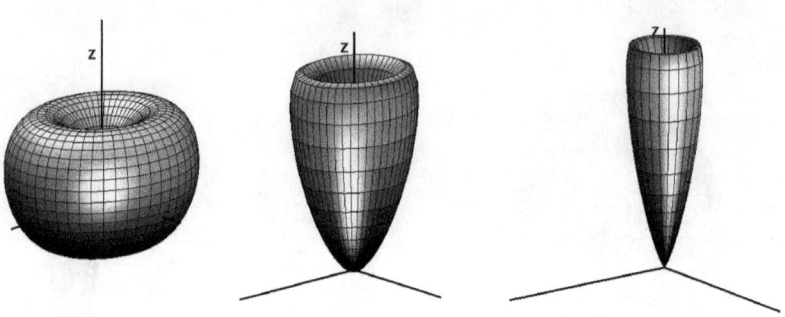

Abbildung 2.10: *Abstrahlungscharakteristik eines Linearbeschleunigers für ein Teilchen mit (von links nach rechts) $\beta = 0,1$ (Skalierungsfaktor $1,09$), $\beta = 0,6$ (Skalierungsfaktor $20,39$ und $\beta = 0,9$ (Skalierungsfaktor $1,46 \cdot 10^4$), das durch den Ursprung in z-Richtung läuft. Aufgetragen ist der auf 1 skalierte Betrag der Strahlungsleistung in Abhängigkeit von der Raumrichtung.*

chrotonstrahlung für $\beta = 0.1$:

```
%% Synchrotronstrahlung: beta senkrecht Teilchenbeschleunigung
%% Winkelkoordinaten
theta = linspace(0,pi,50);%0:pi/40:pi;      % Polar-Winkel
phi = linspace(0,2*pi,50);%0:pi/20:2*pi;    % Azimuth- Winkel


[Phi,Theta] = meshgrid(phi,theta);          % Abbildungsgitter

%% Auswertung der Gleichung dP/dOmega
beta = 0.1;                                 % Teilchengeschwindigkeit
gamma2 = 1./(1 - beta^2);
cos2b = 1./(1 - beta*cos(Theta)).^2;
dP = beta^4 .* cos2b.^2.*(1 - (sin(Theta) .* cos(Phi)).^2 ...
                         .* cos2b./gamma2);
                         % Laenge in Richtung theta, phi plotten
dP = dP ./ max(abs(dP(:)));                 % Skalieren auf 1
dP = abs(dP);
rho = dP .* sin(Theta);                     % Euklidische Koordinaten
X = rho .* cos(Phi);
Y = rho .* sin(Phi);
Z = dP .* cos(Theta);
%
figure1=figure;                       % Strahlungscharakteristik plotten
axes('position', [0.0500    0.1100    0.7750    0.8150])
hold on
surf(X,Y,Z),
```

```
shg
hold on
psi = linspace(-pi/4,11*pi/24);        % Teilchenbahn und Koordinaten
x3 = max(dP(:)) .* (cos(psi) - 1);     % visualisieren
z3 = max(dP(:)) .* sin(psi);
y3 = zeros(size(x3));
plot3(x3,y3,z3,'k --','linewidth',2.)
plot3([0,0],[0,0],[0,1.25],'k','linewidth',1.5)
plot3([-0.7,0],[0,0],[0,0],'k','linewidth',1.5)
plot3([0.,0],[0,1],[0,0],'k','linewidth',1.5)
xlabel('x'), ylabel('y'),zlabel('z')
view(-130.5,16)                        % Abbildungen ausrichten
colormap(gray)                         % Farbwahl
brighten(figure1,1)                    % Oberflaechengestaltung
light
lighting gouraud
```

Der größte Teil dürfte entweder selbsterklärend sein, oder mit der MATLAB-Hilfe leicht verständlich. Der Befehl `brighten` dient der Aufhellung der Farbabbildung; `light` aktiviert die Beleuchtung und `lighting gourand` legt den Algorithmus für die Beleuchtungseffekte fest. Nachdem Sie das Programm ausgeführt haben, überlappen die drei Strahlungscharakteristiken zu den verschiedenen β-Werten. Im MATLAB-Abbildungsfenster können Sie unter „view" die „Camera Toolbar" einschalten. Klicken Sie „Pan/Tilt Camera" an. Jetzt können Sie die einzelnen Abbildungen beliebig verschieben. Mit „Orbit Scene Light" können Sie Beleuchtungseffekte dazu fügen. Unter „File" läßt sich aus der fertigen Abbildung mittels "Generate Code" MATLAB-Code zur Wiederverwendung für weitere Abbildungen erstellen.

2.2.6   Felder gleichförmig bewegter Ladungen

Die Elektrodynamik ist bereits per Konstruktion invariant unter Lorentz-Transformationen. Die Einführung des Feldstärketensors, des Viererpotentials und der Viererstromdichte eignet sich besonders für eine kovariante Formulierung. Für den Feldstärketensor gilt

$$F^{\mu\nu} = \begin{pmatrix} 0 & -E_x & -E_y & -E_z \\ E_x & 0 & -cB_z & cB_y \\ E_y & cB_z & 0 & -cB_x \\ E_z & -cB_y & cB_x & 0 \end{pmatrix} \tag{2.27a}$$

sowie

$$F^{\mu\nu} = c\left(\partial^\mu A^\nu - \partial^\nu A^\mu\right) \tag{2.27b}$$

mit dem Viererpotential A und der Viererstromdichte j

$$j^\mu = \begin{pmatrix} c\rho \\ \vec{j} \end{pmatrix} \qquad A^\mu = \begin{pmatrix} \Phi/c \\ \vec{A} \end{pmatrix} . \tag{2.27c}$$

Für das Transformationsverhalten des Feldstärketensors gilt

$$F'^{\mu\nu} = \Lambda^{\mu}{}_{\alpha} \Lambda^{\nu}{}_{\beta} F^{\alpha\beta} \tag{2.28}$$

mit Λ Lorentztransformationen aus Gl.(1.108). Betrachten wir als Beispiel die Transformation auf ein in x-Richtung sich bewegendes Inertialsystem. Die Transformation führen wir mittels der Symbolic Math Toolbox aus.

```
syms alpha
Lx = [cosh(alpha) sinh(alpha) 0 0; ...
      sinh(alpha) cosh(alpha) 0 0; ...
           0            0      1 0; ...
           0            0      0 1];    % Lorentz-Boost x-Richtung

syms Ex Ey Ez Bx By Bz c
F  = [0    -Ex    -Ey     -Ez ; ...
      Ex    0    -c*Bz    c*By; ...
      Ey   c*Bz    0     -c*Bx; ...
      Ez  -c*By   c*Bx      0 ];

syms Ft Ext Eyt Ezt Bxt Byt Bzt

Ft = simplify(Lx*F*Lx);
Ext = Ft(2,1)
Eyt = Ft(3,1)
Ezt = Ft(4,1)
Bxt = simplify(Ft(4,3)/c)
Byt = simplify(Ft(2,4)/c)
Bzt = simplify(Ft(3,2)/c)
                % Ergebnis:
Ext = Ex
Eyt = Ey*cosh(alpha) + Bz*c*sinh(alpha)
Ezt = Ez*cosh(alpha) - By*c*sinh(alpha)
Bxt = Bx
Byt = -(Ez*sinh(alpha) - By*c*cosh(alpha))/c
Bzt =  (Ey*sinh(alpha) + Bz*c*cosh(alpha))/c
```

Das Ergebnis sind symbolische Ausdrücke, die mittels `matlabFunction` in eine anonyme MATLAB-Funktion gewandelt werden kann. Ein Beispiel zeigt Abb. (2.11). Schauen wir uns aber zuvor kurz die Ergebnisse an: In Bewegungsrichtung bleiben die elektrischen und magnetischen Felder unverändert, nur die orthogonalen Komponenten erfahren eine Transformation. Sollte im Ruhesystem beispielsweise kein Magnetfeld vorliegen, so wird im bewegten System trotzdem – wie erwartet – ein Magnetfeld gemessen.

Zur Berechnung der Abb. (2.11) haben wir angenommen, dass im Ruhesystem kein Magentfeld vorkommt. Die Abbildung zeigt die Stärke des Magnetfeldes in z-Richtung wobei wir E_y zu 1 gesetzt haben.

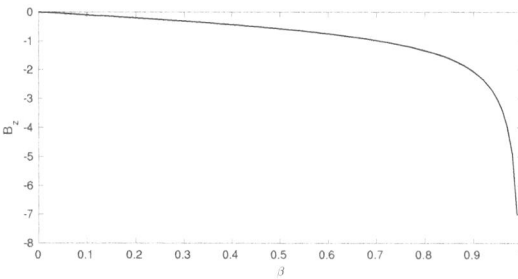

Abbildung 2.11: *Beispiel Lorentz-Boost in x-Richtung:* `Bztfun = matlabFunction(Bzt) % Wandeln in MATLAB function handle beta = linspace(0,0.99); c = 1; alpha = atanh(-beta); y = Bztfun(0,1,alpha,c); plot(beta,y)`

2.2.7   Kurze Übersicht der MATLAB Programme

Zum Abschluß noch eine kurze Zusammenfassung der verwendeten MATLAB Programme:

konstMagn.m ist ein MATLAB-Skript, das die Bewegung eines geladenen Teilchens in konstanten Feldern visualisiert. Dazu wird die Funktion `konstMagnDGL.m` aufgerufen. Alternativ kann auch das GUI `BewegungBuEFeld.m` genutzt werden. S. Abb.(2.1). `BewegungBuEFeld.m|ii`

konstMagnquadEfeld.m Kap.2.2.3, dient der Berechnung der Bewegung eines geladenen Teilchens in einer Penning-Falle und ruft dazu `konstMagnquadEfeldDGL.m` auf. `konstMagnquadEfeldvisu.m` dient der Visualisierung des elektrisches Quadrupolpotentials.

MagDipolRel.m MATLAB-Skript zum Vergleich relativistischen mit der nicht-relativistischen Bewegung eines geladenen Teilchens in einem Magnetfeld. Aufgerufen wird dazu `MagnetoptikDipolDGL.m` für die nichtrelativistische und `MagnetoptikDipolRelDgl.m` für die Berechnung der relativistischen Bewegung.

magnetoptikpub.m erstellt Abb. (2.6).

magnetoptikquad.m MATLAB-Skript, das das MATLAB-Programm `MagnetoptikQuadrupolDgl.m` aufruft. Das Programm `MagnetoptikEvent.m` dient dem Abschalten des Quadrupolfelds nach Durchlaufen des Quadrupolmagneten, vgl. Abb. (2.7).

MagnetoptikSextuSystem.m zur Berechnung der Bahnen, Abb. (2.7). Es ruft die Funktionen `MagnetoptikSextupolDglsys.m`, `MagnetoptikSextopolDgl.m` und `MagnetoptikEvent.m` auf.

synchrotonabb2.m Erstellen der Abb. zur Synchrotronstrahlung und

linearbeschabb.m Abstrahlungscharakteristik eines Linearbeschleunigers.

EBtransformation.m Lorentztransformation der Felder mit der Symbolic Math Toolbox.

Zusatzprogramme `Plattenkondensator.m`, `bildladung.m`.

3 Einfache Quantensysteme

In diesem Abschnitt werden wir die Simulation einfacher Quantensysteme diskutieren. „Einfach" das bedeutet nicht trivial – einfach steht für nicht-relativistisch und wenige Freiheitsgrade.

Beginnen wir zunächst einmal mit einem knappen Überblick zur Quantenmechanik, um die verwendete Notation zu klären, bevor wir uns verschiedenen Simulationsmodellen zuwenden.

3.1 Kurzer Abriss der Quantenmechanik

Dieses Kapitel dient einem kurzen Abriss der Quantenmechanik und kann kein Lehrbuch ersetzen. Unter den vielen hundert Lehrbüchern möchte ich hier nur auf zwei Klassiker, das zweibändige Werk von Cohen-Tannoudiji, Diu und Lalloë sowie auf Dirac's wegweisendes Werk „The Principles of Quantum Dynamics" [20, 21] verweisen.

Es ist schon seltsam, während viele Nicht-Naturwissenschaftler die Relativitätstheorie angreifen und als dem gesunden Menschenverstand widersprechend empfinden, ist die Quantenmechamik allgemein anerkannt. Die Quantenmechanik spielt eine fundamentale Rolle im Verständnis physikalischer, chemischer oder biologischer Phänomene. Der erste, der die Tür zur Quantenmechanik weit aufgestoßen hat war 1900 Max Planck [22], der erkannte, dass die elektromagnetische Strahlung eines Schwarzen Körpers nur in diskreten Paketen (Quanten) emittiert werden kann. Zwei weitere historische Eckpfeiler waren Einstein's photoelektrischer Effekt und 1923 de Broglie's – damalige – spekulative Wellen-Teilchen Dualität. Schrödinger suchte auf Debye's Anregung eine Wellengleichung, die die de Broglie'sche Annahme erfüllt.

3.1.1 Die Schrödinger-Gleichung

Dieses Unterkapitel dient einer knappen Einführung in die Schrödinger-Gleichung.

Vorbemerkungen

1887 entdeckte Heinrich Hertz die Emission von Elektronen aus Metallen. Lenard konnte zeigen, dass die kinetische Energie der emittierten Elektronen unabhängig von der Intensität des einfallenden Lichts ist. Einstein schließlich erkannte, dass dieser Effekt sich dadurch erklären läßt, dass Licht in Quanten von $\hbar\omega$ absorbiert wird (Photoelektrischer Effekt). Für die Energiebilanz des Photoelektrischen Effekts gilt $\frac{1}{2}mv_{max}^2 = \hbar\omega - e\Phi$, wobei $e\Phi$ die Austrittsarbeit und v die Geschwindigkeit des emittierten Elektrons bezeichnet. Die Teilchenparameter Energie E und Impuls $\vec{p}$ sind gemäß

$$E = h\nu = \hbar\omega \tag{3.1a}$$

$$\vec{p} = \hbar\vec{k} \tag{3.1b}$$

mit den Wellenparametern Frequenz $\omega = 2\pi\nu$ und Wellenvektor $\vec{k}$ des einfallendes Licht verknüpft, mit $\hbar = h/2\pi$ und der Planck-Konstante $h = 6.62\,10^{-34}$ Js. Für die Erläuterung des Photoelektrischen Effekts erhielt Einstein im Jahre 1921 den Nobelpreis für Physik.

Bohr vermutete 1913, dass das Elektron in einem Atom sich ähnlich einem planetaren System um den Atomkern unter dem Einfluß der elektrischen Wechselwirkung bewegt. Die Bewegung auf einer gekrümmten Bahn entspricht einer Beschleunigung, die nach der klassischen Elektrodynamik geladener Teilchen zu einer Energieabstrahlung und damit zu einer instabilen Bewegung führt. Um dieses Problem zu lösen, führte Bohr (mysteriöse) Quantenbedingungen ein auf denen das Elektron strahlungsfrei den Atomkern umkreist (Bohr-Sommerfeld Quantisierung).

1923 vermutete de Broglie, dass Teilchen ebenso wie Photonen Wellencharakter zeigen können. Während Einstein zur Erläuterung des photoelektrischen Effekts Wellen mit Teicheneigenschaften verknüpfte, ordnete de Broglie den Teilcheneigenschaften Energie und Impuls Wellenzahl $\vec{k}$ und Wellenlänge λ zu. Für die korrespondierende Wellenlänge λ eines Teilchens mit Impuls $\vec{p}$ gilt

$$\lambda = \frac{2\pi}{|\vec{k}|} = \frac{h}{|\vec{p}|} \quad \text{de Broglie Gleichung.} \tag{3.2}$$

Mittels dieser Beziehung konnte de Broglie die Bohr-Sommerfeld Quantisierungsregeln ableiten.

Zu dieser Zeit arbeitete Erwin Schrödinger am Institut von Peter Debye in Zürich. Peter Debye regte die Entwicklung einer Wellengleichung zur Beschreibung dieser seltsamen de-Broglie-Wellen an. Das Ergebnis ist die berühmte Schrödinger-Gleichung, die etwa ein Jahr nach Heisenbergs Matrizenmechanik entstand.

$$i\hbar\frac{\partial}{\partial t}\psi(\vec{x},t) = \left(-\frac{\hbar^2}{2m}\Delta + V(\vec{x},t)\right)\psi(\vec{x},t)\,. \tag{3.3}$$

Kurze mathematische Klassifizierung partieller Differentialgleichungen
Quasilineare Differentialgleichungen 2. Ordnung (zu denen die Schrödinger-Gleichung gehört)

$$a_{11}\frac{\partial^2\psi(x,y)}{\partial x^2} + 2a_{12}\frac{\partial^2\psi(x,y)}{\partial x\partial y} + a_{22}\frac{\partial^2\psi(x,y)}{\partial y^2} + f(x,y,\psi,\frac{\partial u}{\partial x},\frac{\partial u}{\partial x}) = 0 \tag{3.4}$$

werden als hyperbolisch, parabolisch oder elliptisch bezeichnet, wenn gilt

$$
\begin{array}{lll}
\text{hyperbolisch} & \text{wenn} & det(a) < 0 \\
\text{parabolisch} & \text{wenn} & det(a) = 0 \\
\text{elliptisch} & \text{wenn} & det(a) > 0
\end{array}
$$

mit $det(a) = a_{11}a_{22} - a_{12}^2$.

Typische physikalische Anwendungsbeispiele sind in Tab. (3.1) aufgelistet.

Tabelle 3.1: *Ausgewählte partielle Differentialgleichungen der Physik.*

hyperbolisch	$c^2 \frac{\partial^2 \phi}{\partial x^2} - \frac{\partial^2 \phi}{\partial t^2} = f(x,t)$	Wellengleichung
	$c^2 \frac{\partial^2 \phi}{\partial x^2} - \frac{\partial^2 \phi}{\partial t^2} - a\frac{\partial \phi}{\partial t} = f(x,t)$	Wellengleichung mit Dämpfung
	$\left(\frac{1}{c^2}\frac{\partial^2}{\partial t^2} - \frac{\partial^2}{\partial x^2}\right)\psi(x,t) = 0$	freie Klein-Gordon Gl.
parabolisch	$D\frac{\partial^2 \phi}{\partial x^2} - \frac{\partial \phi}{\partial t} = f(x,t)$	Diffusionsgleichung
	$\left(\frac{\hbar^2}{2m}\frac{\partial^2}{\partial x^2} + i\hbar\frac{\partial}{\partial t} - V(x,t)\right)\psi(x,t) = 0$	zeitabhängige Schrödinger-Gleichung
elliptisch	$\frac{\partial^2 \phi}{\partial x^2} + \frac{\partial^2 \phi}{\partial y^2} = -\rho(x,y)$	Potenzialgleichung
	$\left(\frac{\hbar^2}{2m}\frac{\partial^2}{\partial x^2} + \frac{\hbar^2}{2m}\frac{\partial^2}{\partial y^2} - V(x,y)\right)\psi(x,y) = 0$	zeitunabhängige Schrödinger-Gleichung

Physikalische Aspekte der Schrödinger-Gleichung

Die Lösungen $\psi(\vec{x},t)$ der Schrödinger-Gleichung sind komplexe Funktionen. Max Born interpretierte den Absolutbetrag der normierten Wellenfunktion $\psi(\vec{x},t)$ am Ort $\vec{x}$, als die Wahrscheinlichkeit $P(\vec{x},t) = |\psi(\vec{x},t)|^2$ das zugehörige Teilchen an dieser Stelle zu finden. Heisenberg entdeckte, dass das Produkt aus Orts- und Impulsunschärfe ($\triangle x$, $\triangle p$) stets größer oder gleich der mit 2π skalierten Planck-Konstante $h/2\pi = \hbar$ ist.

$$\triangle x \cdot \triangle p \geq \hbar\,. \tag{3.5}$$

Diese Unschärferelation läßt sich auf beliebige Operatoren verallgemeinern. Der Erwartungswert eines Operators $\hat{A}$ ist durch

$$\langle \hat{A}\rangle = \langle \psi(\vec{x},t)|\hat{A}|\psi(\vec{x},t)\rangle = \int d\vec{x}\,\psi^*(\vec{x},t)\hat{A}\psi(\vec{x},t) \tag{3.6}$$

gegeben und seine Varianz bzw. quadratische Abweichung durch

$$(\triangle\hat{A})^2 = \langle(\hat{A} - \langle\hat{A}\rangle)^2\rangle = \int d\vec{x}\,\psi^*(\vec{x},t)(\hat{A} - \langle\hat{A}\rangle)^2\psi(\vec{x},t) \tag{3.7}$$

($d\vec{x} = d^n x$ in n Dimensionen). Die Standardabweichung $\triangle\hat{A}$ ist die Wurzel aus der Varianz. Verschwindet die Varianz eines hermiteschen Operators so ist sein Erwartungswert exakt messbar. Der Kommutator zweier Operatoren $\hat{A}, \hat{B}$ ist durch

$$[\hat{A}, \hat{B}] = \hat{A}\cdot\hat{B} - \hat{B}\cdot\hat{A}\,. \tag{3.8}$$

definiert. Sind $\hat{A}$ und $\hat{B}$ zwei nicht-kommutierende hermitesche Operatoren, so können sie nicht beide simultan scharf gemessen werden. Gilt

$$[\hat{A}, \hat{B}] = i\hat{C} \tag{3.9a}$$

dann gilt für ihre Unschärfen $\triangle\hat{A}$ und $\triangle\hat{B}$

$$\triangle\hat{A}\triangle\hat{B} \geq |\frac{1}{2}\langle\hat{C}\rangle| . \tag{3.9b}$$

Kehren wir zur Wahrscheinlichkeitsinterpretation zurück. Ist $P(\vec{x}, t_0)$ die Wahrscheinlichkeit, das Teilchen zum Zeitpunkt t_0 am Ort $\vec{x}$ zu finden, so gilt

$$\int_{-\infty}^{+\infty} P(\vec{x}, t_0)d\vec{x} = 1 , \tag{3.10}$$

schließlich muss das Teilchen ja irgendwo sein. Sei

$$\rho(\vec{x}, t) = \psi^*(\vec{x}, t)\psi(\vec{x}, t) \tag{3.11a}$$

die Wahrscheinlichkeitsdichte und

$$\vec{j}(\vec{x}, t) = \frac{\hbar}{2mi} (\psi^*(\vec{x}, t)\nabla\psi(\vec{x}, t) - \psi(\vec{x}, t)\nabla\psi^*(\vec{x}, t)) \tag{3.11b}$$

die Wahrscheinlichkeitsstromdichte oder -fluss, dann gilt die folgende Kontinuitätsgleichung

$$\nabla \cdot \vec{j}(\vec{x}, t) + \frac{\partial}{\partial t}\rho(\vec{x}, t) = 0 , \tag{3.11c}$$

die sich mittels der Schrödinger-Gleichung (3.3) ableiten läßt und analog der Gleichung zwischen Ladungs- und Stromdichten in der Elektrodynamik aufgebaut ist und die Erhaltung der Gesamtwahrscheinlichkeit garantiert.

$\vec{p} = -i\hbar\nabla$ ist der Impulsoperator in der Ortsdarstellung und folglich kann der Operator $\hbar/(mi)\nabla$ in der Wahrscheinlichkeitsstromdichte anschaulich als Geschwindigkeitsoperator des betrachteten Quantenteilchens interpretiert werden. Wird das Teilchen in einem externen elektromagnetischen Feld mit dem Vektorpotenzial $\vec{A}$ platziert, muss daher der Impulsoperator $\vec{p}$ eines Teilchens mit der Ladung q durch $\vec{p} - q\vec{A}$ ersetzt werden.

3.1.2 Die Schrödinger-Gleichung als Eigenwertproblem: Der Hamilton-Operator

Eigenwertprobleme lassen sich mit MATLAB einfach lösen. MATLAB eignet sich daher auch besonders zur Simulation und Modellierung quantenmechanischer Systeme mittels Matrizen.

Beginnen wir mit der zeitabhängigen Schrödinger-Gleichung (3.3) unter der Annahme eines zeitunabhängigen Potenzials $V(\vec{r})$. Mit dem üblichen Separationsansatz

$$\psi(\vec{r}, t) = \phi(\vec{r})f(t) \tag{3.12}$$

können wir die zeitabhängige Schrödinger-Gleichung (3.3) in einen zeit- und einen ortsabhängigen Anteil zerlegen.

$$\frac{1}{f(t)} i\hbar \frac{df(t)}{dt} = \frac{1}{\phi(\vec{r})} \left[-\frac{\hbar^2}{2m} \Delta + V(\vec{r}) \right] \phi(\vec{r}) \,. \tag{3.13}$$

Da nur die linke Gleichungsseite von der Zeit t abhängt bzw. die rechte nur vom Ort,
kann diese Gleichung nur dann erfüllt werden wenn beide Seiten gleich und konstant
sind. Bezeichnen wir diese Konstante mit E, gilt

$$i\hbar \frac{df(t)}{dt} = E f(t) \Rightarrow f(t) \propto \exp(-iEt/\hbar) \tag{3.14}$$

und

$$\underbrace{\left[-\frac{\hbar^2}{2m} \Delta + V(\vec{r}) \right]}_{\text{Hamilton−Operator}} \phi(\vec{r}) = E \phi(\vec{r}) \,. \tag{3.15}$$

Diese Gleichung können wir als Eigenwertgleichung interpretieren

$$\hat{H} \phi(\vec{r}) = E \phi(\vec{r}) \quad , \tag{3.16}$$

mit $\hat{H}$ als Hamilton-Operator, $\phi(\vec{r})$ als dessen Eigenfunktion und die Konstante E als
zugehörigen Eigenwert. Während die zeitabhängige Schrödinger-Gleichung die zeitliche
Entwicklung eines Quantensystems beschreibt, ist die zeitunabhängige Gleichung eine
Eigenwertgleichung, deren reelle Eigenwerte die vollständige Energie des Quantensystems liefert. Das Eigenwertspektrum kann diskret mit normierbaren Eigenfunktionen
sein, oder kontinuierlich oder wie im Falle des Wasserstoffatoms ein gemischtes Spektrum. Gebundene Zustände sind stets diskret und ein gemischtes Spektrum kann eine
endliche oder abzählbar unendliche Anzahl diskreter Zustände besitzen. Die Frage stellt
sich folglich: Unter welchen Umständen besitzt ein attraktives Potenzial gebundene Zustände?

Der endlich hohe Potenzialtopf – Bindungszustände

Der endlich hohe Potenzialtopf ist ein Beispiel für ein attraktives Potenzial. Die Potenzialform zeigt Abb. (3.1) und wird durch folgende Gleichung beschrieben:

$$V(x) = \begin{cases} -V_0 & \text{für } |x| \le a \\ 0 & \text{für } |x| > a \end{cases} \tag{3.17}$$

Für Energien $E < 0$ und $E + V_0 > 0$ liegen Bindungszustände vor, sonst ungebundene
Zustände. Für den Bereich I und III, s. Abb. (3.1), gilt

$$\left[\frac{d^2}{dx^2} + \frac{2m}{\hbar^2} E \right] \psi(x) = 0 \tag{3.18a}$$

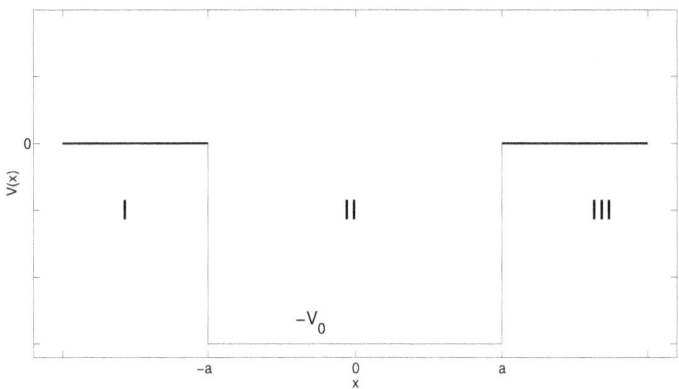

Abbildung 3.1: *Der endlich hohe Potenzialtopf.*

und im Innenbereich II

$$\left[\frac{d^2}{dx^2} + \frac{2m}{\hbar^2}(E + V_0)\right]\psi(x) = 0\,.$$ (3.18b)

Betrachten wir zunächst Bindungszustände:
Für den Außenbereich I und III gilt

$$\psi_{I,III}(x) = C_{I,III}\exp(\beta x) + D_{I,III}\exp(-\beta x)$$ (3.19a)

mit

$$\beta = \sqrt{-\frac{2m}{\hbar^2}E}$$ (3.19b)

und für den Innenbereich

$$\psi_{II}(x) = A\exp(ik_{II}x) + B\exp(-ik_{II}x)$$ (3.19c)

mit

$$k_{II} = \sqrt{\frac{2m}{\hbar^2}(V_0 + E)}\,.$$ (3.19d)

Bindungszustände müssen normierbar sein, daher ist

$$C_{III} = 0 \quad \text{und} \quad D_I = 0\,.$$

An den Sprungstellen des Potenzials müssen die jeweils linksseitigen Lösungen und Ableitungen gleich den rechtsseitigen sein. Aus Symmetriegründen sind die Wellenfunktionen entweder symmetrisch (gerade) oder antisymmetrisch (ungerade). Daher gilt für die Koeffizienten

$$C_I = D_{III} \text{ und } A = B = \frac{1}{2}A_{II} \quad \text{mit} \quad \psi_{II}(x) = A_{II}\cos(x)$$ (3.20a)

für den symmetrischen Fall und für den antisymmetrischen

$$C_I = -D_{III} \quad \text{und} \quad A = -B = \frac{1}{2i}B_{II} \quad \text{mit} \quad \psi_{II}(x) = B_{II}\sin(x) \ . \tag{3.20b}$$

Daraus folgt für die symmetrische Lösung

$$\begin{pmatrix} \exp(-\beta a) & -\cos(k_{II}a) \\ \beta\exp(-\beta a) & -k_{II}\sin(k_{II}a) \end{pmatrix} \begin{pmatrix} C_I \\ A_{II} \end{pmatrix} = \begin{pmatrix} 0 \\ 0 \end{pmatrix} \ .$$

Homogene Gleichungssysteme haben nur bei verschwindender Determinante nicht-triviale Lösungen. D.h. es folgt

$$\underbrace{\tan\left(\sqrt{\frac{2m}{\hbar^2}(E+V_0)}a\right)}_{\zeta} = \underbrace{\sqrt{\frac{-E}{E+V_0}}}_{\eta} \ . \tag{3.21}$$

Die erste Lösung gibt es für $\zeta < \frac{\pi}{2}$. Da E jeden Wert zwischen $-V_0$ und 0 annehmen kann, gilt $0 < \eta < \inf$, d.h. es gibt immer mindestens eine Lösung. Für die nächste symmetrische Lösung – so sie existiert – liegt ζ zwischen π und $\frac{3}{2}\pi$ und so fort.

Ähnliche Überlegungen gelten für die antisymmetrische Wellenfunktion:

$$\begin{pmatrix} \exp(-\beta a) & \sin(k_{II}a) \\ \beta\exp(-\beta a) & -k_{II}\cos(k_{II}a) \end{pmatrix} \begin{pmatrix} C_I \\ B_{II} \end{pmatrix} = \begin{pmatrix} 0 \\ 0 \end{pmatrix}$$

und

$$\underbrace{\tan\left(\sqrt{\frac{2m}{\hbar^2}(E+V_0)}a\right)}_{\zeta} = \underbrace{-\sqrt{\frac{E+V_0}{-E}}}_{\kappa} \ . \tag{3.22}$$

Da κ stets negativ ist, liegt die erste mögliche Lösung zwischen $\frac{1}{2}\pi$ und π, d.h. der Grundzustand ist stets gerade.

Der maximale Wert von ζ ist

$$\zeta_{max} = \sqrt{\frac{2mV_0}{\hbar^2}}a$$

und damit gilt für die Anzahl der möglichen Bindungszustände n

$$(n-1)\frac{\pi}{2} \leq \sqrt{\frac{2mV_0}{\hbar^2}}a < n\frac{\pi}{2} \ . \tag{3.23}$$

Das Programm *pottopf.m* dient der Simulation der Bindungszustände. Im Abschnitt 3.5.1 findet sich eine Programmbeschreibung.

Anzahl der gebundenen Zustände

Wiederholen wir die oben gestellte Frage: Unter welchen Umständen besitzt ein attraktives Potenzial gebundene Zustände? Gilt $\int V(x)dx \leq 0$ für eindimensionale Potenziale so existiert stets mindestens ein Bindungszustand [23]. Interessanter sind attraktive, reguläre 3-dimensionale Zentralpotenziale. Ist r die Radialkoordinate, so sind Potenziale dann regulär, wenn sie

$$I = \int_0^\infty r|V(r)|dr < \infty \tag{3.24}$$

erfüllen. Für solche Potenziale gilt

$$n_l \leq 1 + \frac{2}{\pi}\left[\int_0^\infty |V(r)|^{1/2}dr - \sqrt{\left(\frac{\pi}{2}\right)^2 + l(l+1)}\right] . \tag{3.25}$$

mit l Drehimpulsquantenzahl und n_l die Anzahl der Bindungszustände [24].

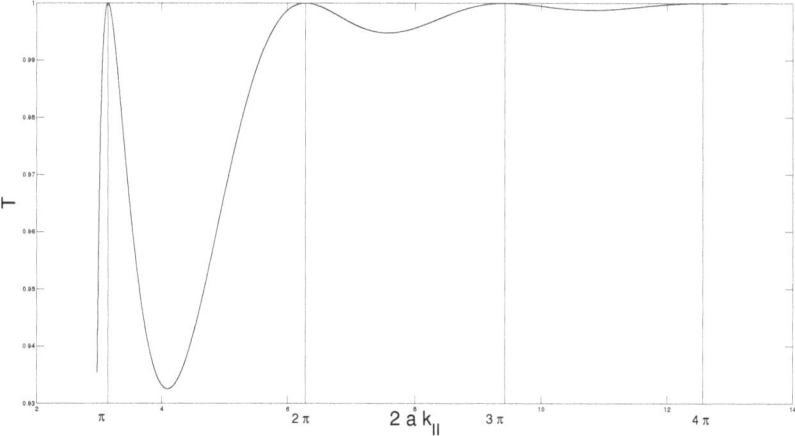

Abbildung 3.2: *Transmissionskoeffizient T für einen Potenzialtopf endlicher Tiefe aufgetragen gegen gegen $2ak_{II}$ mit $V_0 = 1$ und $a = 1$.*

Das kontinuierliche Spektrum und Resonanzen

Streng genommen besitzt das kontinuierliche Spektrum eines Hamiltonoperators keine Eigenvektoren, da die korrespondierenden Zustände nicht mehr normierbar sind. Für das Verständnis der Dynamik eines realen Quantensystems spielen Resonanzen oder quasigebundene Zustände eine gewichtige Rolle.

Betrachten wir für unseren Potenzialtopf positive Energien $E > 0$. Für den Außenbereich, vgl. Abb. (3.1), gilt nun

$$\psi_{I,III}(x) = A_{I,III}\exp(ik_I x) + A'_{I,III}\exp(-ik_I x) , \tag{3.26a}$$

mit

$$k_I = \sqrt{\frac{2m}{\hbar^2} E} \ . \tag{3.26b}$$

Unter der Annahme die Teilchen laufen ausschließlich von links ein ist $A'_{III} = 0$. Die Forderung der stetigen Differenzierbarkeit an den Potenzialgrenzen führt zu

$$A_I = \left[\cos(2k_{II}a) - i\frac{k_I^2 + k_{II}^2}{2k_I k_{II}} \sin(2k_{II}a) \right] \exp(i2k_I a) A_{III} \tag{3.27a}$$

und

$$A'_I = i\frac{k_{II}^2 - k_I^2}{2k_I k_{II}} \sin(2k_{II}a) \exp(i2k_I a) A_{III} \ . \tag{3.27b}$$

Da die Zustände nicht mehr normierbar sind, verbleibt ein willkürlicher globaler Skalierungsfaktor A_{III}. Der Transmissionskoeffizient T berechnet sich zu

$$T = \left| \frac{A_{III}}{A_I} \right| = \frac{4k_I^2 k_{II}^2}{4k_I^2 k_{II}^2 + (k_I^2 - k_{II}^2)^2 \sin(2ak_{II})} \tag{3.28}$$

und der Reflexionskoeffizienten R aus $R = 1 - T$. Abb. (3.2) zeigt ausgeprägte Maxima für den Transmissionskoeffizienten an den Stellen

$$2ak_{II} = 2a\sqrt{\frac{2m}{\hbar^2}(E + V_0)} = n\pi \ .$$

Diese Maxima werden als Resonanzen bezeichnet und lassen sich mit dem Programm *pottopfres.m* berechnen (s. 3.5.1). Die zugehörigen Energiewerte sind gerade die um V_0 verschobenen Eigenenergien des unendlich tiefen Potenzialtopfs. Die korrespondierende Wellenfunktion im Potenzialbereich II bildet eine stehende Welle. Mit $k_{II} = \frac{2\pi}{\lambda}$ folgt $2a = \frac{1}{2}n\lambda$ und folglich ist die Breite des Potenzialtopfs ein ganzzahliges Vielfaches der korrespondierenden halben Wellenlänge λ der Wellenfunktion ψ_{II}.

Die Komplexe Koordinaten Methode (complex coordinate method) auch als Komplexe Koordinaten Rotation (complex coordinate rotation) [25] bezeichnet, erlaubt es mittels Eigenwertberechnungen resonante Zustände aufzudecken. Dazu wird der reale Konfigurationsraum durch eine komplexe Dilatation oder Rotation in die komplexe Ebene fortgesetzt. Resonanzen lassen sich so mittels quadratintegrabler Wellenfunktionen berechnen. Quadratintegrabilität wird durch einen zusätzlichen, exponentiell zerfallenden Term erreicht:

$$\vec{r} \to \vec{r} \cdot \exp(i\Theta) \ . \tag{3.29}$$

Der korrespondierende Hamiltonoperator ist nun nicht länger hermitisch und hat daher komplexe Eigenlösungen. Sein Spektrum hat die folgenden Eigenschaften [25]: Das diskrete Spektrum bleibt unbeeinflusst. Das kontinuierliche Spektrum wird um die Kontinuumsschwelle (threshold) in die komplexe Ebene um einen Winkel -2Θ rotiert. Resonanzen sind in das rotierte Spektrum mit komplex-rotierten, quadratintegrablen Eigenfunktionen und komplexen Eigenwerten $E = E_r - \frac{i}{2}\Gamma$ eingebettet. E_r ist die Energie der Resonanz und Γ ihre Breite. Die Lebensdauer des resonanten Zustands, Gl. (3.12), ergibt sich aus der inversen Breite und gemäß Gl. (3.14) erhalten wir für den komplex rotierten Eigenzustand

$$\psi(\vec{r}, t) = \exp\left(-iE\frac{t}{\hbar}\right)\psi(\vec{r}) = \exp\left(-\Gamma\frac{t}{2\hbar}\right)\exp\left(-iE_r\frac{t}{\hbar}\right)\psi(\vec{r}) \qquad (3.30)$$

und folglich wird dieser Zustand exponentiell zerfallen.

Wie ist nun die praktische Vorgehensweise für die Berechnung resonanter Zustände? 1. Schritt ist die Transformation des Hamilton-Operators:

$$H(\vec{p}, \vec{r}) \rightarrow H(\exp(-i\Theta)\vec{p}, \exp(i\Theta)\vec{r}; \Theta) . \qquad (3.31)$$

Im 2. Schritt wird mittels eines vollständigen Satzes geeigneter, reeller Zustandsfunktionen die komplex rotierte Hamiltonische Matrix berechnet. Die Eigenlösungen hängen im Allgemeinen vom Rotationswinkel Θ ab. Die Resonanzen erhalten wir als Häufungspunkte aus Konvergenzuntersuchungen dieses Spektrums. Ein Anwendungsbeispiel dazu wird im Abschnitt 3.5.2 diskutiert. Weitere Beispiele und ergänzende Details findet man in [26].

3.1.3   Dirac-Formulierung der Quantenzustände

Auch wenn wir Dirac's "bras" und "kets" in Gl. (3.6) bereits genutzt haben, im folgenden Abschnitt ein kurzer Überblick. Mehr Details finden sich in Dirac's Buch „The Principle of Quantum Dynamics"[21].

Observablen eines Quantensystems sind hermitesche Operatoren $\hat{O}$ im Hilbert-Raum zugeordnet. Ihre Zustände werden durch Zustandsvektoren oder Wellenfunktionen repräsentiert. Nach Dirac wird ein Zustand als ket bezeichnet und durch das Symbol $|\psi\rangle$ dargestellt. Dieser ket enthält alle Information des physikalischen Zustands. Eigenzustände und Eigenwerte o_i einer Observablen $\hat{O}$ sind durch die Eigenwertgleichung

$$\hat{O}|\psi_i\rangle = o_i|\psi_i\rangle \qquad (3.32)$$

verknüpft. $|\psi_i\rangle$ bezeichnet den zugehörigen Eigenzustand oder Eigenvektor. Die Eigenzustände sind orthonormal, d.h. es gilt

$$\langle\psi_j|\psi_i\rangle = \delta_{ij} \quad . \qquad (3.33)$$

Durch diese Gleichung ist der bra-Vektor[1] als Element des zum Hilbert-Raum dualen Raums definiert. Ist $|\psi\rangle$ ein Hilbert-Raum Element, dann ist $\langle\phi|\psi\rangle$ eine komplexe Zahl. Die bras definieren folglich eine Abbildung des Hilbert-Raums auf die komplexen Zahlen, das innere oder skalare Produkt.

---

[1]Die Namen bra und ket rühren von bra-c-ket her:

$$\langle\psi|\phi\rangle = \underbrace{(\langle\psi|)}_{bra} \underbrace{\cdot}_{c} \underbrace{(|\phi\rangle)}_{ket}$$

Es gelten folgende grundlegende Eigenschaften:

$$\langle\phi|\psi\rangle = \langle\psi|\phi\rangle^* \,, \tag{3.34}$$

in anderen Worten $\langle\phi|\psi\rangle$ und $\langle\psi|\phi\rangle$ sind komplex konjugierte Paare, sowie

$$\langle\phi|\phi\rangle \geq 0 \quad. \tag{3.35}$$

und damit ist eine positiv definite Metrik definiert.

Die Eigenkets des Ortsoperators $\hat{x}$

$$\hat{x}|x'\rangle = x'|x'\rangle \tag{3.36}$$

bilden eine vollständige Menge und sind so normiert, dass $\langle x|x'\rangle = \delta(x-x')$. Damit gilt für einen beliebigen ket $|\psi\rangle$

$$|\psi\rangle = \underbrace{\left[\int_{-\infty}^{+\infty} dx'|x'\rangle\langle x'|\right]}_{1} |\psi\rangle = \int_{-\infty}^{+\infty} dx'|x'\rangle\left(\langle x'|\psi\rangle\right) \,. \tag{3.37}$$

$\psi(x) = \langle x|\psi\rangle$ ist die Ortsdarstllung des Zustands $|\psi\rangle$. Analog dazu ist die Impulsdarstellung des Zustands $|\psi\rangle$ durch $\psi(p) = \langle p|\psi\rangle$ gegeben. Folglich gilt

$$\langle p|\psi\rangle = \int_{-\infty}^{+\infty} dx' \underbrace{\langle p|x'\rangle}_{FT}\langle x'|\psi\rangle \tag{3.38}$$

und damit ist $\langle p|x\rangle = \frac{1}{\sqrt{2\pi\hbar}}\exp(\frac{ipx}{\hbar})$ die Fouriertransformation (FT) vom Impuls- in den Ortsraum.

3.1.4 Integrabilität und Separabilität

Die Schrödinger-Gleichung ist eine partielle Differentialgleichung und der Operator der kinetischen Energie ein Laplace-Operator. Die Aufspaltung in Differentialgleichungen niedrigerer Dimension bedeutet daher eine große numerische Vereinfachung. Für partielle Differentialgleichungen mit einem dreidimensionalen Laplace-Operator existieren 11 Koordinatensysteme in denen der dreidimensionale Laplace-Operator separabel ist [27, 28]. Diese 11 Koordinatensysteme werden wir in diesem Abschnitt auflisten. Jedes separable System ist integrabel, die Umkehrung gilt jedoch nicht.

Quantenintegrabilität

Beginnen wir mit einer Definition:
Ein konservatives Quantensystem mit f Freiheitsgraden heißt integrabel, genau dann wenn f global definierte hermitesche Operatoren $\hat{G}_1(\vec{p},\vec{q})\cdots\hat{G}_f(\vec{p},\vec{q})$ existieren, deren wechselseitigen Kommutatoren verschwinden:

$$[\hat{G}_i(\vec{p},\vec{q}),\hat{G}_j(\vec{p},\vec{q})] = 0 \quad. \tag{3.39}$$

In der Quantenphysik werden Observablen durch hermitesche Operatoren repräsentiert. Integrabiltät eine Systems mit f Freiheitsgraden erfordert die Existenz von f kommutierenden Observablen $\hat{O}_i$, $1 \leq i \leq$ f. Wechselseitig kommutierende Operatoren haben gemeinsame Eigenvektoren und deren Eigenwerte kennzeichnen die Zustände eindeutig und legen die zugehörigen Quantenzahlen fest.

Ein einfaches Beispiel ist durch sphärisch symmetrische Systeme gegeben. In diesem Fall kommutiert der Hamilton-Operator $\hat{H}$ mit den Drehimpulsoperatoren $\hat{L}_i$, $i = 1, 2, 3$. Da

$$[\hat{L}_i, \hat{L}_j] = i\hbar\epsilon_{ijk}L_k \tag{3.40}$$

dienen als kommutierende Operatoren $\hat{H}, \hat{L}^2$ und eine Drehimpulskomponente, meist $\hat{L}_3$. Eigenvektoren des Systems können durch die zugehörigen Eigenwerte gekennzeichnet werden. Von der Energie E wird die Hauptquantenzahl n abgeleitet, die Drehimpulsquantenzahl l aus $\langle \hat{L}^2 \rangle = \hbar^2 l(l+1)$ und die Magnetquantenzahl m aus $m = \langle \hat{L}_3 \rangle / \hbar$. Dies gilt beispielsweise für das Wasserstoffatom. Wird dagegen das Wasserstoffatom in ein äußeres Magnetfeld gebracht ist l wegen der zylindrischen Symmetrie des Magnetfelds keine gute Quantenzahl mehr und die Energieentartung entsprechender Zustände wird aufgebrochen.

Separabilität in drei Dimensionen

Integrabilität eines 3-dimensionalen Hamiltonschen Systems erfordert die Existenz dreier wechselseitig kommutierender Observablen. Für ein dreidimensionales System ist der Laplace-Beltrami Operator Δ separabel in genau 11 verschiedenen krummlinigen Koordinaten [27, 28]. Für jede dieser Koordinaten muss das Potenzial $V(\vec{r})$ bestimmte Bedingungen erfüllen damit die Schrödinger-Gleichung separabel ist.

Für alle orthogonalen krummlinigen Koordinaten q_j in drei Dimensionen gilt:

$$ds^2 = dx^2 + dy^2 + dz^2 \quad \text{kartesische Koordinaten} \tag{3.41a}$$

$$= \sum_{i,j=1}^{3} g_{ij}dq_idq_j \quad \text{und} \quad g_{ij} = \delta_{ij}g_{ii} \tag{3.41b}$$

$$\vec{\nabla}_{q_1,q_2,q_3} = \left(\frac{1}{\sqrt{g_{11}}} \frac{\partial}{\partial q_1}, \frac{1}{\sqrt{g_{22}}} \frac{\partial}{\partial q_2}, \frac{1}{\sqrt{g_{33}}} \frac{\partial}{\partial q_3} \right) \tag{3.41c}$$

$$\Delta_{q_1,q_2,q_3} = \frac{1}{\sqrt{g}} \sum_{i=1}^{3} \frac{\partial}{\partial q_i} \left(\frac{\sqrt{g}}{g_{ii}} \frac{\partial}{\partial q_i} \right) \tag{3.41d}$$

$$dV = \sqrt{g}dq_1dq_2dq_3 \quad \text{(Volumenelement)} \tag{3.41e}$$

mit $g = g_{11}g_{22}g_{33}$ und dem Laplace-Beltrami Operator Δ_{q_1,q_2,q_3}. Damit sind die wichtigsten quantenmechanischen Operatoren gegeben: Der Impulsoperator ist durch den Nabla-Operator $\vec{\nabla}_{q_1,q_2,q_3}$ bestimmt und die kinetische Energie durch den Laplace-Beltrami Operator. Die Schrödinger-Gleichung wird separabel wenn das Potenzial in der Form

$$V(q_1, q_2, q_3) = \sum_{i=1}^{3} \frac{1}{g_{ii}} V(q_i) \quad . \tag{3.42}$$

geschrieben werden kann. Machen wir uns also daran, diesen letzten Schritt für ausgewählte Koordinatensysteme zu lösen.

(1) Kartesische Koordinaten

$$x, y, z \qquad -\infty < x, y, x < \infty \tag{3.43}$$

Ein Quantensystem wird in kartesischen Koordinaten separabel wenn das Potenzial die folgende Bedingung erfüllt:

$$V(\vec{r}) = V_1(x) + V_2(y) + V_3(z) \; . \tag{3.44a}$$

Mit einem Produktansatz für die Wellenfunktion

$$\langle \vec{r} | \psi \rangle = X(x) \cdot Y(y) \cdot Z(z) \tag{3.44b}$$

erhalten wir

$$\left(\frac{d^2}{dx^2} - U_x + \epsilon_x \right) = 0 \tag{3.44c}$$

$$\left(\frac{d^2}{dy^2} - U_y + \epsilon_y \right) = 0 \tag{3.44d}$$

$$\left(\frac{d^2}{dz^2} - U_z + \epsilon - \epsilon_x - \epsilon_y \right) = 0 \tag{3.44e}$$

mit der Energie E $\epsilon = 2m/\hbar E$ und $U(\vec{r}) = 2m/\hbar V(\vec{r})$, sowie den Separationskonstanten ϵ_x und ϵ_y. Separabel in drei Dimensionen ist beispielsweise der dreidimensionale harmonische Oszillator (vgl. 3.5.2).

Die prinzipielle Vorgehensweise ist stets dieselbe. Ausgangspunkt ist der Laplace-Beltrami Operator in den neuen Koordinaten (q_1, q_2, q_3). Mit der Schrödinger-Gleichung wirken wir dann auf einen Produktansatz $Q_1(q_1)Q_2(q_2)Q_3(q_3)$, um so die eindimensionalen Differentialgleichungen abzuleiten.

(2) Kugelkoordinaten

$$x = r \sin\theta \cos\phi \qquad 0 \leq r < \infty \tag{3.45a}$$
$$y = r \sin\theta \sin\phi \qquad 0 \leq \theta < \pi \tag{3.45b}$$
$$z = r \cos\theta \qquad 0 \leq \phi < 2\pi \tag{3.45c}$$

In Kugelkoordinaten lautet der metrische Tensor g_{ij}

$$\mathrm{diag}(g_{ij}) = (1, r^2, r^2 \sin^2\theta) \tag{3.46a}$$

und der Laplace-Beltrami Operator

$$\Delta_{r\theta\phi} = \frac{1}{r^2} \frac{\partial}{\partial r} r^2 \frac{\partial}{\partial r} + \frac{1}{r^2 \sin\theta} \left(\frac{\partial}{\partial\theta} \sin\theta \frac{\partial}{\partial\theta} + \frac{\partial^2}{\partial\phi^2} \right) \; . \tag{3.46b}$$

Ein Quantensystem wird in sphärischen Koordinaten separabel, wenn für das Potenzial gilt

$$V(r, \theta, \phi) = V_1(r) + \frac{V_2(\theta)}{r^2} + \frac{V_3(\phi)}{r^2 \sin^2 \theta} \tag{3.47a}$$

$$V(x, y, z) = V_1(x^2 + y^2 + z^2) + \frac{1}{x^2 + y^2 + z^2} V_2\left(\frac{\sqrt{x^2 + y^2}}{z}\right)$$

$$+ \frac{1}{x^2 + y^2} V_3\left(\frac{y}{x}\right) \tag{3.47b}$$

Dies gilt für alle Systeme mit sphärischer Symmetrie, beispielsweise der sphärische Oszillator, das Kepler-System, Alkali Atome approximiert durch phänomenologische Potenziale, der Morse Oszillator und das Yukawa-Potenzial, um einige ausgewählte Beipiele zu nennen, die wir teilweise in späteren Kapiteln auch simulieren werden. Alle diese Quantensysteme haben ein Zentralpotenzial. Im nächsten Abschnitt werden wir den Drehimpulsoperator diskutieren, der in Kugelkoordinaten durch Gl. (3.80c) gegeben ist. Mit dem Laplace-Beltrami Operator aus Gl. (3.46b) folgt für Hamilton-Operatoren mit einem Zentralpotenzial

$$\hat{H} = -\frac{\hbar^2}{2\mu} \left[\frac{1}{r^2} \frac{\partial}{\partial r} r^2 \frac{\partial}{\partial r} - \frac{\hat{L}^2}{\hbar^2 r^2} \right] + \hat{V}(r) , \tag{3.48}$$

mit μ der Teilchenmasse oder für Zweiteilchensysteme der reduzierten Masse. Wählen wir zur Kennzeichnung der Eigenzustände die Drehimpulsquantenzahl l, die Magnetquantenzahl m und eine zusätzliche Quantenzahl n gegeben durch die Energie, so folgt die hamiltonische Eigenwertgleichung

$$\frac{2\mu}{\hbar^2} \langle r\theta\phi | \hat{H} | nlm \rangle = \langle r\theta\phi | \frac{\hat{L}^2}{\hbar^2 r^2} - \frac{1}{r^2} \frac{\partial}{\partial r} r^2 \frac{\partial}{\partial r} + \frac{2\mu \hat{V}(r)}{\hbar^2} | nlm \rangle$$

$$= \frac{2\mu}{\hbar^2} E \langle r\theta\phi | nlm \rangle . \tag{3.49}$$

Mit einem Produktansatz für die Wellenfunktion

$$\langle r\theta\phi | nlm \rangle = \langle r | R_{nl} \rangle \langle \theta\phi | lm \rangle \tag{3.50}$$

erhalten wir die radiale Schrödinger-Gleichung

$$\left[\frac{1}{r^2} \frac{d}{dr} r^2 \frac{d}{dr} + \frac{2\mu}{\hbar^2} \left(E - \hat{V}(r) - \frac{\hbar^2 \, l(l+1)}{2\mu r^2} \right) \right] \langle r | R_{nl} \rangle = 0 . \tag{3.51}$$

Diese Lösung hängt auch vom Drehimpuls l ab und folglich wird die radiale Wellenfunktion eindeutig durch den Drehimpuls l und die Quantenzahl n gekennzeichnet.

Für Bindungszustände wird die radiale Schrödinger-Gleichung meist in der folgenden Form dargestellt: Mittels

$$\langle r | R_{nl} \rangle = \frac{1}{r} \langle r | u_{nl} \rangle \tag{3.52a}$$

wird der radiale Beitrag des Laplace-Beltrami Operators

$$\left[\frac{1}{r^2}\frac{\partial}{\partial r}r^2\frac{\partial}{\partial r}\right]\frac{1}{r}\langle r|u_{nl}\rangle = \frac{1}{r}\frac{\partial^2}{\partial r^2}\langle r|u_{nl}\rangle \tag{3.52b}$$

und damit vereinfacht sich die radiale Schrödinger-Gleichung zu

$$\left[\frac{\partial^2}{\partial r^2} + \frac{2\mu}{\hbar^2}\left(E - \hat{V}(r) - \frac{\hbar^2\,l(l+1)}{2\mu r^2}\right)\right]\langle r|u_{nl}\rangle = 0\ . \tag{3.52c}$$

(3) Zylinderkoordinaten

$$x = \rho\cos\phi \qquad 0 \le \rho < \infty \tag{3.53a}$$
$$y = \rho\sin\phi \qquad 0 \le \phi < 2\pi \tag{3.53b}$$
$$z = z \qquad\qquad -\infty < z < \infty \tag{3.53c}$$

Der metrische Tensor g_{ij} ist in Zylinderkoordinaten

$$\mathrm{diag}(g_{ij}) = (1, \rho^2, 1) \tag{3.54a}$$

und der Laplace-Beltrami Operator

$$\Delta_{\rho\phi z} = \frac{1}{\rho}\frac{\partial}{\partial\rho}\rho\frac{\partial}{\partial\rho} + \frac{1}{\rho^2}\frac{\partial^2}{\partial\phi^2} + \frac{\partial^2}{\partial z^2}\ . \tag{3.54b}$$

Ein Quantensystem wird separabel in Zylinderkoordinaten wenn für das Potenzial gilt

$$V(\rho,\phi,z) = V_1(\rho) + \frac{1}{\rho^2}V_2(\phi) + V_3(z) \tag{3.55a}$$

$$V(x,y,z) = V_1(x^2+y^2) + \frac{1}{x^2+y^2}V_2\left(\frac{y}{x}\right) + V_3(z)\ . \tag{3.55b}$$

Das freie Elektron im homogenen Magnetfeld ist ein wichtiges Anwendungsbeispiel für ein System mit zylindrischer Symmetrie und wird im Abschnitt (3.5.3) diskutiert.

(4) Parabolische Koordinaten

$$x = \sqrt{\zeta\eta}\cos\phi \qquad 0 \le \zeta < \infty \tag{3.56a}$$
$$y = \sqrt{\zeta\eta}\sin\phi \qquad 0 \le \eta < \infty \tag{3.56b}$$
$$z = \frac{1}{2}(\zeta - \eta) \qquad 0 \le \phi < 2\pi \tag{3.56c}$$

Der metrische Tensor g_{ij} ist in parabolischen Koordinaten

$$\mathrm{diag}(g_{ij}) = (g_{\eta\eta}, g_{\zeta\zeta}, g_{\phi\phi}) = \left(\frac{1}{4}\frac{\eta+\zeta}{\eta}, \frac{1}{4}\frac{\eta+\zeta}{\zeta}, \eta\zeta\right)\ , \tag{3.57a}$$

und der Laplace-Beltrami Operator durch

$$\Delta_{\eta\zeta\phi} = \frac{4}{\eta + \zeta}\left[\frac{\partial}{\partial\eta}\eta\frac{\partial}{\partial\eta} + \frac{\partial}{\partial\zeta}\zeta\frac{\partial}{\partial\zeta}\right] + \frac{1}{\eta\zeta}\frac{\partial^2}{\partial\phi^2} \tag{3.57b}$$

gegeben. Separabiltät erreichen wir, wenn für das Potenzial gilt

$$V(\eta, \zeta, \phi) = \frac{\eta}{\eta + \zeta}V_1(\eta) + \frac{\zeta}{\eta + \zeta}V_2(\zeta) + \frac{1}{\eta\zeta}V_3(\phi) \tag{3.58a}$$

$$V(x, y, z) = \left(1 - \frac{z}{\sqrt{x^2 + y^2 + z^2}}\right)V_1(\sqrt{x^2 + y^2 + z^2} - z)$$

$$+ \left(1 + \frac{z}{\sqrt{x^2 + y^2 + z^2}}\right)V_2(\sqrt{x^2 + y^2 + z^2} + z)$$

$$+ \frac{1}{x^2 + y^2}V_3\left(\frac{y}{x}\right). \tag{3.58b}$$

Wichtige Anwendungsbeispiele sind die Rutherford-Streuung und der Stark Effekt.

(5) Elliptische Zylinderkoordinaten

$$x = d\cosh\alpha\cos\beta \qquad 0 \le \alpha < \infty \tag{3.59a}$$
$$y = d\sinh\alpha\sin\beta \qquad 0 \le \beta < 2\pi \tag{3.59b}$$
$$z = z \qquad -\infty < z < \infty, \quad d > 0 \text{ und konstant} \tag{3.59c}$$

(6) Prolat spheroidale Koordinaten

$$x = f\sqrt{(\zeta^2 - 1)(1 - \eta)^2}\cos\phi \qquad 1 \le \zeta < \infty \tag{3.60a}$$
$$y = f\sqrt{(\zeta^2 - 1)(1 - \eta)^2}\sin\phi \qquad -1 \le \eta \le 1 \tag{3.60b}$$
$$z = f\zeta\eta \qquad 0 \le \phi < 2\pi, \quad f > 0 \text{ und konstant} \tag{3.60c}$$

(7) Oblat spheroidale Koordinaten

$$x = f\zeta\sqrt{1 - \eta^2}\cos\phi \qquad 1 \le \zeta < \infty \tag{3.61a}$$
$$y = f\zeta\sqrt{1 - \eta^2}\sin\phi \qquad -1 \le \eta \le 1 \tag{3.61b}$$
$$z = f\eta\sqrt{\zeta^2 - 1} \qquad 0 \le \phi < 2\pi, \quad f > 0 \text{ und konstant} \tag{3.61c}$$

(8) Semiparabolische Zylinderkoordinaten

$$x = \frac{1}{2}(\zeta^2 - \eta^2) \qquad 0 \le \zeta < \infty \tag{3.62a}$$
$$y = \zeta\eta \qquad -\infty < \eta < \infty \tag{3.62b}$$
$$z = z \qquad -\infty < z < \infty \tag{3.62c}$$

(9) Parabolische Koordinaten

$$x = 2c \cosh \alpha \cos \beta \sinh \gamma \qquad 0 \leq \alpha < \infty \tag{3.63a}$$

$$y = 2c \sinh \alpha \sin \beta \cosh \gamma \qquad 0 \leq \gamma < \infty \tag{3.63b}$$

$$z = \frac{c}{2}(\cosh 2\alpha + \cos 2\beta - \cosh 2\gamma) \qquad 0 \leq \beta < 2\pi, \tag{3.63c}$$

$$c \neq 0 \text{ und konstant}$$

(10) Ellipsoidale Koordinaten

$$x = \pm\sqrt{\frac{(\mu - a)(\nu - a)(\rho - a)}{a(a+1)}} \qquad a \leq \mu < \infty \tag{3.64a}$$

$$y = \pm\sqrt{\frac{(\mu - 1)(\nu - 1)(\rho - 1)}{1 - a}} \qquad 1 \leq \nu \leq a \tag{3.64b}$$

$$z = \pm\sqrt{\frac{\mu\nu\rho}{a}} \qquad 0 \leq \rho \leq 1, \quad a > 1 \text{ und konstant} \tag{3.64c}$$

(11) Kegelkoordinaten

$$x = \pm r \frac{(b\mu - 1)(b\nu - 1)}{1 - b} \qquad 0 \leq r < \infty \tag{3.65a}$$

$$y = \pm r \frac{b(\mu - 1)(\nu - 1)}{b - 1} \qquad 1 \leq \mu \leq \frac{1}{b} \tag{3.65b}$$

$$z = \pm r\sqrt{b\mu\nu} \qquad 0 \leq \nu < 1 \quad 0 < b < 1 \text{ und konstant} \tag{3.65c}$$

Semiparabolische Koordinaten. Semiparabolische Koordinaten bilden kein eigenständiges zusätzliches Koordinatensystem, vielmehr können sie von den semiparabolischen Zylinderkoordinaten abgeleitet werden. Semiparabolische Koordinaten erlauben, die Coulombsingularität am Ursprung zu heben. Damit erhält man einen bemerkenswerten Zusammenhang zwischen harmonischem Oszillator und Wasserstoffatom, den wir an Beispielen im Abschnitt (3.5.2) näher betrachten wollen. Diese Zusammenhang wurde ebenfalls unter klassischen Gesichtspunkten bereits diskutiert, vgl. Abschnitt 1.4.1.

Die semiparabolischen Koordinaten sind durch folgendes Gleichungssystem definiert:

$$x = \zeta\eta\cos\phi \qquad 0 \leq \zeta < \infty \tag{3.66a}$$

$$y = \zeta\eta\sin\phi \qquad 0 \leq \eta < \infty \tag{3.66b}$$

$$z = \frac{1}{2}(\zeta^2 - \eta^2) \qquad 0 \leq \phi < 2\pi . \tag{3.66c}$$

Der metrische Tensor ist durch

$$\mathrm{diag}(g_{ij}) = (g_{\eta\eta}, g_{\zeta\zeta}, g_{\phi\phi}) = (\eta^2 + \zeta^2) \cdot \left(1, 1, \frac{\eta^2\zeta^2}{\eta^2 + \zeta^2}\right) \tag{3.67a}$$

gegeben und der Laplace-Beltrami Operator durch

$$\Delta_{\eta\zeta\phi} = \frac{1}{\eta^2 + \zeta^2} \left(\frac{1}{\eta}\frac{\partial}{\partial\eta}\eta\frac{\partial}{\partial\eta} + \frac{1}{\zeta}\frac{\partial}{\partial\zeta}\zeta\frac{\partial}{\partial\zeta} + \left(\frac{1}{\eta^2} + \frac{1}{\zeta^2}\right)\frac{\partial^2}{\partial\phi^2} \right) . \tag{3.67b}$$

Quantensysteme sind separabel in semiparabolischen Koordinaten wenn für das Potenzial gilt

$$V(\eta,\zeta,\phi) = \frac{1}{\eta^2 + \zeta^2}\left(V_1(\eta) + V_2(\zeta)\right) + \frac{1}{\eta^2\zeta^2}V_3(\phi) \tag{3.68a}$$

$$V(x,y,z) = \frac{1}{x^2+y^2+z^2}\left(V_1(\sqrt{\sqrt{x^2+y^2+z^2}-z})\right.$$
$$\left. + V_2(\sqrt{\sqrt{x^2+y^2+z^2}+z})\right)$$
$$+ \frac{1}{x^2+y^2}V_3(\frac{y}{x}) . \tag{3.68b}$$

Elliptische Koordinaten

$$x = \frac{1}{2}R\sqrt{\mu^2 + \nu^2 - \mu\nu - 1}\cos\phi \quad 0 \le \phi \le 2\pi \tag{3.69a}$$

$$y = \frac{1}{2}R\sqrt{\mu^2 + \nu^2 - \mu\nu - 1}\sin\phi \quad\quad 1 \le \mu \tag{3.69b}$$

$$z = -\frac{1}{2}R\mu\nu \quad\quad -1 \le \nu \le 1 \quad R \ge 0 \text{ und konstant} \tag{3.69c}$$

Das einzige Molekül für das die Schrödinger-Gleichung exakt gelöst werden kann, ist das Wasserstoffmolekülion H_2^+ in Born-Oppenheimer Approximation.

Polarkoordinaten

$$x = r\sin\phi \quad\quad r \ge 0 \tag{3.70a}$$
$$y = r\cos\phi \quad\quad 0 \le \phi \le 2\pi \tag{3.70b}$$

Polarkoordinaten spielen eine wichtige Rolle zur teilweisen Separation oder für zweidimensionale Systeme. Auf Grund ihrer Ähnlichkeit zu den Kugelkoordinaten sparen wir uns hier eine Vertiefung.

Jacobikoordinaten. Jacobikoordinaten werden bei Mehrteilchensysteme angewandt. Für N Teilchen derselben Masse sind sie definiert durch

$$\vec{x}_k = \frac{1}{k}\sum_{i=1}^{k}\vec{r}_i - \vec{r}_{k+1} , \quad k = 1, 2, \cdots, N - 1 \tag{3.71a}$$

$$\vec{x}_N = \vec{R} = \frac{1}{N}\sum_{1=1}^{N}\vec{r}_i . \tag{3.71b}$$

wobei $\vec{r}_i$ die Koordinaten der einzelnen Teilchen sind und $\vec{R}$ der Schwerpunktsvektor. Für die kinetische Energie $\hat{T}$ in Jacobikoordinaten gilt

$$\hat{T} = -\frac{\hbar^2}{2Nm}\Delta_{\vec{R}} - \sum_{k=1}^{N-1}\frac{\hbar^2}{2\mu_k}\Delta_{\vec{x}_k} \,, \quad \mu_k = \frac{k}{k+1}m \,, \tag{3.72}$$

mit m als Teilchenmasse.

Hypersphärische Koordinaten Hypersphärische Koordinaten sind sphärische Koordinaten in N Dimensionen und mithin eine Verallgemeinerung der Kugelkoordinaten:

$$\begin{aligned}
x_1 &= r\cos\theta_1 \\
x_2 &= r\sin\theta_1\cos\theta_2 \\
x_3 &= r\sin\theta_1\sin\theta_2\cos\theta_3 \\
&\;\vdots \\
x_N &= r\sin\theta_1\sin\theta_2\cdots\sin\theta_{N-1}
\end{aligned} \tag{3.73a}$$

und

$$\sum_{i=1}^{N}x_i^2 = r^2 \,. \tag{3.73b}$$

3.2 Drehimpuls

3.2.1 Grundlagen

Bereits vor der Existenz der Schrödinger-Gleichung wurde das Energiespektrum des Wasserstoffatoms mit Hilfe der Drehimpuls- und Runge-Lenz-Operatoren berechnet. Es ist also nicht verwunderlich, dass die Drehimpulsoperatoren eine gewichtige Rolle in der Quantenmechanik spielen. Klassisch ist der Drehimpuls durch $\vec{L} = \vec{r}\times\vec{p}$ definiert, mit $\vec{r}$ und $\vec{p}$ kanonisch konjugierten Koordinaten und Impulse. Eine analoge Definition gilt für den Bahndrehimpulsoperator $\hat{\vec{L}}$.

Für die Komponenten des Bahndrehimpulsoperators gelten die folgenden Kommutatorrelationen:

$$[\hat{r}_i, \hat{L}_j] = \epsilon_{ijk}\,i\hbar\,\hat{r}_k \tag{3.74a}$$

$$[\hat{p}_i, \hat{L}_j] = \epsilon_{ijk}\,i\hbar\,\hat{p}_k \tag{3.74b}$$

$$[\hat{L}_i, \hat{L}_j] = \epsilon_{ijk}\,i\hbar\,\hat{L}_k \quad, \tag{3.74c}$$

die gelegentlich durch die leicht erinnerbare Kurzform

$$\vec{r}\times\hat{\vec{L}} = i\hbar\vec{r}, \cdots, \hat{\vec{L}}\times\hat{\vec{L}} = i\hbar\hat{\vec{L}} \quad. \tag{3.74d}$$

beschrieben werden. Was folgt aus der Existenz dieser Kommutatorrelationen? Nach Gl. (3.9b) können wir nicht gleichzeitig die Eigenwerte aller drei Drehimpulskomponenten bestimmen. Die Messung einer Komponente führt zu einer Unkenntnis der Ordnung $\hbar$ der anderen Komponenten. Aber was wir können, ist simultan eine beliebige Komponente und das Quadrat des Drehimpulses $\hat{L}^2 = \hat{L}_1^2 + \hat{L}_2^2 + \hat{L}_3^2$ messen, da $\hat{L}^2$ mit jeder Komponente kommutiert:

$$[\hat{L}^2, \hat{L}_i] = 0 \ , \ i = 1, \cdots, 3 \quad . \tag{3.75}$$

Folglich können die Drehimpulseigenzustände durch den Eigenwert von $\hat{L}^2$ und einer beliebigen Komponente gekennzeichnet werden. Üblicherweise wählt man dazu $\hat{L}^2$ und $\hat{L}_z$. Bezeichnen wir die korrespondierenden Eigenwerte mit l und m, so folgt

$$\begin{aligned} \hat{L}^2 |lm\rangle &= l(l+1)\hbar^2 |lm\rangle \quad l = 0, 1, 2, \cdots \quad \text{und} \\ \hat{L}_z |lm\rangle &= m\hbar |lm\rangle \quad m = -l, -l+1, \cdots, l-1, l \ . \end{aligned} \tag{3.76}$$

Für die Eigenzustände des Drehimpulsoperators $\hat{L}_3$ verschwinden auf Grund der Kommutatorrelationen, Gl (3.74), die Erwartungswerte $< \hat{O} >$ der Observablen $\hat{x}_1, \hat{x}_2, \hat{p}_1$ und $\hat{p}_2$.

Für die praktische Berechnung von Eigenwerten und Eigenfunktionen von $\hat{L}^2$ und $\hat{L}_z$ sind die nicht-hermiteschen Auf- und Absteigeoperatoren

$$\hat{L}_+ = \hat{L}_x + i\hat{L}_y \quad \text{and} \quad \hat{L}_- = \hat{L}_x - i\hat{L}_y \ , \tag{3.77}$$

mit den Kommutator-Relationen

$$[\hat{L}_z, \hat{L}_\pm] = \pm\hbar\hat{L}_\pm \quad \text{and} \quad [\hat{L}_+, \hat{L}_-] = 2\hbar\hat{L}_z \ , \tag{3.78}$$

und

$$\hat{L}_\pm |lm\rangle = \hbar\sqrt{l(l+1) - m(m \pm 1)}\, |lm \pm 1\rangle \tag{3.79}$$

nützlich. In sphärischen Koordinaten, Gl. (3.45) gilt

$$\hat{L}_z = \frac{\hbar}{i} \frac{\partial}{\partial\phi} \tag{3.80a}$$

$$\hat{L}_\pm = \hbar\exp(\pm i\phi)\left(\pm\frac{\partial}{\partial\theta} + i\cot\theta\frac{\partial}{\partial\phi}\right) \tag{3.80b}$$

$$\hat{L}^2 = -\hbar^2\left(\sin\theta\frac{\partial}{\partial\theta}(\sin\theta\frac{\partial}{\partial\theta}) + \frac{1}{\sin^2\theta}\frac{\partial^2}{\partial\phi^2}\right) \tag{3.80c}$$

mit den Eigenfunktionen von $\hat{L}^2$ und $\hat{L}_z$

$$\langle\theta\phi|lm\rangle = Y_{l,m}(\theta,\phi) = (-1)^m \exp(im\phi) \left[\frac{(2l+1)\,(l-|m|)!}{4\pi(l+|m|)!}\right]^{1/2} P_l^{|m|}(\cos\theta)$$

$$= \frac{(-1)^m}{2^l l!} \left[\frac{(2l+1)\,(l-m)!}{4\pi(l+m)!}\right]^{1/2} \exp(im\phi)$$

$$\sin^m\theta \left(\frac{d}{d\cos\theta}\right)^{l+m} (\cos^2\theta - 1)^l\,. \tag{3.81}$$

$Y_{l,m}(\theta,\phi)$ sind die Kugelfächenfunktionen und $P_l^m(\cos\theta)$ die assoziierten Legendrefunktionen. Die Kugelflächenfunktionen erfüllen die folgende Symmetrie:

$$Y_{l,-m} = (-1)^m Y_{l,m}^*\,. \tag{3.82}$$

Kugelflächenfunktionen berechnen. Mit dem folgenden Skript `KugelFlFun.m` lassen sich die Kugelflächenfunktionen berechnen:

```
theta = linspace(0,2*pi,100);
phi   = linspace(0,2*pi,100);
[Theta,Phi] = meshgrid(theta,phi);
x = cos(Theta);
l = 2;
y3 = legendre(l,x);
for m = 0:l
    k=m+1;
    yphi = (-1)^m * sqrt((2*l+1)*factorial(l-m)/(4*pi*factorial(l+m))) ...
          .*exp(i*m*Phi);
    eval(['Y_',num2str(l),num2str(m),' = ',...
          'squeeze(y3(k,:,:)).*yphi;']);
end
```

`legendre(l,x)` berechnet alle assoziierten Legendre-Polynome $0 \le m \le l$. Der Rückgabewert „y3" ist ein dreidimensionales Array. Der erste Index hat den Wert $m+1$. In der For-Schleife tritt der Ausdruck `squeeze(...)` auf. Für „y3(k,:,:)", k fest, besteht der erste Index nur aus dem Wert 1 ist also ein stummer Index. `squeeze` sorgt dafür, dass nur ein zwei-dimensionales Array übrigbleibt. Zu jedem $Y_{lm}(\theta,\phi)$ wollen wir eine Variable mit dem Namen „Y_lm" erstellen. Dies bewerkstelligt `eval`. Vor dem Gleichheitszeichen wird der Name generiert und danach ein entsprechender Wert zugeordnet. Abb. (3.3) zeigt als Beispiel die Kugelflächenfunktionen für $l = 2$.

Drehimpulskopplung. Neben dem Bahndrehimpuls besitzen Quantenteilchen einen Spin $\hat{S}$. Da der Spin nicht mit dem Raum verknüpft ist kommutieren beide. Der Gesamtdrehimpuls $\hat{J}$ ist durch $\hat{J} = \hat{L} + \hat{S}$ gegeben. Sind $\hat{J}^1$ und $\hat{J}^2$ zwei Drehimpulsoperatoren mit $[\hat{J}^1, \hat{J}^2] = 0$, dann gilt für den Gesamtdrehimpulsoperator $\hat{J} = \hat{J}^1 + \hat{J}^2$. Die zugehörigen Eigenkets können durch $|j_1 m_1, j_2 m_2\rangle$ oder $|j_1 j_2 JM\rangle$ gekennzeichnet werden. Dabei sind j_i, m_i die Quantenzahlen der einzelnen Drehimpulsperatoren und

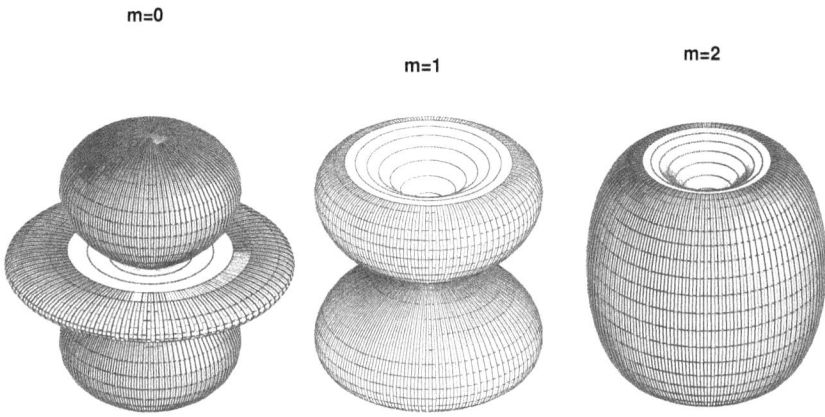

Abbildung 3.3: *Absolutbetrag $|Y_{2,m}|$ der Kugelflächenfunktion zu $l = 2$ in polarer Darstellung.*

J, M die des Gesamtdrehimpulsoperators. Zwischen beiden Darstellungen vermitteln die Clebsch-Gordan Koeffizienten (CG)[29, 30] oder Wigner-Koeffizienten - eine unitäre Transformation:

$$|j_1 j_2 JM\rangle = \sum_{m_1 m_2} \underbrace{C(j_1 j_2 J; m_1 m_2 M)}_{CG} |j_1 m_1\rangle |j_2 m_2\rangle .\tag{3.83}$$

Die erlaubten Werte von J laufen von $j_1 + j_2$ bis $|j_1 - j_2|$ in Schritten von eins und es gilt $M = m_1 + m_2$. Für die Zustände $|j_1 j_2 JM\rangle$ gilt

$$\sum_{J=|j_1-j_2|}^{j_1+j_2} (2J + 1) = (2j_1 + 1)(2j_2 + 1) .\tag{3.84}$$

Die 3j-Symbole

$$\begin{pmatrix} j_1 & j_2 & J \\ m_1 & m_2 & M \end{pmatrix} = \frac{(-1)^{j_1-j_2-M}}{\sqrt{2J+1}} C(j_1 j_2 J; m_1 m_2 M) .\tag{3.85}$$

sind modifizierte Clebsch-Gordan Koeffizienten und auf Grund ihrer Symmetrieeigenschaften für praktische Berechnungen besonders nützlich; beim Vertauschen der Spalten oder beim Ersetzen von m_i durch $-m_i$ bzw. M durch $-M$ werden sie durch $(-1)^{j_1+j_2+J}$ multipliziert.

Die Clebsch-Gordan Koeffizienten erfüllen die folgenden Orthogonalitätsrelationen

$$\sum_{m_1=-j_1}^{j_1} \sum_{m_2=-j_2}^{j_2} C(j_1 j_2 J'; m_1 m_2 M') C(j_1 j_2 J; m_1 m_2 M) = \delta_{JJ'} \delta_{MM'} \quad ,\tag{3.86a}$$

$$\sum_{J=|j_1-j_2|}^{j_1+J_2} \sum_{M=-J}^{J} C(j_1 j_2 J; m_1' m_2' M) C(j_1 j_2 J; m_1 m_2 M) = \delta_{m_1 m_1'} \delta_{m_2 m_2'} \qquad (3.86b)$$

und lassen sich gemäß

$$C(j_1 j_2 J; m_1 m_2 M) =$$

$$\delta_{M m_1+m_2} \sqrt{\frac{(j_1+j_2-J)!(J+j_1-j_2)!(J+j_1+j_2)!(2j+1)}{(J-j_1+j_2+1)!}} \quad \times \qquad (3.87)$$

$$\sum_s \frac{(-1)^s \sqrt{(j_1+m_1)!(j_1-m_1)!(j_2+m_2)!(j_2-m_2)!(J+M)!(J-M)!}}{s!(j_1+j_2-J-s)!(j_1-m_1-s)!(j_2+m_2-s)!(J-j_2+m_1+s)!(J-j_1-m_2+s)!}$$

berechnen. Die Summation läuft über alle positiven ganzzahligen Werte „s" für die alle Falkultäten in der Summe größer oder gleich Null sind. Das Programm *ClebschGordan.m* erlaubt die Berechnung der Clebsch-Gordan Koeffizienten. Hier einige wenige Zeilen aus dem Programm:

```
function ClebschGordanKoeff = ClebschGordan(j1,j2)
...
m1 = -j1:j1;
m2 = -j2:j2;
[M1,M2] = meshgrid(m1,m2)
M3 = M1 + M2;
...
vorfakj3 = [j1+j2-j3(n),j3(n)+j1-j2,j3(n)+j2-j1];
vorfakj3 = factorial(vorfakj3);
vorfakj3 = sqrt((2*j3(n)+1)*prod(vorfakj3)/factorial(j3(n)+j1+j2+1));
...
Ergebnis = [Ergebnis;[j1,j2,j3(n),m1r,m2r,m3r,vorfakj3*Summe]];
ClebschGordanKoeff = array2table(Ergebnis);
ClebschGordanKoeff.Properties.VariableNames = ...
                    {'j1' 'j2' 'J' 'm1' 'm2' 'm3' 'CB'};
```

Mittels `meshgrid` werden Matrizen erzeugt, so dass „M1" zeilenweise alle m1-Werte durchläuft und entsprechend der Anzahl k der m2-Werte in k Spalten wiederholt. „M2" ist dagegen spaltenweise aufgebaut, so dass in M3 = M1 + M2 alle Kombinationen auftreten. `meshgrid` wird meist bei Flächenplots eingesetzt. `factorial` berechnet die Fakultät. Ist das Argument ein Vektor wie hier, so wird `factorial` elementweise ausgeführt. `prod` bildet das Produkt über alle Elemente. Mit `array2table` wird das Ergebnis in eine Tabelle geschrieben und die Spaltenköpfe mittels `ClebschGordanKoeff.Properties.VariableNames` beschriftet. Beispiel:

```
>> cb = ClebschGordan(3/2,1/2)
M1 =
    -1.5000    -0.5000     0.5000     1.5000
```

```
   -1.5000    -0.5000     0.5000     1.5000

M2 =
   -0.5000    -0.5000    -0.5000    -0.5000
    0.5000     0.5000     0.5000     0.5000

cb =
    j1       j2       J      m1       m2       M        CB

   ---      ---      -     ----     ----     --     --------
   1.5      0.5      1     -1.5      0.5     -1     -0.86603
   1.5      0.5      1     -0.5     -0.5     -1          0.5
   ...      ...      ...    ...      ...     ...        ...
```

3.2.2 Die Eulerschen Winkel

Die Eulerschen Winkel beschreiben die Lage zweier rechtwinkliger Koordinatensysteme mit gemeinsamen Ursprung zueinander[30]. Transformieren wir das Koordinatensystem so sprechen wir von einer passiven Transformation und bei Rotation des physikalischen Objekts von einer aktiven Transformation. Abb. (3.4) zeigt als Beispiel eine aktive Transformation.

Zur Festlegung der Euler-Winkel starten wir mit einem Initialsystem X, Y, Z und einer ersten Rotation α, $0 \le \alpha < 2\pi$, um die Z Achse. Dies führt zu dem neuen System $X_1, Y_1, Z_1 \equiv Z$, das nun mit dem Winkel β, $0 \le \beta < \pi$ um die Y_1-Achse rotiert wird und in dem neuen Zwischensystem $X_2, Y_2 \equiv Y_1, Z_2$ resultiert. Letzter Schritt ist die Rotation mit dem Euler-Winkel γ, $0 \le \gamma < 2\pi$, um die Z_2-Achse. Dies führt zum rotierten System $X', Y', Z' \equiv Z_2$. Diese einzelnen Schritte lassen sich kompakt mittels folgender Gleichung (3.88) zusammenfassen:

$$(X, Y, Z) \; \overrightarrow{\{Z; \alpha\}} \; (X_1, Y_1, Z_1) \; \overrightarrow{\{Y_1; \beta\}} \; (X_2, Y_2, Z_2) \; \overrightarrow{\{Z_2; \gamma\}} \; (X', Y', Z') \, . \tag{3.88}$$

Sei $\hat{L}_a$ der Drehimpulsoperator bezüglich der Achse a. Die Rotation der Wellenfunktion führt zu:

$$\langle \vec{r'} | \psi \rangle = D(\alpha, \beta, \gamma) \langle \vec{r} | \psi \rangle \tag{3.89a}$$

mit

$$D(\alpha, \beta, \gamma) = \exp\left(-\frac{i}{\hbar} \gamma \hat{L}_{Z_2}\right) \exp\left(-\frac{i}{\hbar} \beta \hat{L}_{Y_1}\right) \exp\left(-\frac{i}{\hbar} \alpha \hat{L}_Z\right) \, . \tag{3.89b}$$

Die Rotationen im obigen Ausdruck erfolgen über unterschiedliche Koordinatensysteme. Einfacher ist es, die gesamte Rotation über das ursprüngliche Koordinatensystem (X, Y, Z) zu formulieren. Dazu drehen wir jeweils das neue Achsensystem wieder zurück zum Ausgangskoordinatensystem und rotieren dann statt um die neue Achse um das ursprüngliche Achsensystem. Dies führt für die erste Rotation zu

$$\exp\left(-\frac{i}{\hbar} \beta \hat{L}_{Y_1}\right) = \exp\left(-\frac{i}{\hbar} \alpha \hat{L}_Z\right) \exp\left(-\frac{i}{\hbar} \beta \hat{L}_Y\right) \exp\left(\frac{i}{\hbar} \alpha \hat{L}_Z\right) \, ,$$

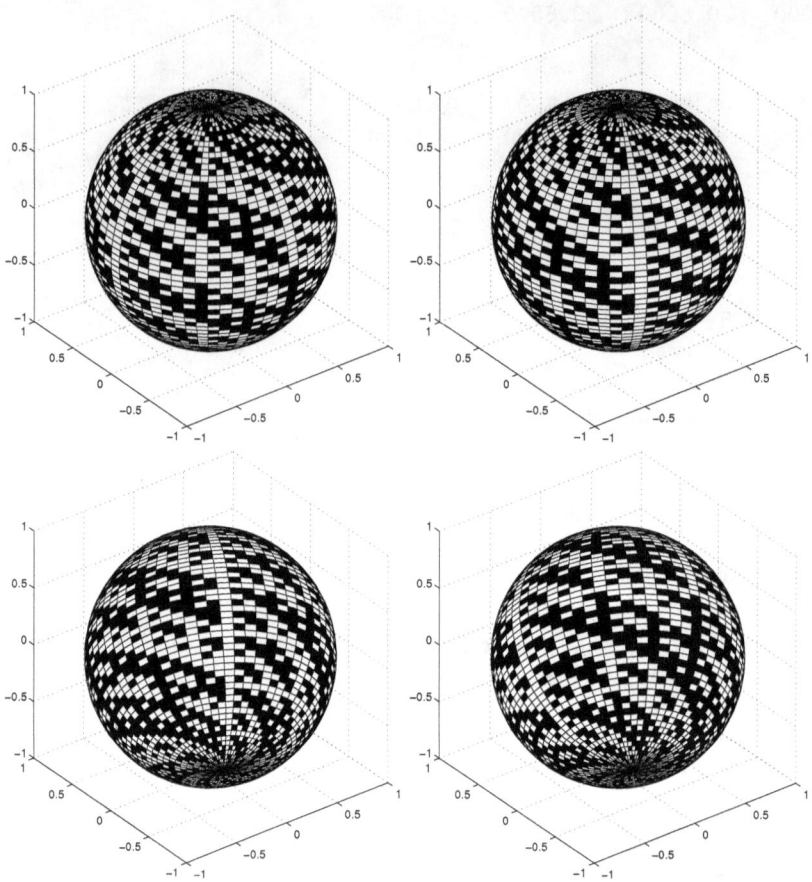

Abbildung 3.4: *Grafisches Beispiel einer aktiven Koordinatenrotation. Links oben sind das körperfeste und das Laborsystem in Übereinstimmung. Um die Koordinatenrotation zu verfolgen, ist die Kugel mit einer Zufallsstruktur überdeckt. Auf der linken Seite läuft ein weißes Band vom Nord- zum Südpol. Die Z-Achse läuft durch die Pole. 1. Schritt: Rotation um die Z-Achse; das ergibt die Kugel rechts oben. 2. Schritt: Rotation um die neue Y_1-Achse, dies führt zur Kugel links unten. Letzter Schritt: Rotation um die neue Z_2-Achse (Kugel rechts unten).*

und schließlich zu

$$D(\alpha, \beta, \gamma) = \exp\left(-\frac{i}{\hbar}\alpha\hat{L}_Z\right) \exp\left(-\frac{i}{\hbar}\beta\hat{L}_Y\right) \exp\left(-\frac{i}{\hbar}\gamma\hat{L}_Z\right) . \qquad (3.89c)$$

Die Matrixelemente endlicher Drehungen. Wie verändern sich die Kugelflächenfunktionen unter einer räumlichen Drehung?

$$Y_{lm}(\theta', \phi') = D(\alpha, \beta, \gamma)Y_{lm}(\theta, \phi) .$$

Der Dreimpulsoperator wirkt ausschließlich auf die Magnetquantezahl m, die Drehimpulsquantenzahl l bleibt unberührt. Daher gilt

$$Y_{lm}(\theta', \phi') = \sum_{m'=-l}^{m'=l} D_{m,m'}^l Y_{lm'}(\theta, \phi) \tag{3.90a}$$

mit

$$D_{m,m'}^l = \langle lm' | D(\alpha, \beta, \gamma) | lm \rangle$$

$$= \exp\left(-i(\alpha m' - \gamma m)\right) \langle lm' | \exp\left(-\frac{i}{\hbar} \beta \hat{L}_Y\right) | lm \rangle \tag{3.90b}$$

$$= \exp\left(-i(\alpha m' - \gamma m)\right) d_{m,m'}^l(\beta) , \tag{3.90c}$$

und

$$d_{m,m'}^l(\beta) = \left[\frac{(l+m)!(l-m)!}{(l+m')!(l-m')!}\right]^{\frac{1}{2}} \cdot \sum_{k=0}^{\min(l-m, l-m')} (-1)^{l-m-k}$$

$$\cdot \binom{l+m'}{l-m-k}\binom{l-m'}{k} \tag{3.91}$$

$$\cdot (\cos \beta/2)^{2k+m+m'} (\sin \beta/2)^{2l-2k-m-m'} .$$

Die Matrixelemente $d_{m,m'}^l$ lassen sich mittels Jacobi-Polynome kompakter darstellen.

$$d_{m,m'}^l(\beta) = \left[\frac{(l+m)!(l-m)!}{(l+m')!(l-m')!}\right]^{\frac{1}{2}} (\cos \beta/2)^{m+m'} (\sin \beta/2)^{m-m'}$$

$$P_{l-m}^{(m-m', m+m')}(\cos \beta) . \tag{3.92}$$

Jacobi-Polynome. Die Jacobi-Polynome gehören zu den orthogonalen Polynomen und lassen sich rekursiv berechnen:

$$P_0^{\alpha, \beta}(x) = 1 \tag{3.93}$$

$$P_1^{\alpha, \beta}(x) = \frac{1}{2}(\alpha - \beta + (\alpha + \beta + 2) \cdot x) \tag{3.94}$$

$$P_{n+1}^{\alpha, \beta}(x) = \left[(a_{n,2} + a_{n,3} \cdot x) P_n^{\alpha, \beta}(x) - a_{n,4} P_{n-1}^{\alpha, \beta}(x)\right] \backslash a_{n,1} \tag{3.95}$$

mit den Koeffizienten

$$a_{n,1} = 2(n+1)(n+\alpha+\beta+1)(2n+\alpha+\beta) \tag{3.96}$$

$$a_{n,2} = (2n+\alpha+\beta+1)(\alpha^2 - \beta^2) \tag{3.97}$$

$$a_{n,3} = (2n+\alpha+\beta+1)(2n+\alpha+\beta+1)(2n+\alpha+\beta+2) \tag{3.98}$$

$$a_{n,4} = 2(n+\alpha)(n+\beta)(2n+\alpha+\beta+2) . \tag{3.99}$$

Dies läßt sich einfach in MATLAB programmieren. Wir müssen nur beachten, dass Indizes bei 1 beginnen.

```
function Ps = JacobiPolRek(n,alpha,beta,x)
% Rekursive Berechnung der Jacobi-Polynome
% P_n = P(n+1)
n=n+1;
P = ones(size(x));
P = repmat(P,n,1);
P(2,:) = 1/2*(alpha-beta+(alpha+beta+2).*x);
for k=3:n
    a(1) = 2*k*(k+alpha+beta)*(2*k-2+alpha+beta);
    a(2) = (2*k-1+alpha+beta)*(alpha^2-beta^2);
    a(3) = (2*k-2+alpha+beta)*(2*k-1+alpha+beta).*(2*k+alpha+beta);
    a(4) = 2*(k-1+alpha)*(k-1+beta)*(2*k+alpha+beta);
    %
    P(k,:) = ((a(2)+a(3) .* x).*P(k-1,:) - a(4).*P(k-2,:))./a(1);
end
Ps.P = P;
Ps.n = n-1;
Ps.alpha = alpha;
Ps.beta = beta;
Ps.x = x;
```

Die Jacobi-Polynome erfüllen die folgende Symmetrierelation:

$$P_n^{\alpha,\beta}(-x) = (-1)^n P_n^{\beta,\alpha}(x) \, . \tag{3.100}$$

`repmat` erstellt ein Array, so dass jeder x-Wert eine eigene Spalte und jedes Jacobi-Polynom eine eigenen Zeile besitzt, in Zeile $(n+1)$ steht $P_n^{\alpha,\beta}$. Der Rückgabewert ist eine Struktur, deren Feldelemente alle notwendigen Informationen enthält. Beispielsweise liefert uns >> `Ps = JacobiPolRek(7,3,3/2,x)`; die Struktur

```
>> Ps
Ps =
        P: [8x100 double]
        n: 7
    alpha: 3
     beta: 1.5000
        x: [1x100 double]
```

zurück und mittels `plot(Ps.x,Ps.P(7,:)` könnten wir das Jacobi-Polynom $P_6^{3,1.5}(x)$ plotten. Die Funktionen $d_{m,m'}^l(\beta)$ lassen sich mit dem beigefügten Programm `dlmm.m` berechnen.

3.2.3 Kurze Übersicht der MATLAB-Programme

KugelFlFun.m Berechnung der Kugelflächenfunktionen.

ClebschGordan.m Berechnung der Clebsch-Gordan Koeffizienten.

JacobiPolRek.m dient der Berechnung der Jacobi-Polynome. Darauf setzt dann die Funktion `dlmm.m` zur Berechnung von $d^l_{m,m'}(\beta)$ auf.

3.3 Quantendynamik im Phasenraum

Geht denn das überhaupt und warum sollte mich das interessieren?

Quantenmechanik und klassische Mechanik beschreiben mikroskopische bzw. makroskopische Erscheinungen. Niemand erwartet, dass es einen plötzlichen Bruch gibt. In Energiebereichen, in denen die Energieabstände der einzelnen Quantenzustände sehr klein gegenüber der betrachteten (kontinuierlichen) Energie des klassischen Bildes wird, erwarten wir einen Übergangsbereich in dem die Quantenbeschreibung in die klassische Beschreibung übergeht und in dem sich die Strukturen des klassischen Phasenraums im quantenmechanischen Bild schattenhaft widerspiegeln.

Chaos – ein Schlagwort, das seit einigen wenigen Jahrzehnten Aufmerksamkeit (und unsinnige Vergleiche) erzeugt. Von den strukturreichen klassischen Phasenraumerscheinungen nicht-integrabler (chaotischer) Systeme erwarten wir, auch in der Quantenmechanik ein Abbild – zumindest für hochangeregte Systeme – zu finden. Klassisch können wir Ort und Impuls eines Systems (theoretisch) beliebig scharf präparieren. Heisenberg lehrte uns, dass Impuls und kanonisch konjugierter Ort eines Quantensystems nicht gleichzeitig scharf gemessen werden können. Wie gelangen wir folglich zu einem Phasenraumbild eines Quantensystems? Heisenberg redete von kanonisch konjugierten Variablen. Wigner zeigte einen Weg, wie wir mittels Fouriertransformationen nicht-kanonisch konjugierte Orts- und Impulsvariablen erzeugen können und so zu einer Phasenraumdarstellung in der Quantenmechnik gelangen. Genau genommen eines scheinbaren Phasenraums – von dem wir jedoch viel lernen können.

Das Ehrenfestsche Theorem

Das Ehrenfestsche Theorem befasst sich mit den Erwartungswerten quantenmechanischer Operatoren. Sei $\hat{A}$ eine Observable und $|\psi(t)\rangle$ ein normierter Quantenzustand. Der Erwartungswert der Observable zum Zeitpunkt t ist

$$\langle \hat{A} \rangle(t) = \langle \psi(t)|\hat{A}|\psi(t)\rangle \ ,$$

und folglich eine komplexe Funktion der Zeit t. Leiten wir diese Funktion bezüglich t ab, erhalten wir

$$\frac{d}{dt}\langle \hat{A} \rangle(t) = \frac{1}{i\hbar}\langle [\hat{A}, \hat{H}(t)]\rangle(t) + \langle \frac{\partial}{\partial t}\hat{A} \rangle \ , \tag{3.101}$$

mit $\hat{H}$ dem Hamiltonoperator des betrachteten Systems. Wenden wir diese Gleichung auf die Observablen $\hat{\vec{r}}$ und $\hat{\vec{p}}$ an, so erhalten wir für stationäre Potenziale

$$\hat{H} = \frac{1}{2m}\hat{\vec{p}}^2 + V(\hat{\vec{r}})$$

$$\frac{d}{dt}\langle\hat{\vec{r}}\rangle = \frac{1}{m}\langle\hat{\vec{p}}\rangle \tag{3.102a}$$

$$\frac{d}{dt}\langle\hat{\vec{p}}\rangle = -\langle\nabla V(\hat{\vec{r}})\rangle . \tag{3.102b}$$

Diese beiden Gleichungen werden als Ehrenfestsches Theorem bezeichnet. Ihr Aufbau entspricht dem klassischen Pendant, d.h. der quantenmechanische Erwartungswert folgt den Bewegungsgesetzen der klassischen Mechanik.

Quantenzustände im Phasenraum

Die Verwendung quantenmechanischer Dichteoperatoren wurde ursprünglich zur Beschreibung gemischter Zustände entwickelt. Vereinfacht liegen gemischte Quantenzustände dann vor, wenn die Systeminformationen unvollständig sind. Für Quantensysteme führt dies beispielsweise zu verschwindenden Interferenzstrukturen. Obwohl dieses Thema faszinierend ist, sprengt es den Rahmen und wir beschränken uns auf reine Zustände. (Übrigens einige der folgenden Gleichungen sind unabhängig von der Einschränkung auf reine Zustände.)

Der Erwartungswert einer Observablen $\hat{A}$ ist durch

$$\langle\hat{A}\rangle = \langle\psi|\hat{A}|\psi\rangle$$

gegeben. Für eine vollständige Hilbertraum Basis $\{|n\rangle\}$ gilt $|\psi\rangle = \sum_n |n\rangle\langle n|\psi\rangle$

$$\langle\hat{A}\rangle = \sum_{n,m}\langle\psi|m\rangle\underbrace{\langle m|\hat{A}|n\rangle}_{A_{mn}}\langle n|\psi\rangle \tag{3.103a}$$

$$= \sum_{n,m}\rho_{nm}A_{mn} \tag{3.103b}$$

und damit für die Dichtematrix ρ_{nm}

$$\rho_{nm} = \langle\psi|m\rangle\langle n|\psi\rangle = \langle n|\hat{\rho}|m\rangle , \tag{3.103c}$$

mit dem Dichteoperator $\hat{\rho}$. Die Wahrscheinlichkeit das System im Zustand $|n\rangle$ zu finden, ist durch die Diagonalelemente des Dichteoperators bestimmt

$$\rho_{nn} = \langle\psi|n\rangle\langle n|\psi\rangle = |\langle\psi|n\rangle|^2 . \tag{3.104}$$

Die von Neumann-Gleichung

Die Bewegungsgleichung des Dichteoperators ist durch die von Neumann-Gleichung gegeben. Betrachten wir ein beliebiges Wellenpaket $|\psi\rangle$.

$$|\psi\rangle = \sum_n a_n(t)|n\rangle \quad \text{mit} \quad a_n(t) = \langle n|\psi\rangle , \qquad (3.105)$$

mit der vollständigen Hilbertraum Basis $|n\rangle$. Mittels der zeitabhängigen Schrödinger-Gleichung (3.3) folgt

$$i\hbar\frac{\partial}{\partial t}\sum_n a_n(t)|n\rangle = \sum_n a_n(t)\hat{H}|n\rangle . \qquad (3.106)$$

Von links mit $\langle m|$ multipliziert und die Orthonormalität der Hilbertraum Basis ausgenutzt, führt zu

$$i\hbar\frac{\partial a_m(t)}{\partial t} = \sum_n a_n(t)\langle m|\hat{H}|n\rangle = \sum_n H_{mn}a_n(t) , \qquad (3.107a)$$

beziehungsweise zu

$$-i\hbar\frac{\partial a_m^*(t)}{\partial t} = \sum_n H_{mn}^* a_n^*(t) \quad \text{mit} \quad H_{mn}^* = H_{nm} . \qquad (3.107b)$$

Für die Dichtematrix $\rho_{nm} = \langle m|\psi\rangle^*\langle n|\psi\rangle = a_n a_m^*$ folgt daraus

$$i\hbar\frac{\partial}{\partial t}\rho_{nm} = i\hbar\left(\frac{\partial a_m^*}{\partial t}a_n + \frac{\partial a_n}{\partial t}a_m^*\right) = \sum_l (H_{nl}\rho_{lm} - \rho_{nl}H_{lm}) , \qquad (3.107c)$$

und damit für den Dichteoperator

$$i\hbar\frac{\partial}{\partial t}\hat{\rho} = [\hat{H},\hat{\rho}]. \qquad (3.107d)$$

Diese Gleichung heißt von Neumann-Gleichung und hat dieselbe Struktur wie die klassische Liouville-Gleichung.

Die Diagonalelemente des Dichteoperators $\hat{\rho}$ in der Ortsraumdarstellung $\langle\vec{r}|\hat{\rho}|\vec{r'}\rangle$

$$\langle\vec{r}|\hat{\rho}|\vec{r}\rangle = \langle\vec{r}|\psi\rangle\langle\psi|\vec{r}\rangle , \qquad (3.108)$$

sind durch die Aufenthaltswahrscheinlichkeit am Ort $\vec{r}$ gegeben. Einige weitere ausgewählte Eigenschaften sind: Der Dichteoperator ist hermitesch, $\langle\vec{r}|\hat{\rho}|\vec{r'}\rangle = \langle\vec{r'}|\hat{\rho}|\vec{r}\rangle^*$, normal $Tr\hat{\rho} = 1^2$ und positiv definit. D.h für alle hermiteschen Operatoren $\hat{A}$ gilt $Tr(\hat{\rho}\hat{A}^2) \geq 0$.

---

[2]Tr steht für die Spur (trace).

Die Wigner-Funktion im Phasenraum

In der Schrödinger-Darstellung der Quantenmechanik treten kanonisch konjugierte Größen als Multiplikations- und Derivationsoperatoren auf und folgen der Heisenbergschen Unschärferelation. Im Gegensatz zur klassischen Mechanik hängen daher die Wellenfunktionen, als Lösungen der Schrödinger-Gleichung, nicht von kanonisch konjugierten Größen ab. Wollen wir Wellenfunktionen mit klassischen Bahnen vergleichen, müssen wir einen Weg finden, sie auf eine Phasenraum-adäquatere Darstellung zu transformieren.

Hermitesch konjugierte Variablen unterliegen der Heisenbergschen Unschärferelation. In der Ortsdarstellung hängt der Dichteoperators für ein Quantensystem mit f Freiheitsgraden von $2f$ Koordinaten $\vec{x}$, $\langle \vec{x}|\hat{\rho}|\vec{x'}\rangle$, ab. Definieren wir uns einfach neue Koordinaten

$$
\left.
\begin{aligned}
\vec{x} &= \vec{q} - \tfrac{1}{2}(2\vec{y}) \\
\vec{x'} &= \vec{q} + \tfrac{1}{2}(2\vec{y})
\end{aligned}
\right\}
\quad
\begin{aligned}
\vec{x} + \vec{x'} &= 2\vec{q} \\
\vec{x'} - \vec{x} &= 2\vec{y} .
\end{aligned}
\tag{3.109}
$$

Mittels einer Fouriertransformation ist die Wigner-Funktion[31] durch

$$
W(\vec{q},\vec{p}) = \left(\frac{1}{\pi\hbar}\right)^f \int d\vec{y} \langle \vec{q} - \vec{y}|\hat{\rho}|\vec{q} + \vec{y}\rangle \exp(2i\vec{p}\vec{y}/\hbar) .
\tag{3.110a}
$$

gegeben. $\vec{q}$ und $\vec{p}$ in Gl. (3.110a) sind keine kanonisch konjugierten Variablen.

Abb. (3.5) zeigt als Beispiel die Wigner-Funktion des harmonischen Oszillators zur Quantenzahl n = 6 überlagert mit der zu dieser Energie gehörenden klassischen Phasenraumtrajektorie. Weitere Gegenüberstellungen der Wigner-Funktion mit den Strukturen des klassisch korrespondierenden Phasenraums finden sich in [12].

Für ein besseres Verständnis spielen wir mit Gleichung (3.110a) ein wenig: Die Fouriertransformation läßt sich umschreiben

$$
\exp(2i\vec{p}\vec{y}/\hbar) = \exp(-i\vec{p}(\vec{q}-\vec{y})/\hbar)\exp(i(\vec{q}+\vec{y})\vec{p}/\hbar) \rightarrow \langle\vec{p}|\vec{q}-\vec{y}\rangle\langle\vec{q}+\vec{y}|\vec{p}\rangle
$$

und folglich

$$
W(\vec{q},\vec{p}) = \int d\vec{y}\langle\vec{p}|\vec{q}-\vec{y}\rangle\langle\vec{q}-\vec{y}|\psi\rangle\langle\psi|\vec{q}+\vec{y}\rangle\langle\vec{q}+\vec{y}|\vec{p}\rangle .
\tag{3.110b}
$$

Die neuen Koordinaten $\vec{q}$ und $\vec{y}$ haben eine gewisse Ähnlichkeit mit Relativ- und Schwerpunktskoordinaten eines Vielteilchensystems. Integration von Gl. (3.110b) über die Impulse führt zu

$$
\int W(\vec{q},\vec{p})d\vec{p} = \int d\vec{y}d\vec{p}\langle\vec{q}+\vec{y}| \underbrace{\vec{p}\rangle\langle\vec{p}}_{\int d\vec{p}|\vec{p}\rangle\langle\vec{p}|=1} |\vec{q}-\vec{y}\rangle\langle\vec{q}-\vec{y}|\psi\rangle\langle\psi|\vec{q}+\vec{y}\rangle
$$

$$
= \int d\vec{y}\underbrace{\langle\vec{q}+\vec{y}|\vec{q}-\vec{y}\rangle}_{\delta_{q-y,q+y}}\langle\vec{q}-\vec{y}|\psi\rangle\langle\psi|\vec{q}+\vec{y}\rangle
$$

$$
= \langle\vec{q}|\psi\rangle\langle\psi|\vec{q}\rangle
$$

$$
= |\langle\vec{q}|\psi\rangle|^2 = \hat{\rho}(\vec{q},\vec{q})
\tag{3.111}
$$

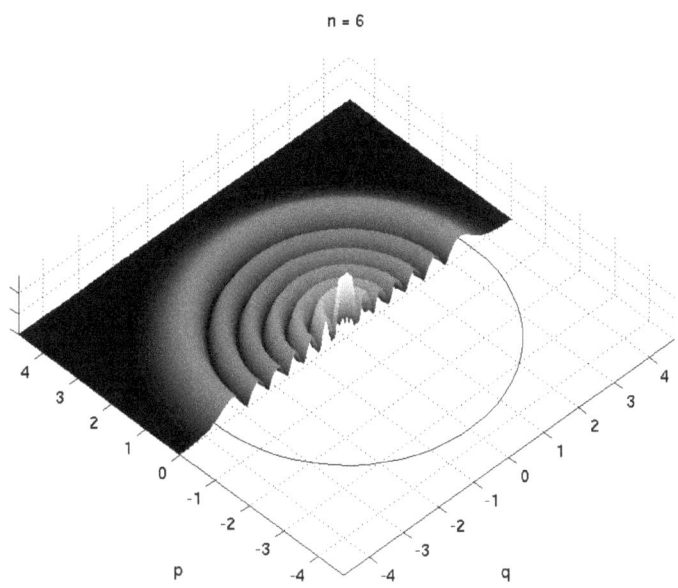

Abbildung 3.5: *Wigner-Funktion zur Quantenzahl $n = 6$ des harmonischen Oszillators ($\hbar = 1$, m = 1) überlagert mit der korrespondierenden klassischen Phasenraumtrajektorie.*

und ergibt folglich die Aufenthaltswahrscheinlichkeit im Ortsraum. Umgekehrt ergibt die Integration über den Ortsraum die Aufenthaltswahrscheinlichkeit im Impulsraum:

$$\begin{aligned}
\int W(q,p)dp &= |\langle q|\psi\rangle|^2 \\
\int W(q,p)dq &= |\langle p|\psi\rangle|^2 \,.
\end{aligned} \tag{3.112}$$

Weitere Eigenschaften der Wigner-Funktion im Phasenraum finden sich in [31] und in vielen Monographien zur Quantenoptik. Insbesondere ist die Wigner-Funktion nicht positiv definit, sie kann also nicht als Wahrscheinlichkeitsdichte im Phasenraum interpretiert werden.

Berechnung der Abb. (3.5). Die Berechnung wurde mit dem Skript `wignerabb.m` durchgeführt.

```
clear,close all, clc
aufl = 401;        % Legt die Bildaufloesung fest
x = linspace(-10.5,10.5,aufl);
y = linspace(-10.5/2,10.5/2,aufl);
[X,Y] = meshgrid(x,y);
%%
n=3;%0;%4;%6
p = hermitpoly(n); % Berechnet die Hermite-Polynome
```

```
fpoly = @(x) polyval(p,x);
%%
tic
Z = 1/(sqrt(pi)*2^n*factorial(n)).*arrayfun(fpoly,X-Y)...
    .*exp(-1/2*(X-Y).^2).*exp(-1/2*(X+Y).^2).*arrayfun(fpoly,X+Y);
toc
```

Der erste Ausführungsblock legt die Koordinaten fest, im zweiten werden über das Programm **hermitpoly** die Koeffizienten des Hermite-Polynoms bestimmt und zur Auswertung des Polynoms das Function Handle „fpoly" erstellt. Dieses Polynom muss beispielsweise für alle Elemente des zweidimensionalen Arrays „X-Y" ausgewertet werden. Um ineffiziente For-Schleifen zu vermeiden, wird die Funktion **arrayfun** verwendet. Das erste Argument ist die auszuwertende Funktion „fpoly" und das zweite das entsprechende Array. Die anderen hier nicht aufgelisteten Blöcke dienen der Berechnung der klassischen Bahn und der Wigner-Funktion. Das Zentrum der Wigner-Funktion nimmt sehr große Werte an und würde die Strukturen unterdrücken. Aus diesem Grund ist die zentrale Spitze der Wigner-Funktion ausgeblendet. Praktisch wird dies dadurch erreicht, dass die entsprechende Werte gleich NaN gesetzt werden. NaN steht für not-a-number und wird beim Plotten unterdrückt.

MATLAB-Programme

wignerabb.m zu Visualisierung der Wigner-Funktion nutzt **hermitpoly.m** zur Berechnung der Hermite-Polynome; Zusatzfunktion: **wignertest.m**.

3.4   Wellenpakete: Simulation und Visualisierung

3.4.1   Propagation eines freien Wellenpakets

Betrachten wir als erstes Beispiel die zeitliche Entwicklung eines freien Wellenpakets. Für die Ableitung beschränken wir uns auf eine Raumdimension. Die Verallgemeinerung auf mehrere Dimensionen ist einfach. Ausgangspunkt ist die zeitabhängige Schrödinger-Gleichung (3.3). Für ein freies Teilchen gilt

$$i\hbar\frac{\partial}{\partial t}\psi(\vec{x},t) = -\frac{\hbar^2}{2m}\Delta\psi(\vec{x},t) \tag{3.113}$$

mit der Lösung

$$\psi(\vec{x},t) = a\exp[i(\vec{k}\cdot\vec{x} - \omega t)] \tag{3.114a}$$

und der Dispersionsrelation

$$\omega(\vec{k}) = \frac{\hbar}{2m}|\vec{k}|^2 \quad . \tag{3.114b}$$

Ist ψ_1, ψ_2 eine Lösung der Schrödinger-Gleichung, so ist auf Grund ihrer Linearität auch $\psi_1 + \psi_2$ eine Lösung. Eine allgemeine Lösung ist

$$\psi(x,t) = \frac{1}{\sqrt{2\pi}}\int_{-\infty}^{\infty} dk\, a(k)\,\exp[i(kx - \omega t)] \quad . \tag{3.115}$$

Für $t = 0$ gilt

$$\psi(x,0) = \frac{1}{\sqrt{2\pi}} \int_{-\infty}^{\infty} dk\, a(k)\, \exp(ikx) \tag{3.116}$$

und folglich sind $\psi(x,0)$ und $a(k)$ Fourier transformierte.

Betrachten wir ein Gaußpaket $a(k) = C\exp[-\alpha(k - k_0)^2]$ im Impulsraum mit Schwerpunkt k_0. Die Fouriertransformierte im Ortsraum ist dann wieder eine Gaußverteilung mit inverser Breite. Die Entwicklung der Dispersionsrelation (3.114b) um k_0 führt zu

$$\omega(k) = \underbrace{\omega(k_0)}_{\omega_0} + \underbrace{\frac{\hbar}{m} k_0(k - k_0)}_{v_g} + \underbrace{\frac{1}{2}\frac{\hbar}{m}}_{\beta}(k - k_0)^2 \tag{3.117}$$

und damit zu

$$\begin{aligned}
\psi(x,t) &= \frac{C}{\sqrt{2\pi}} \int_{-\infty}^{\infty} dk\, \exp[-\alpha(k - k_0)^2] \cdot \exp(ikx) \\
&\qquad \cdot \exp\{-i[\omega_0 + v_g(k - k_0) + \beta(k - k_0)^2]t\}\ . \\
&= \frac{C}{\sqrt{2}} \frac{\exp[i(k_0 x - \omega_0 t)]}{\sqrt{\alpha + i\beta t}} \cdot \exp\left[-\frac{(x - v_g t)^2}{4(\alpha + i\beta t)}\right] \tag{3.118}
\end{aligned}$$

Für die Aufenthaltswahrscheinlichkeit folgt daraus

$$|\psi(x,t)|^2 = \frac{|C|^2}{2\sqrt{\alpha^2 + \beta^2 t^2}} \exp\left[-\frac{\alpha(x - v_g t)^2}{2(\alpha^2 + \beta^2 t^2)}\right]\ . \tag{3.119}$$

Aus dieser Lösung läßt sich sofort herauslesen, dass sich das Zentrum des Wellenpakets mit der Gruppengeschwindigkeit v_g bewegt, die Breite mit der Zeit zunimmt und die Amplitude ab.

Neben einfachen Grafiken bietet MATLAB die Möglichkeit der Animation mit `movie`, umfangreiche Volumenvisualisierungsmöglichkeiten und Vieles mehr. Als Beispiel betrachten wir die Ausbreitung eines zweidimensionalen Gaußpakets. In zwei Dimensionen gilt (Annahme Geschwindigkeit in x- und y-Richtung gleich)

$$G(x,y,t) = \frac{1}{\sqrt{1 + 4t^2}} \exp\left(-\frac{(x - vt)^2}{1 + 4t^2}\right) \exp\left(-\frac{(y - vt)^2}{1 + 4t^2}\right) \tag{3.120}$$

mit der Zeit t, den Koordinaten x, y und der Ausbreitungsgeschwindigkeit v. Das folgende MATLAB-Beispiel zeigt die Wellenausbreitung für $v = 3$

```
% gaussmovie.m
t=0:0.2:10;   % Zeitschritte
x=-10:0.2:40; % Koordinaten
y=x;
k=0;          % Laufvariable
```

```
                % 2-D-Arrays
[X,Y]=meshgrid(x,y);
                % Berechnung
for T=t
   xT=X-3*T;
   yT=Y-3*T;
   Z=1./sqrt(1+4*T.^2).* ...
   exp(-2*(xT.^2+yT.^2)/(1+4*T.^2));
                % Grafik
   surf(X,Y,Z)
   shading interp
   xlim([-10 40]),ylim([-10 40])
   zlim([0 0.75])
   k=k+1;
   F(k)=getframe; % movieframes
end
                % Abspielen
movie(F,3)
```

For-Schleifen in MATLAB erlauben die Übergabe ganzer Arrays oder wie hier im Beispiel von Vektoren. Die Festlegung der Grenzen, hier insbesondere `zlim`, sorgt dafür, dass der Verlauf erkennbar und nicht durch automatische Umskalierungen der Achsen verschleiert wird. Ein Beispiel ist in Abb. (3.6) dargestellt.

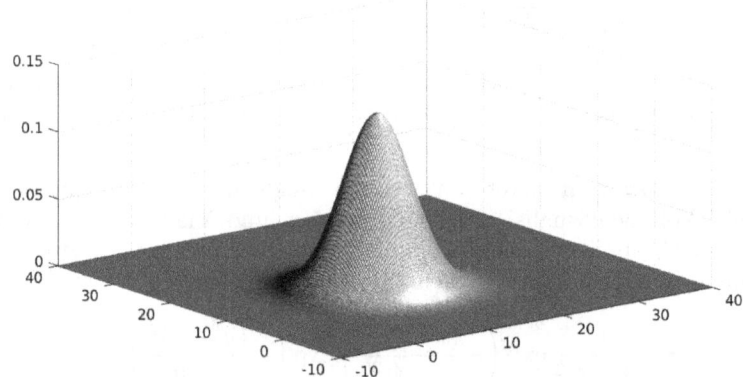

Abbildung 3.6: *Gausspaket aus dem „Movie" zur Wellenausbreitung in Zeitschritten von 2, beginnend bei t=0 (*MATLAB-*Programm gaussmovie.m).*

Fehlerquellen

Gl. (3.115) und Gl. (3.116) dienen häufig als Ausgangsgleichungen für die Zeitentwicklung beliebiger Wellenpakete mit folgenden Berechnungsschritten:

$$< x, t|\psi > = \int \frac{dk}{2\pi} \exp\left[ikx - \frac{\hbar k^2}{2m}t) \right] < k, 0|\psi > \tag{3.121a}$$

$$= \int \frac{dk}{2\pi} \exp(ikx) \sum_{n=0}^{\infty} \left(-\frac{i\hbar t}{2m} \right)^n \frac{k^{2n}}{n!} < k, 0|\psi > . \tag{3.121b}$$

Um das Integral auszuwerten, wird die Summation und die Integration vertauscht:

$$< x, t|\psi >= \sum_{n=0}^{\infty} \left(-\frac{i\hbar t}{2m} \right)^n \frac{1}{n!} \left(\frac{d^2}{dx^2} \right)^n \int \frac{dk}{2\pi} \exp(ikx) < k, 0|\psi > . \tag{3.121c}$$

Diese Vertauschung ist aber nur für gleichförmig konvergente Reihen erlaubt. Beispiele für die Folgen dieses Fehlers (3.121c) finden sich in [32].

3.4.2   Der Zeitentwicklungsoperator

Im Gegensatz zu Koordinaten und Impulsen spielt in der Quantenmechanik die Zeit die Rolle eines Parameters und ist nicht unmittelbar mit einer Observablen bzw. einem Operator verknüpft. Nehmen wir an wir haben zum Zeitpunkt t_0 ein physikalisches System präpariert. Wir erwarten nicht, dass dieses System in seinem ursprünglichen Zustand verharrt. Die Zeitentwicklung des Zustands wird durch die Schrödinger-Gleichung beschrieben. Da die Schrödinger-Gleichung linear ist, existiert ein unitärer Operator $U(t, t_0)$, der das Anfangswellenpaket auf das Paket zu einem späteren Zeitpunkt t abbildet

$$|\psi(t)\rangle = U(t, t_0)|\psi(t_0)\rangle   . \tag{3.122}$$

Da

$$|\psi(t_0)\rangle = U(t_0, t_0)|\psi(t_0)\rangle \rightarrow U(t_0, t_0) = \mathbf{1} , \tag{3.123a}$$

und

$$|\psi(t_2)\rangle = U(t_2, t_1)|\psi(t_1)\rangle = U(t_2, t_1) \cdot U(t_1, t_0)|\psi(t_0)\rangle$$

ist der Zeitentwicklungsoperator oder Zeitpropagator $U(t, t_0)$ transitiv

$$U(t_2, t_0) = U(t_2, t_1) \cdot U(t_1, t_0)   . \tag{3.123b}$$

Wegen

$$|\psi(t_0)\rangle = U(t_0, t_1) \cdot U(t_1, t_0)|\psi(t_0)\rangle$$

gilt

$$U(t_0, t_1) = U(t_1, t_0)^{-1} = U(t_1, t_0)^{\dagger}   , \tag{3.123c}$$

und mittels der zeitabhängigen Schrödinger-Gleichung folgt

$$i\hbar\frac{\partial}{\partial t}U(t,t_0) = H(t)U(t,t_0) \tag{3.124}$$

und daraus die Integralgleichung

$$U(t,t_0) = 1 - \frac{i}{\hbar}\int_{t_0}^{t}\hat{H}(t')U(t',t_0)dt' \quad . \tag{3.125}$$

Konservative Quantensysteme

Konservative Quantensysteme besitzen zeitunabhängige Hamilton-Operatoren. Die Lösung von Gl. (3.125) ist daher gegeben durch

$$U(t,t_0) = \exp\left[\frac{-i\hat{H}(t-t_0)}{\hbar}\right] \quad . \tag{3.126}$$

Zwei Berechnungsverfahren bieten sich unmittelbar an: Die Entwicklung nach Eigenfunktionen oder die Entwicklung des Zeitpropagators nach Eigenprojektoren. Beides lohnt einen kurzen Blick:

Beginnen wir mit einer vollständigen Eigenbasis $|k\rangle$ des Hamilton-Operators $\hat{H}|k\rangle = E_k|k\rangle$ und entwickeln unser Wellenpaket $|\psi\rangle$ nach dieser Eigenbasis:

$$|\psi(t_0)\rangle = \sum_k |k\rangle\langle k|\psi(t_0)\rangle$$

$$\Rightarrow |\psi(t)\rangle = U(t,t_0)|\psi(t_0)\rangle = U(t,t_0)\sum_k |k\rangle\langle k|\psi(t_0)\rangle$$

$$= \sum_k \exp\left[\frac{-i\hat{H}(t-t_0)}{\hbar}\right]|k\rangle\langle k|\psi(t_0)\rangle$$

$$= \sum_k \exp\left[\frac{-iE_k(t-t_0)}{\hbar}\right]|k\rangle\langle k|\psi(t_0)\rangle \; , \tag{3.127}$$

da $\hat{H}^n|k\rangle = E_k^n|k\rangle$. Äquivalent dazu ist die direkte Entwicklung des Zeitpropagators nach Eigenprojektoren. Starten wir mit dem idempotenten Projektor $|k\rangle\langle k|$:

$$U(t,t_0) = \exp\left[\frac{-i\hat{H}(t-t_0)}{\hbar}\right]$$

$$= \sum_k\sum_j |k\rangle\langle k|\exp\left[\frac{-i\hat{H}(t-t_0)}{\hbar}\right]|j\rangle\langle j|$$

$$= \sum_k \exp\left[\frac{-iE_k(t-t_0)}{\hbar}\right]|k\rangle\langle k| \; , \tag{3.128}$$

und daher wieder

$$|\psi(t)\rangle = U(t, t_0)|\psi(t_0)\rangle$$
$$= \sum_k \exp\left[\frac{-iE_k(t - t_0)}{\hbar}\right] |k\rangle\langle k|\psi(t_0)\rangle \quad . \tag{3.129}$$

Selbstverständlich läßt sich diese Gleichung auch direkt aus der zeitabhängigen Schrö-dinger-Gleichung ableiten.

Betrachten wir als Beispiel ein Wellenpaket in einem unendlich hohen Potenzialtopf (vgl. Kap. 3.5.1)):

$$V(x) = \begin{cases} \infty & \text{für} \quad |x| > L/2 \\ 0 & \text{für} \quad |x| \leq L/2 \, . \end{cases}$$

Für die Eigenfunktionen gilt

$$<x|n> = \sqrt{\frac{L}{2}} \sin\left(\frac{\pi n}{L}(x + L/2)\right)$$

und die Eigenenergien

$$E_n = \frac{\hbar^2 k_n^2}{2m} \quad \text{mit} \quad k_n = \frac{n\pi}{L} \, .$$

Im vorigen Abschnitt hatten wir die zeitliche Entwicklung eines freien Gaußpakets be-trachtet. Der unendlich hohe Potenzialtopf besitzt nur eine endliche Ausdehnung daher kann nur ein Gauß-ähnliches Paket präpariert werden. Betrachten wir ein aus dem Ur-sprung verschobenes Gauß-ähnliches Paket $|\psi(0)> \propto \exp(-gw(x - xs)^2))$ und dessen zeitliche Entwicklung. An der Stelle xs befindet sich das Maximum und gw legt seine Breite fest. Für die Entwicklungskoeffizienten gilt

$$\alpha_k = <k|\psi(0)> = N \int_{-L/2}^{L/2} \sin\left(\frac{\pi n}{L}(x + L/2)\right) \exp\left(-gw(x - xs)^2\right) \, ,$$

dabei bezeichnet N den Normierungskoeffizienten, die zeitliche Entwicklung folgt aus Gleichung (3.129). Außerhalb der Grenzen des unendlich hohe Potenzialtopfs verschwin-det die Wellenfunktion. Eine beliebige Ausdehnung wie beim freien Gaußpaket ist nicht möglich. Interessant ist daher die Frage, ob sich das Wellenpaket nach bestimmten Zeiten seiner ursprünglichen Form annähert oder vielleicht sogar wieder vollständig annimmt. Dies läßt sich aus der Korrelationsfunktion

$$wp\_corr = \sum_{n,m} \alpha_n \alpha_m * \int <x, 0|\psi_n> <\psi_m|x, t> dx$$
$$= \sum_n |\alpha_n|^2 \exp\left(\frac{E_n t}{\hbar}\right) \tag{3.130}$$

ablesen. Ein Beispiel zeigt Abb. (3.7). Ist die Aufenthaltswahrscheinlichkeit des Wellenpakets zu einem Zeitpunkt t identisch dem präparierten Ausgangspaket, so wird die Korrelationsfunktion gleich 1 und man spricht von „Revivals", ähnelt sie der Ausgangswellenfunktion – also ein Wert der Korrelationsfunktion nahe 1 – so spricht man von „fractional Revivals"; beides zeigt Abb. (3.7).

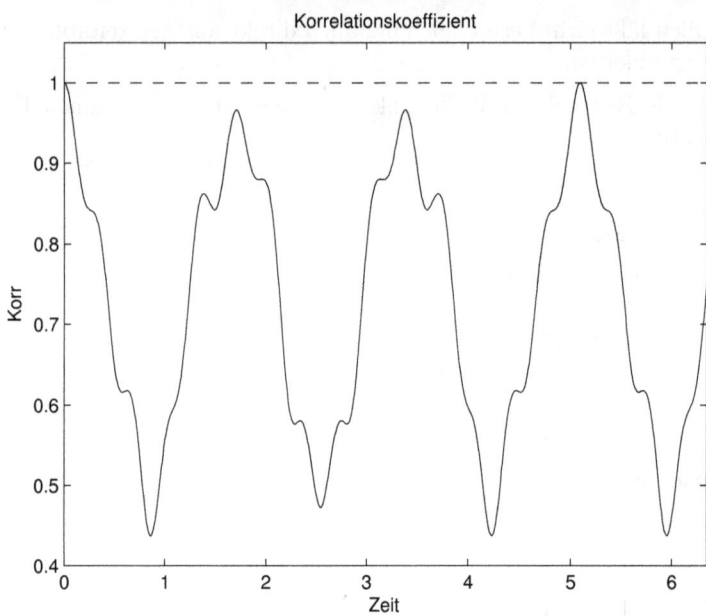

Abbildung 3.7: *Absolutbetrag des Korrelationskoeffizienten eines Wellenpakets im unendlich hohen Potenzialtopf (wp_revivals.m).*

Die Abb. (3.7) wurde mit folgendem MATLAB-Skript (wp_revivals.m) berechnet.

```
%% wp_revivals.m
clear,close all,clc
%%
L = 2;          % Breite des unendlichen Potenzialtopfs
lauf = 50;      % Anzahl der Entwicklungskoeffzienten
                % Verschiebung des Gausspakets in x-Richtung
xs = 0.25;      %0.75;%0;0.1;%0;%0.5;
gw=6;           % Breite des Gausspakets im Beispiel

fhcoeff = @(n,x) sin(pi*n/L*(x+L/2)).*exp(-gw*(x-xs).^2);
                % Eigenfunktion * Gauss zur Berechnung
                % der Entwicklungskoeffizienen a(k)

% nur die ungeraden n tragen fuer xs = 0 bei.
```

```
% Grund: gerade haben genauso hohen positiven
% wie negativen Anteil links und rechts von x=0
for k = 1:lauf
    n = k;              %2*k-1; % fuer xs=0
    a(k) = integral(@(x)fhcoeff(n,x),-L/2,L/2);
end
%% Wellenpaket
phi = @(n,x) sin(pi*n/L*(x + L/2));  % Eigenfunktionen unnormiert
%% Energieeigenwerte
En = @(n) (n*pi/L).^2/2;             % Energieeigenwerte
%% Berechnung des Korrelationskoeffzienten
t = linspace(0,2*pi*1.01,1000);     % Berechnungszeitpunkte
wp_corr =  0;
for k = 1:lauf
    wp_corr = wp_corr+a(k).^2*exp(i*En(k)*t);
end
wp_corr=wp_corr/wp_corr(1);
figure, plot(t,abs(wp_corr),'k'),shg % Visualisierung
hold on
plot([t(1),t(end)],[1,1],'k--')
axis tight
xlabel('Zeit'), ylabel('Korr')
title('Korrelationskoeffizient');
ylim([0.4,1.05])
hold off
```

(Das beigefügte Skript wurde durch zusätzliche Visualisierungen ergänzt.)

Nichtkonservative Systeme

Für nicht-konservative Systeme ist der Hamilton-Operator $\hat{H}$ explizit zeitabhängig und daher Integralgleichung (3.125) nicht mehr direkt lösbar. Der Zeitpropagator für solche System ist durch

$$U(t,t_0) = \exp\left[\frac{-i}{\hbar}\int_{t_0}^{t}\hat{H}(t')dt'\right] \tag{3.131}$$

gegeben. Mittels eines iterative Ansatzes ergibt sich die folgende formale Lösung:

$$U(t,t_0) = 1 - \frac{i}{\hbar}\int_{t_0}^{t}\hat{H}(t')U(t',t_0)dt'$$

$$= 1 - \frac{i}{\hbar}\int_{t_0}^{t}\hat{H}(t')\left[1 - \frac{i}{\hbar}\int_{t_0}^{t'}\hat{H}(t'')U(t'',t_0)dt'dt''\right]$$

$$= 1 + \sum_{n=1}^{\infty}\left(\frac{-i}{\hbar}\right)^{n}\int_{t_0}^{t}dt_1\int_{t_0}^{t_1}dt_2\cdots \tag{3.132}$$

$$\int_{t_0}^{t_{n-1}}dt_n\hat{H}(t_1)\hat{H}(t_2)\cdots\hat{H}(t_n).$$

Diese Reihe wird auch als Neumann- oder Dyson-Reihe nach F. J. Dyson bezeichnet, der eine ähnliche Reihe für die Green-Funktion in der Quantenfeldtheorie ableitete. Da $\hat{H}(t')$ im Allgemeinen nicht mit $\hat{H}(t'')$ kommutiert wird die Zeitordnung bedeutsam.

Die Cayley oder Crank-Nicholson Methode

Beschränken wie uns im Folgenden auf konservative Systeme. Die Zeitentwicklung eines Wellenpaket läßt sich daher mittels Gl. (3.126) beschreiben. Für die weitere Ableitung nehmen wir zunächst an, dass wir eine hinreichend große Menge von Eigenfunktionen und -werten des betrachteten Quantensystems kennen. In solchen Fällen können wir ein Wellenpaket und seine Zeitentwicklung nach diesen Eigenlösungen entwickeln. Eine solche formale Lösung kann zu numerischen Problemen dann führen, wenn wir entweder die Lösungen nur ungenau kennen und sich folglich kleine Fehler aufsummieren oder die Summation nur sehr langsam konvergiert. Die numerische Herausforderung erhöht sich falls nicht nur Bindungszustände sondern auch Kontinuumszustände berücksichtigt werden müssen. Beispiele dafür sind der Tunneleffekt. Vergessen wir nicht, dass bereits für das einfache Wasserstoffatom ein kontinuierlichen Anteil zur korrekten Beschreibung seines Spektrums notwendig ist. Eine direkte approximative Berechnung von $|\psi(t_0 + \Delta t)\rangle = U(t_0 + \Delta t, t_0)|\psi(t_0)\rangle$ erscheint da vorteilhafter.

Eine naive Approximation mittels einer Taylor-Entwicklung

$$|\psi(t_0 + \Delta t)\rangle = \sum_{k=0}^{\infty} \frac{1}{k!} (\frac{-i}{\hbar} \hat{H} \Delta t)^k |\psi(t_0)\rangle \approx (1 - \frac{i}{\hbar} \hat{H} \Delta t)|\psi(t_0)\rangle$$

scheitert, da die Unitarität verletzt wird und mithin die Norm der Wellenfunktion nicht erhalten bleibt. Dieses Problem läßt sich einfach lösen. Beginnen wir mit

$$|\psi(t_0 + \Delta t)\rangle = \exp\left(-i\hat{H}\frac{\Delta t}{\hbar}\right) |\psi(t_0)\rangle$$

$$\Rightarrow \exp\left(i\hat{H}\frac{\Delta t}{2\hbar}\right) |\psi(t_0 + \Delta t)\rangle = \exp\left(-i\hat{H}\frac{\Delta t}{2\hbar}\right) |\psi(t_0)\rangle$$

$$(1 + \frac{i}{\hbar} \hat{H}\frac{1}{2}\Delta t)|\psi(t_0 + \Delta t)\rangle \approx (1 - \frac{i}{\hbar} \hat{H}\frac{1}{2}\Delta t)|\psi(t_0)\rangle \ ; \tag{3.133}$$

dieses Approximation heißt Cayley oder Crank-Nicholson Approximation.

Eine genauere Betrachtung zeigt, dass dieser approximative Propagator von zweiter Ordnung ist und insbesondere unitär:

$$\left(\frac{1 - \frac{i}{\hbar} \hat{H}\frac{1}{2}\Delta t}{1 + \frac{i}{\hbar} \hat{H}\frac{1}{2}\Delta t)}\right)^{\dagger} = \frac{1 + \frac{i}{\hbar} \hat{H}\frac{1}{2}\Delta}{1 - \frac{i}{\hbar} \hat{H}\frac{1}{2}\Delta t} \quad . \tag{3.134}$$

Als Beispiel betrachten wir die Propagation eines eindimensionalen Wellenpakets in einem beliebigen Potenzial. Wir folgen dabei dem Ansatz von [33], der für eindimensionale Systeme eine finite Differenzenmethode für den räumlichen Anteil mit einer

Cayley-Approximation für die zeitliche Entwicklung verknüpft. Im ersten Schritt verwenden wir einen finiten Differenzen Ansatz für den räumlichen Anteil, gefolgt von einer Cayley-Approximation für die Zeit. Eine umfangreiche Diskussion findet sich dazu in [12] und ein Anwendungsbeispiel für höhere Dimensionen in [34].

Ausgangspunkt ist die zeitabhängige eindimensionale Schrödinger-Gleichung (3.3). Mit $\hbar = 1$ und $m = 1/2$ erhalten wir

$$-\hat{H}\langle x, t|\psi\rangle = \left[\frac{\partial^2}{\partial x^2} - \hat{V}(x)\right] \langle x, t|\psi\rangle = -i\frac{\partial}{\partial t}\langle x, t|\psi\rangle \, , \tag{3.135}$$

die wir bezüglich ihres räumlichen Anteils über einen finiten Differenzenansatz diskretisieren.

Diskretisieren wir die Wellenfunktion wie folgt

$$\langle x, t|\psi\rangle \longrightarrow \psi_j^n \begin{array}{l} \to \text{Zeit--Diskretisierung} \\ \to \text{Raum--Diskretisierung} \end{array} , \tag{3.136}$$

mit dem ganzzahligen Raumindex $j = 0 \cdots J + 1$ und dem Zeitindex $n = 1 \cdots N$. Eine Taylor-Entwicklung bezüglich der Raumkoordinaten ergibt

$$\langle \underbrace{x}_{x_0 + \epsilon}, t|\psi\rangle = \sum_{\nu=0}^{\infty} \frac{1}{\nu!}\frac{d^\nu}{dx^\nu}\langle x, t|\psi\rangle|_{x=x_0}\underbrace{(x - x_0)}_{=\epsilon}^{\nu} \, , \tag{3.137}$$

wobei x den x_0 nachfolgende Diskretisierungsschritt bezeichnet mit Schrittweite ϵ. Die Taylor-Entwicklung führt zu (wir unterdrücken kurzfristig den Zeitindex)

$$\psi_{j+1} = \psi_j + \epsilon\psi_j' + \frac{1}{2}\epsilon^2\psi_j'' + \frac{1}{6}\epsilon^3\psi_j''' + O(\epsilon^4)$$

$$\psi_{j-1} = \psi_j - \epsilon\psi_j' + \frac{1}{2}\epsilon^2\psi_j'' - \frac{1}{6}\epsilon^3\psi_j''' + O(\epsilon^4)$$

und folglich zu

$$\psi_{j+1} + \psi_{j-1} = 2\psi_j + \epsilon^2\psi_j'' + O(\epsilon^4)$$

und

$$\psi_j'' = \frac{1}{\epsilon^2}\left(\psi_{j+1} - 2\psi_j + \psi_{j-1}\right) + O(\epsilon^2) \, .$$

Für den Hamilton-Operator erhalten wir damit für die räumliche Diskretisierung

$$\left\{-\hat{H}\langle x, t|\psi\rangle\right\}_j = \left\{\left[\frac{\partial^2}{\partial x^2} - \hat{V}\right] \langle x, t|\psi\rangle\right\}_j$$

$$= \frac{1}{\epsilon^2}\left(\psi_{j+1} - 2\psi_j + \psi_{j-1}\right) - V_j\psi_j \, , \tag{3.138}$$

mit $V_j = \hat{V}(x_j)$.

Der zweite Schritt ist die Zeitdiskretisierung. Aus Gl. (3.133) folgt mit dem Zeitschritt $\Delta t = \delta$

$$\left(1 + \frac{1}{2}i\delta\hat{H}\right)\psi_j^{n+1} = \left(1 - \frac{1}{2}i\delta\hat{H}\right)\psi_j^n . \tag{3.139}$$

Packen wir beide Diskretisierungen zusammen so erhalten wir eine einfache Gleichung zur Berechnung der Wellenpropagation eindimensionaler Quantensysteme. Die Zeititeration folgt aus Gl. (3.139) und aus Gl. (3.138) die Wirkung des Hamilton-Operators auf ein finites Differenzen-Gitter und mit ein wenig Gleichungsgymnastik:

$$\psi_j^{n+1} - \frac{1}{2}i\frac{\delta}{\epsilon^2}\left(\psi_{j+1}^{n+1} - 2\psi_j^{n+1} + \psi_{j-1}^{n+1} - \epsilon^2 V_j \psi_j^{n+1}\right)$$
$$= \psi_j^n + \frac{1}{2}i\frac{\delta}{\epsilon^2}\left(\psi_{j+1}^n - 2\psi_j^n + \psi_{j-1}^n - \epsilon^2 V_j \psi_j^n\right)$$

und mit der Abkürzung

$$\lambda = \frac{2\epsilon^2}{\delta} \tag{3.140}$$

$$\psi_{j+1}^{n+1} + \left(i\lambda - 2 - \epsilon^2 V_j\right)\psi_j^{n+1} + \psi_{j-1}^{n+1} = -\psi_{j+1}^n + \left(i\lambda + 2 + \epsilon^2 V_j\right)\psi_j^n - \psi_{j-1}^n . \tag{3.141}$$

Aus numerischen Gründen muss an den Grenzen für alle Zeiten die Wellenfunktion verschwinden.

$$\psi_0^n = \psi_{J+1}^n = 0 \tag{3.142}$$

Wird diese Bedingung nicht mehr näherungsweise erfüllt beschreibt unsere Approximation das physikalische System nicht mehr korrekt.

Schreiben wir die Gleichung (3.141) explizit aus. Auf Grund unserer Randbedingung treten die räumlichen Indizes 0 und $J+1$ nicht auf

$$\psi_2^{n+1} + \left(i\lambda - 2 - \epsilon^2 V_1\right)\psi_1^{n+1} = -\psi_2^n + \left(i\lambda + 2 + \epsilon^2 V_1\right)\psi_1^n$$
$$\psi_3^{n+1} + \left(i\lambda - 2 - \epsilon^2 V_2\right)\psi_2^{n+1} + \psi_1^{n+1} = -\psi_3^n + \left(i\lambda + 2 + \epsilon^2 V_2\right)\psi_2^n - \psi_1^n$$
$$\cdots = \cdots$$
$$\psi_J^{n+1} + \left(i\lambda - 2 - \epsilon^2 V_{J-1}\right)\psi_{J-1}^{n+1} + \psi_{J-2}^{n+1} = -\psi_J^n + \left(i\lambda + 2 + \epsilon^2 V_{J-1}\right)\psi_{J-1}^n - \psi_{J-2}^n$$
$$\left(i\lambda - 2 - \epsilon^2 V_J\right)\psi_J^{n+1} + \psi_{J-1}^{n+1} = \left(i\lambda + 2 + \epsilon^2 V_J\right)\psi_J^n - \psi_{J-1}^n ,$$

d.h. wir erhalten mit den Abkürzungen

$$\alpha_m = \left(i\lambda - 2 - \epsilon^2 V_m\right) \text{ und } \beta_m = \left(i\lambda + 2 + \epsilon^2 V_m\right)$$

die folgende Matrixgleichung

$$\underbrace{\begin{pmatrix} \alpha_1 & 1 & 0 & 0 & 0 & \cdots & 0 \\ 1 & \alpha_2 & 1 & 0 & 0 & \cdots & 0 \\ 0 & 1 & \alpha_3 & 1 & 0 & \cdots & 0 \\ \vdots & \ddots & \ddots & \ddots & \ddots & \ddots & \vdots \\ 0 & \cdots & \cdots & 1 & \alpha_{J-2} & 1 & 0 \\ 0 & \cdots & \cdots & 0 & 1 & \alpha_{J-1} & 1 \\ 0 & \cdots & \cdots & \cdots & 0 & 1 & \alpha_J \end{pmatrix}}_{A} \psi^{n+1} = \underbrace{\begin{pmatrix} \beta_1 & -1 & 0 & 0 & 0 & \cdots & 0 \\ -1 & \beta_2 & -1 & 0 & 0 & \cdots & 0 \\ 0 & -1 & \beta_3 & -1 & 0 & \cdots & 0 \\ \vdots & \ddots & \ddots & \ddots & \ddots & \ddots & \vdots \\ 0 & \cdots & \cdots & -1 & \beta_{J-2} & -1 & 0 \\ 0 & \cdots & \cdots & 0 & -1 & \beta_{J-1} & -1 \\ 0 & \cdots & \cdots & \cdots & 0 & -1 & \beta_J \end{pmatrix}}_{B} \psi^n$$

und damit die Berechnungsvorschrift

$$\psi^{n+1} = A^{-1}B\psi^n \ . \tag{3.143}$$

Für zeitunabhängige Potenziale ist $A^{-1}B$ zeitunabhängig, muss also nur einmal und nicht in jedem Zeitschritt neu berechnet werden. Die numerische Stabilität der Berechnung hängt von der gewählten räumlichen Auflösung und dem Parameter λ ab. In λ geht die Zeit invers ein. Der Zeitschritt sollte dabei so gewählt werden, dass $\lambda \approx 1$ wird. Zu feine Zeitschritte sind mit der räumlichen Auflösung nicht verträglich, d.h. ein signifikant höherer Wert von λ ergibt i.a. keinen Sinn, da die Zeitentwicklung in so kleine Schritten erfolgt, dass die Bewegung räumlich fast auf der Stelle tritt.

Bei den folgenden ersten Beispielen, Abb. (3.8)–(3.10), wurde der Raum in 2000 Elemente entwickelt. Dies gewährleistet eine hinreichend hohe räumliche Auflösung. Die Intervallgrenzen wurden zu $[-1,1]$ gewählt, die Wellenzahl zu $k = 200$ und als Potenzial ein Rechteckpotenzial betrachtet. Die zeitliche Auflösung wurde aus der Forderung $\lambda = 1$ abgeleitet. Zusätzlich muss noch auf eine hinreichende Breite des Wellenpakets geachtet werden und auf die räumliche Auflösung des gewählten Potenzials. Als zweites Beispiel, Abb. (3.11), wurde die Reflexion zweier zum Startzeitpunkt auseinander laufenden Bosonen in einem Kasten betrachtet. Die gewählten Parameter finden sich im Beispielprogramm.

```
%% wpcayley.m
% Beispiel: Rechteckpotential
%% Parameter
clear,clc,close all
n=2000;                 % Zahl finiten Differenzelemente
xl = -1;                % linke raeumliche Grenze
xr = 1;                 % rechte raeumliche Grenze
xp1 = -0.025/2;         % Grenzen des Potentials
xp2 = 2*0.075/2;
%xp2 = xp1+2*pi
xg = -0.1;              % Zentrum des Wellenpaketes
x=linspace(xl,xr,n);
dx = x(2)-x(1);         % raeumliche Aufloesung dx=epsilon
dt = 2*dx^2;            % zeitl. Aufloesung dt=delta
```

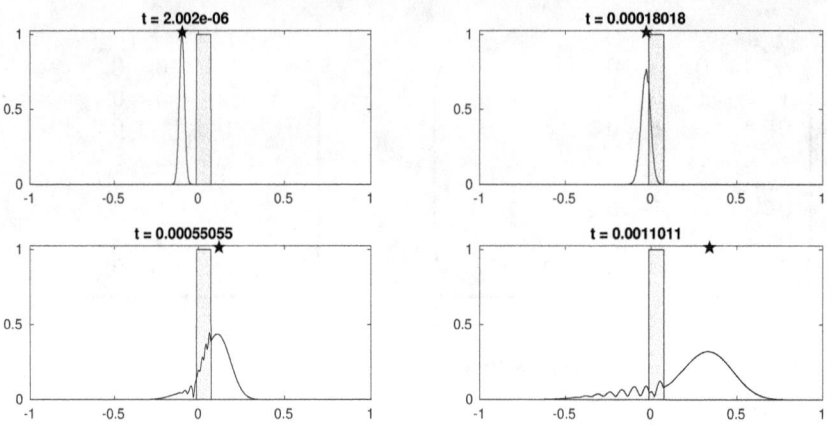

Abbildung 3.8: *Die kinetische Energie des Wellenpakets im Startpunkt ist doppelt so hoch wie die potenziellle Energie des Rechteckpotenzials. Trotzdem wird ein Teil des Wellenpakets reflektiert. Der Stern kennzeichnet die Position eines freien klassischen Teilchens derselben Energie wie das ursprüngliche präparierte Wellenpaket. Die Höhe des Wellenpakets wurde wie das Rechteckpotenzial auf 1 skaliert. Das* MATLAB-*Skript wpcayley.m berechnet den zeitlichen Ablauf.*

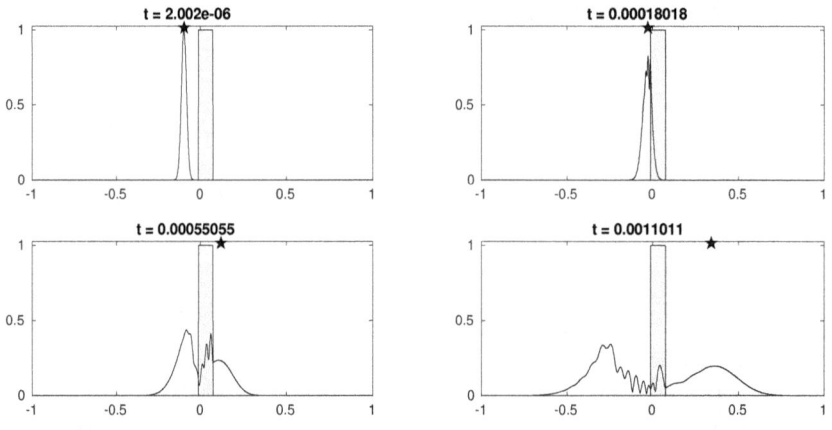

Abbildung 3.9: *Vgl. Abb. (3.8). Hier sind kinetische Energie des Wellenpakets gleich der potenziellen Energie.*

```
                              % kleinere k konvergent bis Vorfaktor 10
t=0;
lambda = 2 * dx^2/dt          % vergl. Anmerkungen zur Konvergenz
k=200;%50;%10;%15;            % Wellenzahl - Geschwindigkeit des Pakets
```

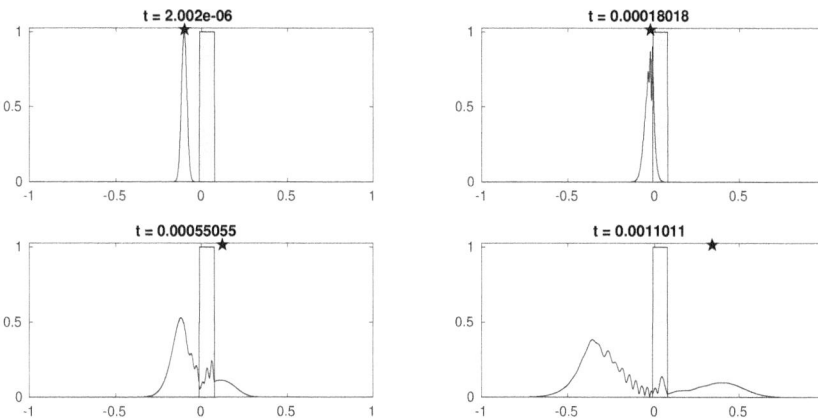

Abbildung 3.10: *Vgl. Abb. (3.8). Die potenzielle Energie ist um 50% höher als die kineti-sche Energie des Wellenpakets zu Beginn. Klassisch würde ein Teilchen reflektiert werden; der Tunneleffekt erlaubt aber ein teilweises Durchdringen der Potenzialbarriere.*

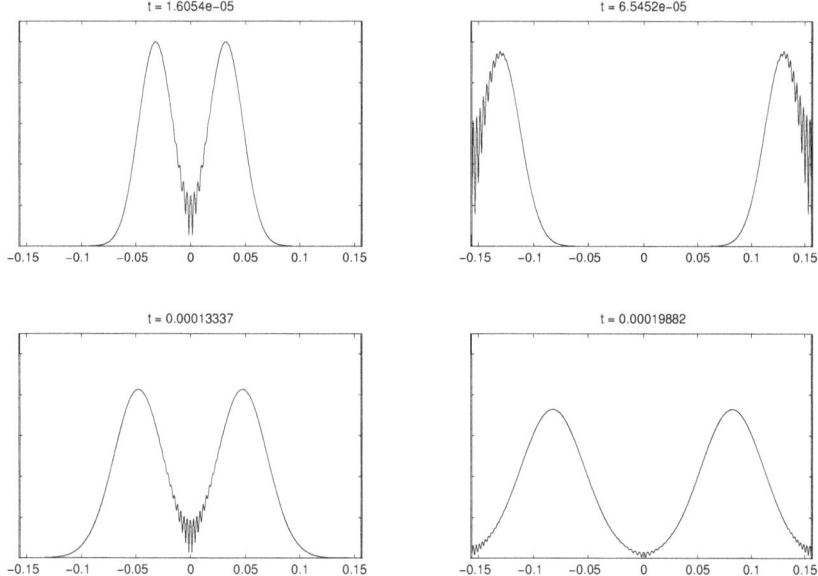

Abbildung 3.11: *Vgl. Abb. (3.8). Zwei identische Teilchen derselben kinetischen Energie lau-fen auseinander und werden am Kastenende reflektiert (s. wpcayleyBos.m). Mit der Zeit ver-breitern sich die Wellenpakete bis schließlich der gesamte Raum ausgefüllt wird.*

```
%% Potential
%V = 150*ones(size(x));
V = 80000*ones(size(x));
V(x<xp1) = 0;
V(x>xp2) = 0;
plot(x,V)
hold on
%% Start Wellenpaket
a = 4*4/(xp2-xp1)^2;                    % Breite des Wellenpakets
psi = sqrt(sqrt((2*a)/pi))*exp(i*k.*x).*exp(-a*(x-xg).^2);
psi = psi.';
plot(x,abs(psi))
skal = max(abs(psi));                   % Skalierung auf 1 zur Visualisierung
%% Erzeugen der Matrixstrukturen
xt = ones(1,n-1);
xt0 = zeros(1,n-1);
xt1 = zeros(n,1);
xm = diag(xt);
xm = [xt0;xm];
xm = [xm,xt1];
alpha = (i*lambda -2 - dx^2 * V);       % vgl. Buch
A = diag(alpha)+xm+xm'; A = sparse(A);
beta = (i*lambda + 2 + dx^2 * V);
B = diag(beta)-xm-xm';  B = sparse(B);
propa = A\B;
propa = full(propa);
%% Zeitintegration
%  wird ausgefuehrt bis die Welle an die Raumgrenzen stoesst
%  Fuer die Visualisierung wird das Potential auf "1" umskaliert
renn = true;
xort = xg;
while renn
hold off
psi = propa*psi;
area(x,abs(V)/max(abs(V)),'FaceColor',[0.96 0.96 0.96]),hold on
t=t+dt;
xort = xg + 2*k*t;         % vg = 2*k Gruppengeschwindigkeit
                           % zum Vergleich Bewegung eines klassischen
                           % Teilchens. Bei Konvergenz bewegt sich das
                           % Wellenpaket und das klassische Teilchen mit
                           % derselben Geschwindigkeit.
abspsi=abs(psi);
plot(x,abspsi/skal,xort,1.015,'p'), ylim([0,1.025])
title(['t = ' num2str(t)]),shg
renn = (max(abs([psi(1),psi(end)]))) < 0.001) && t<0.05 ;
end
```

Visualisierungen beschleunigen. Abb. (3.11) zeigt die Wellenfunktion zweier Bosonen, die am Kastenende reflektiert werden. Zur Visualisierung der Bewegung eines Wellenpakets haben wir im Falle des Potentialkastens (s.o.) ein Gausspaket (3.118) als Startpaket gewählt. Ähnlich gehen wir im Fall der beiden Bosonen vor, nur dass wir jetzt mit der Überlagerung zweier Gausspakete starten, die sich jeweils gleich schnell in unterschiedliche Richtungen bewegen. Zur Visualisierung dient das folgende Skript:

```
%% wpcayleyBos.m
% Beispiel: Zwei Bosonen mit bis auf das Vorzeichen gleichen k-Werten
%% Parameter
clear,clc,close all
n=2000;                     % Zahl finiten Differenzelemente
xl = -pi/20;                % linke raeumliche Grenze
xr = pi/20;                 % rechte raeumliche Grenze
xp1 = -0.025/2;             % Potentialbreite
xp2 = 2*0.075/2;
xg =0;% -0.1;               % Zentrum des Wellenpaktes
x=linspace(xl,xr,n);
dx = x(2)-x(1);             % raeumliche Aufloesung
dt = 5*dx^2;               % s. Kommentare wpcayley.m
t=0;
lambda = 2 * dx^2/dt
k=1000;%50;%10;%15;         % Wellenzahl - Geschwindigkeit des Pakets
%% Potential
V = zeros(size(x));
Vsc = 400000000;
V(3:7) = Vsc;               % Kastenwand
V(end-7:end-3) = Vsc;
%% Figure mit PushButton zum Beenden
fh = figure;
ph = uicontrol(fh, 'Style','PushButton','Units','normalized',...
    'Position',[0.93,0.0,0.08,0.1],'String','Stop',...
    'BackgroundColor', [0.901961 0.901961 0.901961],...
    'ToolTipString','Beendet Programm','CallBack','tend=0');
plot(x,V/Vsc)
hold on
%% Start Wellenpaket
a = 4*4/(xp2-xp1)^2;                    % Breite des Wellenpakets
psi = sqrt(sqrt((2*a)/pi))*(exp(i*k.*x) + ...
            exp(-i*k.*x)).*exp(-a*(x-xg).^2)/2;
psi = psi.';
skal = max(abs(psi));
hpl=plot(x,abs(psi),xg,1.015,'pm')
%% Erzeugen der Matrixstrukturen
xt = ones(1,n-1);
xt0 = zeros(1,n-1);
xt1 = zeros(n,1);
```

```
xm = diag(xt);
xm = [xt0;xm];
xm = [xm,xt1];
alpha = (i*lambda -2 - dx^2 * V);       % vgl. Buch
A = diag(alpha)+xm+xm'; A = sparse(A);
beta = (i*lambda + 2 + dx^2 * V);
B = diag(beta)-xm-xm';  B = sparse(B);
propa = A\B;
propa = full(propa);
%% Zeitintegration
%  wird ausgefuehrt bis die Welle an die Raumgrenzen stoesst
%  Fuer die Visualisierung wird das Potential geeignet umskaliert
renn = true;
xort = xg;
tend = 0.001;           % Maximale Laufzeit
vg = 2*k;
ts = 0;
area(x,V/max(abs(V)),'FaceColor',[0.96 0.96 0.96]),hold on
while renn
psi = propa*psi;
t=t+dt;
xort = xg + vg*(t-ts);   % vg = 2*k Gruppengeschwindigkeit
                         % zum Vergleich Bewegung eines klassischen
                         % Teilchens
if ((xort - x(end-8) > 0) && xort > 0)
    vg = -vg;
    xg = xort;
    ts = t;
elseif ((x(7) - xort > 0) && xort < 0)
    vg = -vg;
    xg = xort;
    ts = t;
end

abspsi=abs(psi);
hpl(1).XData = x;
hpl(1).YData = abspsi/skal;
hpl(2).XData = xort
ylim([0,1.025])
title(['t = ' num2str(t)]),shg
drawnow
renn = (max(abs([psi(1),psi(end)]))) < 0.001) && t<tend ;
end
```

Zum Beenden der Visualisierung haben wir mit `uicontrol(...)` einen Push-Button erstellt. Die CallBack-Funktion setzt dabei „tend" auf den Wert 0 und beendet damit die while-Schleife bevor die maximale Laufzeit erreicht worden ist.

In vielen Fällen läuft die Visualisierung zu rasch ab. Ausbremsen läßt sie sich mittels `break(0.1)`, beschleunigen indem wir auf das wiederholte Plotten verzichten. Mit

`hpl=plot(x,abs(psi),xg,1.015,'pm')`

haben wir das Line-Handle „hpl" erzeugt. über `hpl(1).XData = x;` tauschen wir nur die x-Werte des Plots aus. Ebenso verfahren wir mit den anderen Koordinaten. Gegenüber dem erneuten Plotten wird die Abbildung etwa 25-mal so schnell erstellt.

Zur Berechnung der Propagation der Wellenfunktion muss wiederholt die Operation `A\B` ausgeführt werden. Beide Matrizen sind dünnbesetzte Matrizen. Mittels `A=sparse(A)` wird eine Sparse-Matrix in MATLAB erstellt, d.h. es werden nur die Matrixelemente gespeichert, die ungleich Null sind sowie deren Position. Die Berechnung von `A\B` mit „Sparse" ist etwa drei Mal so schnell wie die Berechnung mit der vollen Matrix, vorausgesetzt die Matrix ist auch wirklich dünn besetzt.

3.4.3   Kurze Übersicht der MATLAB-Programme

Gaussmovie.m Visualisiert das Zerfließen eines Gausspakets.

wp_revivial.m Skript zur Berechnung des Korrelationskoeffizienten eines Wellenpakets zu einem späteren Zeitpunkt mit dem Startpaket.

wpcayley.m Skript zur Visualisierung eines Wellenpakets das gegen ein Kastenpotential läuft. `wpcayleyvisu.m` ist das Skript, das zum Erstellen der Buchabbildungen genutzt wurde.

wpcayleyBos.m Visualisierung der Wellenfunktion zweier Bosonen eingesperrt in einen Kasten.

3.5   Simulation zeitunabhängiger Quantensysteme

3.5.1   Rechteckpotenziale und Potenzialsprünge

Der Potenzialtopf mit unendliche hohen Wänden.
Beginnen wir mit der Berechnung der Energieeigenwerte eines Potenzialtopfs mit unendlich hohen Wänden

$$V(x) = \begin{cases} \infty & \text{für } |x| \geq a \\ 0 & \text{für } |x| < a \end{cases} . \tag{3.144}$$

Die Breite des Kastens ist $l = 2\,a$. Im Innenraum gilt

$$\left(\frac{d^2}{dx^2} + \frac{2m}{\hbar^2} E \right) \psi(x) = 0 \tag{3.145}$$

und im Außenraum

$$\left(\frac{d^2}{dx^2} + \frac{2m}{\hbar^2} (E - V(x)) \right) \psi(x) = 0 \tag{3.146}$$

und wegen $V = \infty\ \psi(x)_{\text{außen}} = 0$. Aus Symmetriegründen gilt $\psi(x) = \pm\psi(-x)$, d.h. wir können die Lösung in eine Wellenfunktion definierter Parität aufspalten. Aus der Randbedingung $\psi(|a|) = 0$ folgt sofort

$$\psi_{2k-1}(x) = cos(\alpha_{2k-1} \cdot x) \quad \text{mit} \quad \alpha_{2k-1} = \frac{(2k-1)\pi}{2\,a} \tag{3.147}$$

$$\psi_{2k}(x) = sin(\alpha_{2k} \cdot x) \quad \text{mit} \quad \alpha_{2k} = \frac{2k\,\pi}{2\,a} \tag{3.148}$$

$$E_k = \left(\frac{k*\pi}{2a}\right)^2 \frac{\hbar}{2\,m} \quad \text{mit} \quad k = 1, 2, 3, \cdots . \tag{3.149}$$

Vergleichen wir diese Energiewerte mit dem des endlichen Potentialtopfs, dann gilt stets $E_k^{\text{endlich}} < E_k^{\infty}$, sofern E_k^{endlich} existiert.

Abbildung 3.12: Energiespektrum für den Potenzialtopf mit unendlich hohen Wänden. Die Abbildung wurde mit folgendem Miniprogramm erstellt:

```
n = 1:5;     E(n) = n.*n;
plot([0,0],[0,30],'k','Linewidth',3), hold on
plot([1,1],[0,30],'k','LineWidth',3)
plot([0,1],[0,0],'k','LineWidth',3)
for k=1:length(n)
.       plot([0,1],[E(k),E(k)],'k','LineWidth',1)
end
set(gcf,'Color',[0.99,0.99,0.99])
hold off, axis off, shg
```

gcf steht für get-current-figure und liefert das zugehörige Figure-Handle zurück. Mit „Color" wird dann die Farbe gesetzt.

Der Potenzialtopf endlicher Tiefe

Die Gleichungen des Potenzialtopfs endlicher Tiefe, Abb. (3.1), wurden in Kap. (3.1.2) abgeleitet. Das Programm `pottopf.m` öffnet eine grafische Benutzeroberfläche (User Interface) mit dem sich per Schieberegler (Slider) die Breite und die Tiefe des Potentialtopfs einstellen läßt, vgl. Gl. (3.17). Die entsprechenden Energieeigenwerte werden dann in den Potentialtopf geplottet. Bei Mausklick auf eine Energielinie wird deren Werte gerundet angezeigt.

Grafische Benutzerobeflächen lassen sich mit Hilfe des Guide (**G**raphical **U**ser **I**nterface **D**esign **E**nvironment) einfach erstellen. Der Befehl >> guide öffnet eine Oberfläche mit mehreren Elementen, die sich per Maus auf der Oberfläche platzieren lassen. Unter dem Menü Tools kann dann via „run" ein Fig-File (enthält die grafischen Informationen) und ein m-File mit Callback-Funktionstemplate erstellt werden. Callback-Funktionen werden beim Bedienen eines grafischen Steuerelements, beispielsweise eines der Schieberegler hier, ausgeführt. Werfen wir einen kurzen Blick darauf, für Details muss ich auf die Literatur [4] verweisen.

```
% --- Executes on slider movement.
function aslider_Callback(hObject, eventdata, handles)
% hObject     handle to aslider (see GCBO)
% eventdata   reserved - to be defined in a future version of MATLAB
% handles     structure with handles and user data (see GUIDATA)


% Hints: get(hObject,'Value') returns position of slider
%          get(hObject,'Min') and get(hObject,'Max') range of slider

a=round(100*get(handles.aslider,'Value'))/100;
set(handles.aslider,'Value',a)

set(handles.atxt,'String',['Breite a = ',num2str(a)])
set(handles.hpot(1),'Xdata',[-3*a,-a])
set(handles.hpot(2),'Xdata',[-a,a])
set(handles.hpot(3),'Xdata',[a,3*a])
set(handles.hpot(4),'Xdata',[-a,-a])
set(handles.hpot(5),'Xdata',[a,a])
xlim([-3*a,3*a])
Vt=get(handles.Vslider,'Value');
set(get(handles.achsen,'Xlabel'),'Position',[a/3 Vt*1.25 1.00011])
heig=get(handles.figure1,'UserData');
delete(heig)
pottopfeig(a,Vt,handles)
```

Mit get(handles.aslider,'Value') wird der aktuelle Wert des Sliders eingelesen und mittels set-Befehle die Grafik entsprechend modifiziert. Der Befehl pottopfeig(a,Vt, handles) ruft die Unterfunktion pottopfeig zur Berechnung der Eigenwerte auf. „handles" ist dabei eine Struktur, die die Kennung aller grafischen Elemente zu ihrem Aufruf beherbergt.

```
function pottopfeig(a,V0,handles)

sfun = @(x) tan(sqrt(2*(x+V0))*a)-sqrt(-x./(x+V0));
afun = @(x) tan(sqrt(2*(x+V0))*a)+sqrt(-(x+V0)./x);
```

```
E=linspace(-V0,0,1000);
phi = sqrt(2*(E+V0))*a;
z1 = sqrt(-E./(E+V0));
z2 = -1./z1;

n=ceil(2*sqrt(2*V0)*a/pi);
nsym = ceil(n/2);
nanti = n-nsym;

Esym=zeros(1,nsym);
fvals = Esym;

for k=1:nsym
    phig = [0,pi/2]+(k-1)*pi;
    x0 = ((phig./a).^2)./2-V0;
    if x0(1) == -V0
        x0(1) = x0(1)+V0/10000;
    end
    if x0(2)>0
        x0(2)=-eps;
    end
    dx = x0(1)-x0(2);
    while abs(sfun(x0(1))) > 10000 || abs(sfun(x0(2))) > 10000
            xt = linspace(x0(1),x0(2));
            [w,ind]=max(abs(afun(xt)));
            xt(ind) = [];
            x0(1)=xt(1);
            x0(2)=xt(end);
    end
    [Esym(k),fvals(k),exitflag,output] = fzero(sfun,x0);
    if exitflag ~= 1
        xtest = linspace(xt(1),xt(2));
        figure, plot(xtest,sfun(xtest)), shg
    end
end
if nanti > 0
    Eant = zeros(1,nanti);
    fvala = Eant;
    for k =1:nanti
        phig = [pi/2+eps, pi] + (k-1)*pi;
        x0 = ((phig./a).^2)./2-V0;
        if x0(2)>0
            x0(2)=-eps;
        end
        while abs(afun(x0(1))) > 10000 || abs(afun(x0(2))) > 10000
            xt = linspace(x0(1),x0(2));
            [w,ind]=max(abs(afun(xt)));
```

```
              xt(ind) = [];
              x0(1)=xt(1);
              x0(2)=xt(end);
          end
          [Eant(k),fvala(k),exitflag,output] = fzero(afun,x0);
      end
end
if nanti >0
    Eres = sort([Esym,Eant]);
else
    Eres = Esym;
end

aplot=repmat([-0.99*a;0.99*a],1,length(Eres));
Eplot=repmat(Eres,2,1);
heig=plot(aplot,Eplot);
handles;
set(handles.figure1,'UserData',heig)

title({'Eigenzustaende';['symmetrische: ', num2str(nsym),...
        ' antisym. ', num2str(nanti)]})

dcm=datacursormode;
set(dcm,'Enable','on')
set(dcm,'UpdateFcn',@NC)
```

Als erster Schritt werden die anonymen Funktionen „sfun, afun" zu den Gleichungen (3.21) und (3.22) erstellt und aus der Breite und Tiefe des Potenzialkastens die Anzahl der symmetrischen und antisymmetrischen Eigenlösungen bestimmt. In einer For-Schleife werden dann die zugehörigen Energiewerte mittels der Funktion fzero berechnet und geplottet. Am Ende der Funktion aktiviert dcm=datacursormode; die Möglichkeit mittels Mausklick auf die Energielinie, den Energiewert anzeigen zu lassen. Die Funktion NC legt dabei fest was ausgegeben werden soll und wird bei Klicken auf die Energielinie über set(dcm,'UpdateFcn',@NC) aufgerufen.

```
function output_txt = NC(obj,event_obj)
% Display the position of the data cursor
% event_obj     Handle to event object
% output_txt    Data cursor text string (string or cell array of strings).

pos = get(event_obj,'Position');
output_txt = {['Energie: ',num2str(pos(2),4)]};

% If there is a Z-coordinate in the position, display it as well
if length(pos) > 2
    output_txt{end+1} = ['Z: ',num2str(pos(3),4)];
end
```

Bei positiven Energiewerten treten Resonanzen auf, s. Kap. (3.1.2), die sich in den Maxima für den Transmissionskoeffizienten, Abb. (3.2), manifestieren. Berechnet wurde Abb. (3.2) mit dem folgenden kleinen Programm,

```
function [k1,k2,T] = pottopfres(a,V0)
% k1 Wellenzahl des "freien" Teilchens
% k2 Wellenzahl ueber dem Potenzial
% T Transmissionskoefizient
% a Potentialbreite V0 Potentialtiefe
% typischer Aufruf [k1,k2,T] = pottopfres(1,1)

E = linspace(0.1,20,10000);

k1=sqrt(2*E);
k2=sqrt(2*(E+V0));
T = 4*k1.^2.*k2.^2./(4*k1.^2.*k2.^2 +((k1.^2-k2.^2).*sin(2*a*k2)).^2);
x = 2*a*k2;
plot(x,T),shg
hold on
if a==1 && V0==1
plot([pi,pi],[0.93,1],'k',[2*pi,2*pi],[0.93,1],'k',...
     [3*pi,3*pi],[0.93,1],'k',[4*pi,4*pi],[0.93,1],'k')
end
ylabel('T'),xlabel('2 a k_2')
hold off
```

das mittels der Gleichungen von Kap. (3.1.2) selbst erklärend sein dürfte. Wie rufe ich die Funktion auf, wenn mich das Rückgabeargument „k2" nicht interessiert?
>> [k1,~,T] = pottopfres(1,1);

Das Kronig-Penney-Modell.

Das Kronig-Penney-Modell [35] ist ein vereinfachtes Modell für das Potential eines unendlich ausgedehnten Kristalls, in dem die Wechselwirkung mit den Gitteratomen durch Deltadistributionen an ihren Positionen modelliert wird:

$$V(x) = V_0 \sum_{n=-\infty}^{\infty} \delta(x - n \cdot a), \tag{3.150}$$

d.h. im Bereich $0 < x < a$ ist $V(x) = 0$. Als Ansatz verwenden wir in diesem Bereich ebene Wellen

$$\psi_\kappa(x) = A \exp(i\,\kappa\,x) + B \exp(-i\,\kappa\,x) \quad \text{mit} \quad \kappa = \sqrt{\frac{2mE}{\hbar^2}}. \tag{3.151}$$

Für die jeweils um eine Gitterkonstante verschobene Wellenfunktion gilt das Blochsche Theorem

$$\psi_{k,\kappa}(x) = \exp(i\,k\,a) \cdot \psi_{k,\kappa}(x - a). \tag{3.152}$$

(Im Folgenden unterdrücken wir zur Vereinfachung den Index k, κ.) Wir müssen folglich ähnlich dem endlichen Potenzialtopf die Anschlußbedingungen an der Stelle $[a - \epsilon, a + \epsilon]$ mit $\epsilon \leftarrow 0$ finden. Durch Integration der Schrödinger-Gleichung erhalten wir

$$\frac{\hbar^2}{2m}\frac{d}{dx}\psi(a + \epsilon) - \frac{\hbar^2}{2m}\frac{d}{dx}\psi(a - \epsilon) + V_0\psi(a) = 0 \text{ und } \epsilon \rightarrow 0, \qquad (3.153\text{a})$$

sowie wegen der Stetigkeit

$$\psi(a - \epsilon) = \psi(a + \epsilon) \quad \epsilon \rightarrow 0. \qquad (3.153\text{b})$$

Insgesamt erhalten wir daraus das folgende Gleichungssystem

$$0 = \begin{pmatrix} C_{11} & C_{12} \\ C_{21} & C_{22} \end{pmatrix} \begin{pmatrix} A \\ B \end{pmatrix} \qquad (3.154)$$

mit

$$C_{11} = -\exp(ika) + \exp(i\kappa a)$$
$$C_{12} = \exp(-i\kappa a) - \exp(ika)$$
$$C_{21} = i\kappa(\exp(ika) - \exp(i\kappa a)) + \frac{2m}{\hbar^2}V_0\exp(i\kappa a)$$
$$C_{22} = -i\kappa(\exp(ika) - \exp(-i\kappa a)) + \frac{2m}{\hbar^2}V_0\exp(-i\kappa a)\,.$$

Nicht-triviale Lösungen erhält man für $\det(C) = 0$, d.h. für

$$\cos(ka) = cos(\kappa a) - \frac{m}{\hbar^2}a\,V_0 = y\frac{\sin(\kappa a)}{\kappa a}\,. \qquad (3.155)$$

Da $\cos(ka)$ nur Werte zwischen -1 und 1 annehmen kann sind alle Werte > 1 auf der rechten Seite keine Lösungen dieser Gleichung, s. Abb. (3.13). Da $\cos(ka)$ einen kontinuierlichen Wertebereich überdeckt, gibt es auch unendlich viele Energieeigenwerte.

Abb. (3.13) läßt sich sehr einfach erstellen:

```
%% Visualisierung der transzendenten Gleichung
qa = linspace(-6*pi,6*pi,500);
vorf = 5;%;7.5;%10;%10;
y = cos(qa) + vorf*sin(qa)./qa;  % y=cos(k*a)
plot(qa,y),shg
hold on
plot([qa(1),qa(end)],[1,1],[qa(1),qa(end)],[-1,-1])
ynull = zeros(size(y));
ynull(abs(y)>=1)=NaN;
plot(qa,ynull)
hold off
```

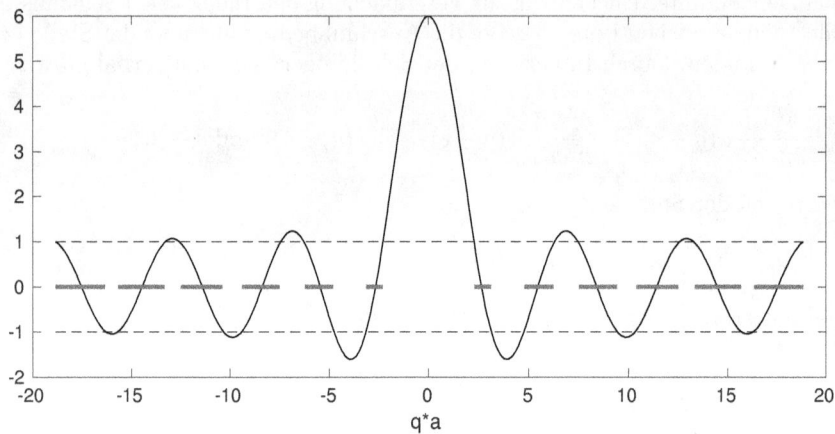

Abbildung 3.13: *Darstellung der transzendenten Gl. (3.155). Die y-Achse ist durch die rechte Seite von Gl. (3.155) gegeben. Die dunklen Balken kennzeichnen Lösungen.*

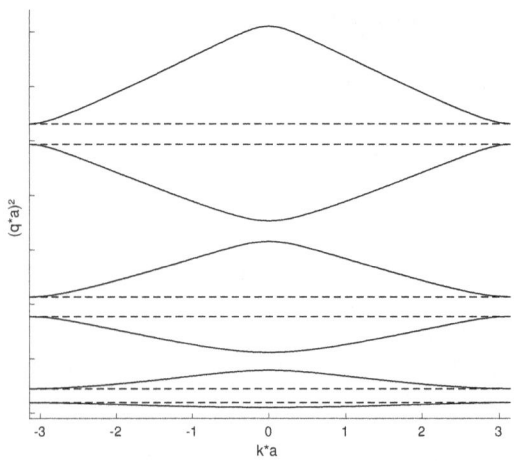

Abbildung 3.14: *Abhängigkeit der erlaubten Werte $(qa)^2$ in Abhängigkeit von ka. Zwischen den gestrichelten und durchgezogene Linien liegen die energetisch erlaubten Bereiche.*

Für die Visualisierung wurde $\frac{m}{\hbar^2} a V_0 = 5$ gesetzt. `ynull` besteht zunächst aus lauter Nullen. Keine Lösungen liegen für `abs(y) >1` vor. `ynull(abs(y)>=1)=NaN;` ordnet diesen Werte `NaN` (Not-a-Number) zu und dies führt beim Plotten zu den Lücken.

Nächster Schritt ist die Berechnung der Schnittpunkte der Kurve mit den Werten ± 1. Man sieht sofort, dass eine Lösung $\kappa a = n\pi$ ist, da dann der sin verschwindet und der cos je nach ganzer Zahl n ± 1 wird. Den zweiten Schnittpunkt bestimmen wir numerisch mit der Funktion `fzero`:

```
%%     Bestimmen der Schnittpunkt abs(y) = 1
yg1 = @(x) cos(x)+vorf*sin(x)./x-1;
yg2 = @(x) cos(x)+vorf*sin(x)./x+1;
yn1 = [-6*pi,-4*pi,-2*pi];
yn2 = [-5*pi,-3*pi,-pi];
for n=1:length(yn1)
    ym1(n) = fzero(yg1,yn2(n));
    ym2(n) = fzero(yg2,yn1(n));
end
```

`yg1` bestimmt den Wert für $\cos(ka) = +1$ und `yg2` für -1. Als Startwert für `fzero` wählen wir jeweils den ganzzahligen Wert von pi, der gerade keine Lösung für $+1$ bzw. -1 darstellt. In der For-Schleife werden dann die korrekten Nullstellen bestimmt.

Damit liegen alle Informationen vor, um die Energiebänder zu plotten. Das MATLAB-Skript KronigPenney.m führt die notwendigen Berechnungen und Plots für diese beiden Abbildungen durch. Für Abb. (3.14) sollte das Skript ohne zusätzliche Erläuterungen selbsterklärend sein.

3.5.2   Oszillatoren

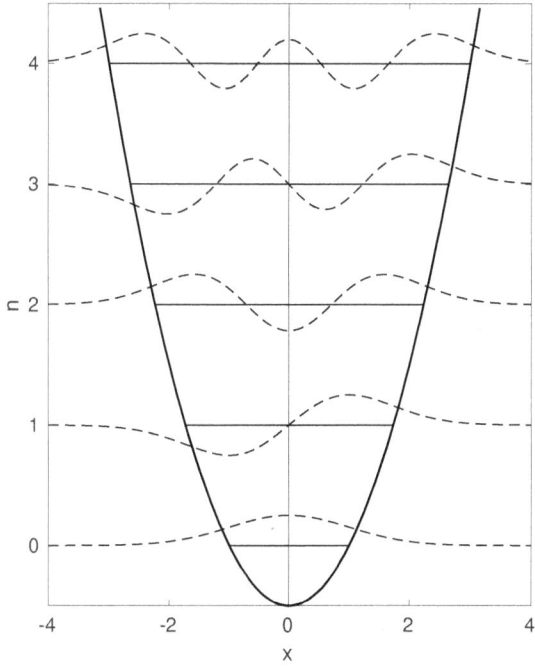

Abbildung 3.15: Energiespektrum des harmonischen Oszillators mit Hauptquantenzahl n und den zugehörigen Wellenfunktionen.

Harmonischer Oszillator in einer Dimension

Der Hamilton-Operator des harmonischen Oszillators ist

$$\hat{H} = \frac{1}{2m}\hat{p}^2 + \frac{m\omega^2}{2}\hat{x}^2 \; . \tag{3.156}$$

Mit Hilfe der Erzeugungs- und Vernichtungsoperatoren

$$\hat{a} = \sqrt{\frac{m\omega}{2\hbar}}\left(\hat{x} + \frac{i}{m\omega}\hat{p}\right) \qquad \hat{a}|n> = \sqrt{n}|n-1> \tag{3.157}$$

$$\hat{a}^\dagger = \sqrt{\frac{m\omega}{2\hbar}}\left(\hat{x} - \frac{i}{m\omega}\hat{p}\right) \qquad \hat{a}^\dagger|n> = \sqrt{n+1}|n+1> \tag{3.158}$$

$$\hat{n} = \hat{a}^\dagger\hat{a} \qquad \hat{n}|n> = n|n> \tag{3.159}$$

folgt

$$\hat{H} = \hbar\omega(\hat{a}^\dagger\hat{a} + \frac{1}{2}) \quad = \hbar\omega(\hat{n} + \frac{1}{2}) \tag{3.160}$$

und

$$\hat{H}|n> = \hbar\omega\left(n + \frac{1}{2}\right)|n> \tag{3.161}$$

mit der Hauptquantenzahl n und den Eigenfunktionen

$$< x|n> = \left(\frac{m\omega}{\pi\hbar}\right)^{\frac{1}{4}} \frac{1}{\sqrt{2^n n!}} H_n\left(\sqrt{\frac{m\omega}{\hbar}}x\right) \exp(-\frac{1}{2}\frac{m\omega}{\hbar}x^2) \; , \tag{3.162}$$

mit den Hermite-Polynomen $H_n(x)$

$$H_n(x) = (-1)^n \exp(x^2)\frac{d^n}{dx^n}\exp(-x^2) \; . \tag{3.163}$$

Energiespektrum und zugehörige Wellenfunktionen zeigt die Abb. (3.15).

Hermite-Polynom. Die Hermite-Polynome sind gerade Funktionen für n gerade und ungerade Funktionen für n ungerade. Sie lassen sich einfach über folgende Rekursionsgleichung [36]

$$H_{n+1}(x) - 2xH_n(x) - 2nH_{n-1}(x) = 0 \tag{3.164}$$

berechnen, dazu dient das beigefügte Programm `hermitpoly.m`.

Oszillator im Kasten. Der eindimensionale, harmonische Oszillator in einem symmetrischen Kasten ist ein Beispiel für ein Randwertproblem. Gewöhnliche Differentialgleichungen können als Anfangswertproblem vorliegen oder als Randwertproblem, d.h. die Werte an den Begrenzungen sind vorgegeben. Für die Schrödinger-Gleichung gilt

$$\left(-\frac{d^2}{dx^2} + V(x)\right)\psi(x) = E\psi(x) \;\; \text{mit} \;\; V(x) = \begin{cases} \dfrac{1}{2}x^2 : -a < x < a \\ \infty \quad : x = |a| \end{cases} . \tag{3.165}$$

Aus Symmetriegründen genügt es, nur die Hälfte der Lösung für $0 \leq x < a$ zu berechnen. Für positive Parität gelten die Randbedingungen $\psi(0) = 1, \psi(a) = 0$ und $\psi'(0) = 0$; für negative Parität $\psi(0) = 0, \psi(a) = 0$ und $\psi'(0) = 1$. Zusätzlich muss noch der Energieeigenwert E berechnet werden. Je schmäler der Kasten, umso höher werden die Eigenwerte.

MATLAB stellt zur Lösung von Randwertproblemen die Funktionen bvp4c und bvp5c zur Verfügung. Die Funktion bvp4c basiert auf einem Kollokationsverfahren. Das Ergebnis ist in Abb. (3.16) dargestellt. Die Berechnung erfolgte mit der Funktion harmoscbvp.m:

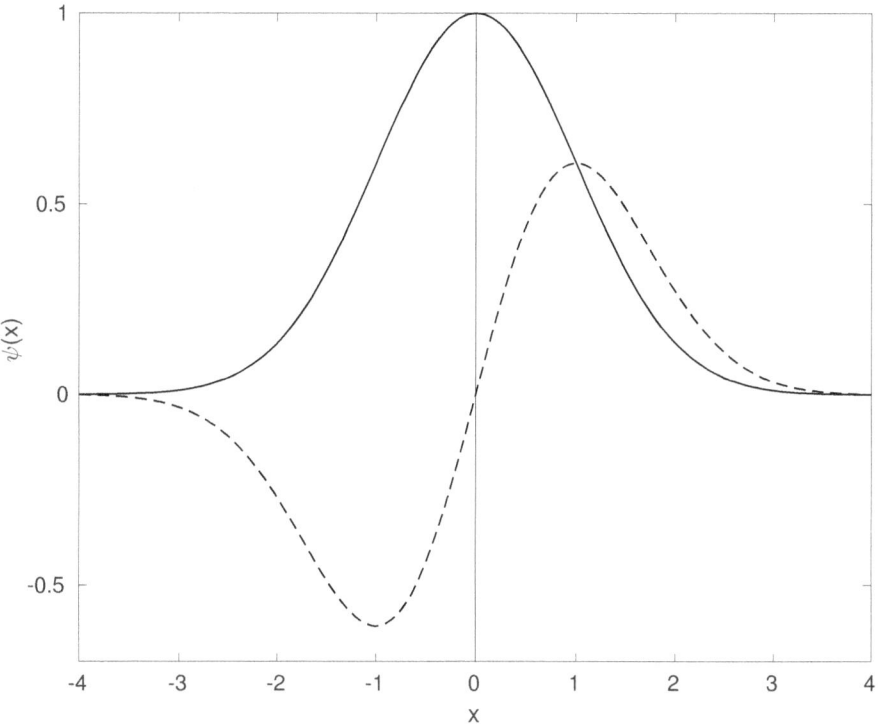

Abbildung 3.16: *Eigenfunktion harmonischer Oszillator im Kasten. Die durchgezogene Linie ist die Lösung (a=4) bei positiver und die gestrichelte bei negativer Parität. Dies sind der Grundzustand und der erste angeregte Zustand.*

```
function sol=harmoscbvp(a,ty)
% Berechnung der quantenmechanischen Loesung
% a ist die Breite des Potentials
% ty sym positive Paritaet
```

```
% asym negative Paritaet

% bvpinit
switch ty
    case 'sym'
            lambda = 0.5;
            symf=1;
            solinit = bvpinit(linspace(0,a,10)...
                    ,@oscinit,lambda,a,ty);
    case 'asym'
            symf=-1;
            lambda = 1.5;
            solinit = bvpinit(linspace(0,a,10)...
                    ,@oscinit,lambda,a,ty);
end
```

Mittels `switch` wird festgelegt, ob die Lösung zu positiver oder negativer Parität berechnet werden soll. bvpinit bietet eine erste Schätzung als Startwert für die Funktion bvp4c. Dazu wird die Unterfunktion `oscinit` aufgerufen, die eine erste Lösung vorschlägt.

```
sol = bvp4c(@oscode, ...
            @(ya,yb,lambda) oscbc(ya,yb,lambda,ty),solinit);

% Ausgabe und Visualisierung
fprintf('Der Eigenwert ist %7.3f.\n',...
        sol.parameters)

xint = linspace(0,a);
Sxint = deval(sol,xint);
xtot = [-fliplr(xint(2:end)), xint];
ytot = [symf*fliplr(Sxint(1,2:end)),Sxint(1,:)];

plot(xtot,ytot)
title('Eigenfunktion harmonischer Oszillator ...
        im Kasten')

% ------------------------------------------------
function dydx = oscode(x,y,lambda,varargin)
% Schroedingergleichung
dydx = [   y(2)
            -(2*lambda - x.*x)*y(1) ];

% ------------------------------------------------
function res = oscbc(ya,yb,lambda,ty)
% Randbedingungen
```

```
switch ty
    case 'sym'
            res=[ya(1)-1
                 yb(1)
                 ya(2)];
    case 'asym'
            res=[ya(1)
                 yb(1)
                 ya(2)-1];
end

% ------------------------------------------------
function yinit = oscinit(x,a,ty)
% Schaetzer
switch ty
    case 'sym'
            yinit=[exp(-1/2*x*x)
                   -x*exp(-1/2*x*x)];
    case 'asym'
            yinit=[x*exp(-1/2*x*x)
                   -x*x*(exp(-1/2*x*x)-1)];
end
```

Die Unterfunktion `oscode` legt die Differentialgleichung fest und `oscbc` die Randbedingungen.

Anharmonische Ankopplung an das Kontinuum

Der Hamilton-Operator des anharmonischen Oszillators [12] lautet

$$\hat{H} = -\frac{\hbar^2}{2m}\frac{d^2}{dx^2} + \frac{m}{2}\omega^2\hat{x}^2 + C\hat{x}^3 + D\hat{x}^2 \qquad (3.166)$$

Mit den Leiteroperatoren (3.157), (3.158) wird daraus

$$\hat{H} = \hbar\omega[(\hat{a}^\dagger\hat{a} + \frac{1}{2}) + \underbrace{\frac{C}{\hbar\omega}\left(\frac{\hbar}{2m\omega}\right)^{3/2}}_{\frac{1}{8}\sqrt{2}\kappa}(\hat{a}^\dagger + \hat{a})^3 + \underbrace{D\frac{\hbar}{4m^2\omega^3}}_{\frac{1}{8}\lambda}(\hat{a}^\dagger + \hat{a})^4] \qquad (3.167)$$

Für $\hbar = 1 = m$ erhalten wir damit als Vorfaktoren für x^3 und x^4 $1/2\kappa$ bzw. $1/2\lambda$.

In erster störungstheoretischer Ordnung erhalten wir

$$E_n \approx \hbar\omega\left[n + \frac{1}{2} + \frac{3}{8}\lambda(2n^2 + 2n + 1)\right], \qquad (3.168)$$

wegen $< n|(\hat{a}^\dagger + \hat{a})^3|n >= 0$ trägt der kubische Anteil in erster Ordnung nicht bei. Für $\lambda \neq 0$ überwiegt der Term 4. Ordnung und daher liegen für positive λ-Werte

Bindungszustände vor. Berechnen können wir die Eigenlösungen mit dem Programm anharmosc.m. Die erzeugten Abbildungen zeigen zum Vergleich zusätzlich die Eigenfunktion des Harmonischen Oszillators.

```
function [E,V] = anharmosc(ndim,kappa,lambda,wieviel)

% Berechnung des Eigenwertspektrums des anharmonischen Oszillators
% W. Schweizer Numerical Quantum Dynamics, E. (6.121 b)
% ndim Dimension der Matrix
% wieviel < ndim Anzahl der zu berechnenden Eigenl"osungen
% Beispiel [E,V] = anharmosc(100,0.5,1,5);

% Preallokation
Nsqrt=zeros(ndim);
E0 = Nsqrt;
Emat = Nsqrt;
x3 = Nsqrt;
x4 = Nsqrt;

qz = [0:ndim-1].';
N = diag(qz);
Nsqrt = sqrt(N);

E0 = N + 1/2*eye(ndim);

ad = [Nsqrt(:,2:end),zeros(ndim,1)];
a = ad';

x = sqrt(1/2)*(ad + a);

x3 = x^3;
x4 = x3*x;

Emat = E0 + 1/8*sqrt(2)*kappa*x3 + 1/8*lambda*x4;

if wieviel >= ndim
    wieviel = ceil(ndim/2),
end

[V,E]=eigs(Emat,wieviel,'sm');
E = diag(E);
spy(Emat),shg
nnz(Emat)/ndim^2

eigenvisu(V,ndim)
```

```
function eigenvisu(V,ndim)

% Berechnung der Eigenfunktionen des harmonischen Oszillators
% sqrt(hbar/m omega) = 1

x = linspace(-3,3,2000)'; % normierte Ortskoordinate

wellfunho = [];
for n=0:ndim-1
    nfak = 1/sqrt(sqrt(pi)*2^n*factorial(n));
    Hn = polyval(hermitpoly(n),x);
    wellfunho = [wellfunho,nfak*Hn.*exp(-x.^2)];
end

wellfunah = wellfunho*V;
%size(wellfunah)
pos = round(length(x)/2);

% Visualisierung
for n=1:size(V,2)
    figure
    vor=sign((wellfunah(pos,n)-wellfunah(pos+10,n))*...
            (wellfunho(pos,n)-wellfunho(pos+10,n)));
    if vor == 0;
        vor =1;
    end
    plot(x,vor*wellfunah(:,n),x,wellfunho(:,n)),grid on,shg
    title([num2str(n),'. Wellenfunktion'])
    legend('anharmon','harm')
end
```

Die Berechnung der Eigenlösungen erfolgt mittels `[V,E]=eigs(Emat,wieviel,'sm');`
eigs nutzt zur Berechnung der Eigenwerte und Eigenfunktionen einer dünn besetzten
Matrix ein Arnoldi-Verfahren. Der Option 'sm' legt fest, dass die niedrigsten Eigenwerte
berechnet werden sollen. Zur Berechnung nutzen wir die Darstellung (3.167). Für den
Vernichtungsoperator gilt $\hat{a}|n> = n|n-1>$, d.h. in einer Matrixdarstellung durchläuft
die Nebendiagonale die ganzen Zahlen von $1\cdots ndim$. Die entsprechende Matrix läßt
sich folglich einfach berechnen. Die Visualisierung der Wellenfunktion erfolgt in der
Unterfunktion eigenvisu. Der erste Rückgabewert von eigs sind die Eigenfunktionen.
Die Entwicklung erfolgt hier nach den Oszillator-Eigenfunktionen $|n>$, d.h.

$$\psi_m = \sum_n A_{n,m}|n> .   \tag{3.169}$$

Die Koeffizienten $A_{n,m}$ zum m-ten Eigenwert befinden sich in der m-ten Spalte des
ersten Rückgabewerts von eigs.

Kubisches Potential. Betrachten wir den anharmonischen Oszillator mit $\lambda = 0$, $\kappa \neq 0$, Abb. (3.17). Solange die Eigenfunktionen des harmonischen Oszillators noch nicht tief in den linken Potentialwall eindringen, bzw. ihn durchdringen lassen sich die Eigenlösungen nach den Oszillator-Eigenfunktionen entwickeln. Störungstheoretisch gilt

$$E_n = \hbar\omega\left(n + 0.5 - \frac{15}{16}\kappa.^2\left(n^2 + n + \frac{11}{30}\right)\right). \tag{3.170}$$

Ein Vergleich mit einem Diagonalisierungsverfahren verknüpft mit einer komplexen Koordinatentransformation zeigt Tab. (3.2).

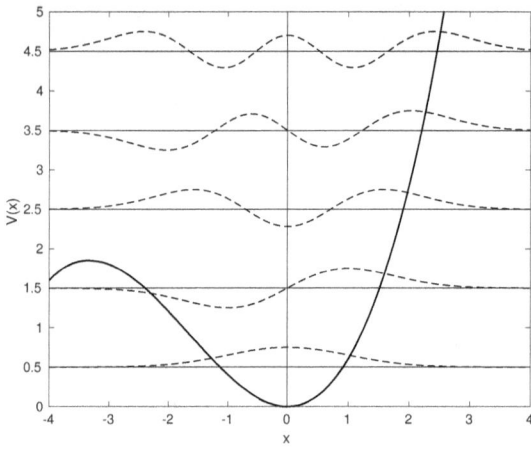

Abbildung   3.17: *Potenzial* $V(x) = \frac{1}{2}x^2 + \frac{1}{6}\kappa x^3$ *für* $\kappa = 0.2$. *Zusätzlich sind die Eigenfunktionen des harmonischen Oszillators dazu geplottet.*

Mittels komplexer Koordinaten Rotation lassen sich Resonanzen aufdecken. Dazu wird der Hamilton-Operator geeignet transformiert und der Häufungspunkt in Abhängigkeit des Drehwinkels bestimmt, Abb (3.19). Reale Eigenwerte bleiben erhalten, Resonanzen werden aufgedeckt. Der Imaginärteil der Eigenwerte bestimmt dabei die Breite der Resonanz. Für den anharmonischen Oszillator gilt

$$\hat{H}_0 + \frac{1}{2}\kappa\hat{x}^3 \rightarrow \exp(-2i\Theta)\hat{H}_0 + \frac{1}{2}(\exp(2i\Theta) - \exp(-2i\Theta)\hat{x}^2 + \frac{1}{2}\exp(-3i\Theta)\kappa\hat{x}^3 \tag{3.171}$$

Die Ergebnisse der 2. störungstheoretischer Ordnung mit denen der komplexen Koordinatenrotation mit 100 Basiszuständen vergleichen wir in Tabelle (3.2). Die Abweichungen werden umso deutlicher je stärker der Einfluss der Ankopplung an das Kontinuum wird. Bei sehr großen κ-Werten würde die störungstheoretische Energie sogar negativ werden.

Das Skript `anharmosc3rd.m` ist ein Beispiel für die Berechnung der niedrigsten drei Zustände mit dem auch die Werte für Abb. (3.18) erstellt wurden.

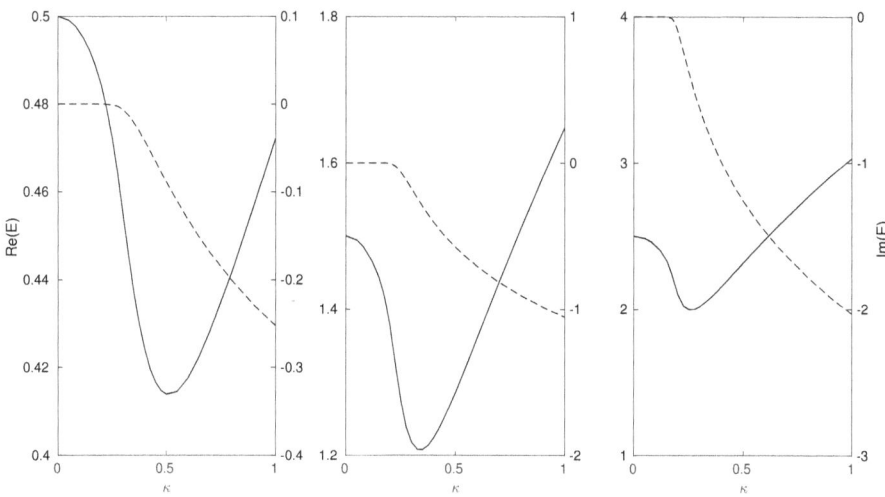

Abbildung 3.18: *Die ersten drei Eigenenergien für den anharmonischen Oszillator mit Potential $V(x) = 1/2\,x^2 + 1/2\,\kappa\,x^3$. Von links nach rechts: Der Grundzustand, 1. angeregter und 2. angeregter Zustand. Jeweils die linke Achse zeigt den Werte des Realteils (durchgezogene Linie) und die rechte Achse den zugehörigen Wert des Imaginärteils (gestrichelte Linie).*

Tabelle 3.2: *Vergleich der störungstheoretischen Lösung (Pert.) mit der Methode der komplexen Koordinatenrotation (CC) mit 100 Basiselementen. Gelistet sind die Realteile der Eigenenergien. Die Spaltenwerte stehen für den Potentialparameter κ. Für die Hauptquantenzahl n = 0 zeigen sich deutliche Abweichungen bei $\kappa = 0.3$. Hier steigt der Betrag des Imaginärteils auf $0,0065$; ein deutliches Ansteigen verzeichnet man für n = 1 und 2 bereits bei $\kappa = 0,2$.*

METHODE	N	0,05	0,15	0,2	0,25	0,3	0,35	0,4
Pert.	0	0,4991	0,4923	0,4863	0,4785	0,4691	0,4579	0,4450
CC	0	0,4991	0,4917	0,4843	0,4724	0,4548	0,4369	0,4239
Pert.	1	1,4945	1,4501	1,4241	1,3877	1,3322	1,2656	1,1880
CC	1	1,49444	1,4429	1,3781	1,2763	1,2180	1,2082	1,2241
Pert.	2	2,4851	2,3657	2,2612	2,1270	1,9628	1,7688	1,5450
CC	2	2,4848	2,3290	2,0973	1,9983	2,0196	2,0803	2,1558

```
clear
ndim = 100;    % Anzahl der Basiselemente
wieviel=3;     % Anzahl der zu berechnenden Zustaende

kl = [0.05,0.08,0.12,0.15,0.17,0.185,0.2,0.225,0.25,0.275,0.3,0.325,...
      0.35,0.375,0.4,0.425,0.45,0.475,0.5,0.55,0.6,0.65,0.7,0.8,0.9,1];
%     kl: kappa-Werte
```

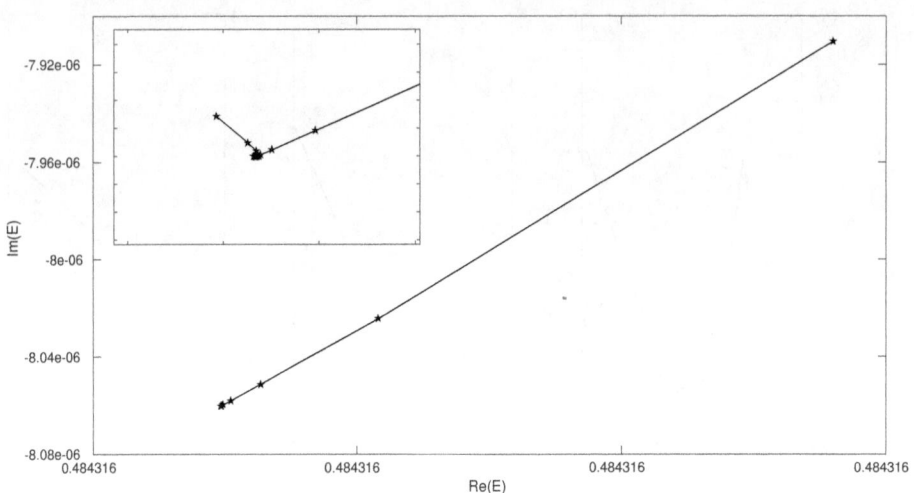

Abbildung 3.19: *Aufgetragen ist der Realteil der Energie gegen ihren Imaginärteil für den Grundzustand bei κ = 0.2 bei 75 unterschiedlichen komplexen Winkeln. Während sich der Realteil hier praktisch nicht mehr ändert durchläuft der Imaginärteil verschiedene Werte. Die niedrigste Gruppe von Werten ist stark vergößert in der inneren Abbildung dargestellt. Deutlich zeigt sich dort ein Häufungspunkt, der den korrekten Wert repräsentiert.*

```
%ergx = [kappa,real(E),abweichung,imag(E),abweichung,winkel min, max]
erg3 = [0,2.5,0,0,0,0,0];
erg2 = [0,1.5,0,0,0,0,0];
erg1 = [0,0.5,0,0,0,0,0];

for kappa = kl

Nsqrt=zeros(ndim);   % Allokation
Emat = Nsqrt;
x3 = Nsqrt;

qz = [0:ndim-1].';  % Eigenloesungen
N = diag(qz);
Nsqrt = sqrt(N);

%E0 = N + 1/2*eye(ndim);

ad = [Nsqrt(:,2:end),zeros(ndim,1)];  % Erzeugungsoperator
a = ad';

x = sqrt(1/2)*(ad + a);                % Ortsoperator
```

```
p = 1i*sqrt(1/2)*(ad - a);              % Impulsoperator
xq0 = x^2;
pq0 = p^2;
xc0 = x*xq0;

nlauf=0;
Enlauf = [];

wl = linspace(1,30,75);                 % Komplexe Koordinatenrotation

for winkel=wl
    nlauf=nlauf+1;
    wr = winkel*pi/180;
    xq = exp(2*1i*wr)*xq0;
    pq = exp(-2*1i*wr)*pq0;
    xc = exp(3*1i*wr)*xc0;
    Emat = 1/2*(xq+pq)+1/2*kappa*xc;
    E=eigs(Emat,wieviel,'sm');      % Eigenwertberechnung
    Enlauf = [Enlauf,E];
end
%
E3 = Enlauf(3,:);                       % Grundzustand
auswahl3 = imag(E3)<=0;                 % H"aufungspunkt berechnen
[ra3,rb3]=min(abs(diff(real(E3(auswahl3)))));
index = 1:length(auswahl3);
index = index(auswahl3);
%index(rb3)
[ia3,ib3]=min(abs(diff(imag(E3(auswahl3)))));
%index(ib3)
vonwo =min([index(rb3),index(ib3)])-2;
biswo =max([index(rb3),index(ib3)])+2;
if vonwo<=0
    vonwo=1;
end
if biswo >max(index)
    biswo=max([index(rb2),index(ib2)]);
end
abr3=max(real(E3(vonwo:biswo)))-min(real(E3(vonwo:biswo)));
abi3=max(imag(E3(vonwo:biswo)))-min(imag(E3(vonwo:biswo)));
gamma3=mean(imag(E3(vonwo:biswo)));
eig3=mean(real(E3(vonwo:biswo)));
zuerg1 = [kappa,eig3,abr3,gamma3,abi3,wl(vonwo),wl(biswo)];
erg1= [erg1;zuerg1];
%
E2 = Enlauf(2,:);                       % 1. angeregter Zustand
auswahl2 = imag(E2)<=0;
[ra2,rb2]=min(abs(diff(real(E2(auswahl2)))));
```

```
index = 1:length(auswahl2);
index = index(auswahl2);
%index(rb2)
[ia2,ib2]=min(abs(diff(imag(E2(auswahl2)))));
%index(ib2)
vonwo =min([index(rb2),index(ib2)])-2;
biswo =max([index(rb2),index(ib2)])+2;
if vonwo<=0
    vonwo=1;
end
if biswo >max(index)
    biswo=max([index(rb2),index(ib2)]);
end
%E2(vonwo:biswo)
abr2=max(real(E2(vonwo:biswo)))-min(real(E2(vonwo:biswo)));
abi2=max(imag(E2(vonwo:biswo)))-min(imag(E2(vonwo:biswo)));
gamma2=mean(imag(E2(vonwo:biswo)));
eig2=mean(real(E2(vonwo:biswo)));
zuerg2 = [kappa,eig2,abr2,gamma2,abi2,wl(vonwo),wl(biswo)];
erg2= [erg2;zuerg2];
%
E1 = Enlauf(1,:);                   % 2. angeregter Zustand
auswahl1 = imag(E1)<=0;
[ra1,rb1]=min(abs(diff(real(E1(auswahl1)))));
index = 1:length(auswahl1);
index = index(auswahl1);
%index(rb1)
[ia1,ib1]=min(abs(diff(imag(E1(auswahl1)))));
%index(ib1)
vonwo =min([index(rb1),index(ib1)])-2;
biswo =max([index(rb1),index(ib1)])+2;
if vonwo<=0
    vonwo=1;
end
if biswo >max(index)
    biswo=max([index(rb1),index(ib1)]);
end
%E1(vonwo:biswo)
abr1=max(real(E1(vonwo:biswo)))-min(real(E1(vonwo:biswo)));
abi1=max(imag(E1(vonwo:biswo)))-min(imag(E1(vonwo:biswo)));
gamma1=mean(imag(E1(vonwo:biswo)));
eig1=mean(real(E1(vonwo:biswo)));
zuerg3 = [kappa,eig1,abr1,gamma1,abi1,wl(vonwo),wl(biswo)];
erg3= [erg3;zuerg3];
```

Die Ergebnisse werden in der folgenden Form zurückgegeben:

`[kappa,real(E),abweichung,imag(E),abweichung,winkel min, max].`

„abweichung" steht dabei für die Differenz zwischen dem größten und dem kleinsten Wert in der Gruppe der Häufungspunkte und „winkel max, min" für die zugehörigen Rotationswinkel. Betrachten wir als Beispiel die Berechnung des Grundzustands. Der Imaginärteil der Energie muss stets negativ sein. `auswahl3 = imag(E3)<=0;` ist eine logische 1 wenn die Bedingung erfüllt ist. Mit `real(E3(auswahl3))` wählen wir die Energiewerte aus, für die die Bedingung wahr ist und bestimmen mit

`[ra3,rb3]=min(abs(diff(real(E3(auswahl3)))));`

das Minimum benachbarter Werte. „ra3" ist der Wert und „rb3" der zugehörige Index. In der gleichen Weise verfahren wir mit dem Imgainärteil und wählen unsere Gruppe zur Bestimmung des Häufungspunkt aus dem gesamten durch den Imaginärteil und Realteil vorgegebenen Wertebereich aus. Dies liefert die Variablen „vonwo, biswo". Die entsprechenden Eigenwerte werden dann durch Mittelwertbildung berechnet und zur Kontrolle die maximale Abweichung zwischen den für diese Berechnung genutzten Werte mit ausgegeben („Abweichung"). Die Abweichungen erweisen sich dabei stets als vernachlässigbar klein.

Harmonischer Oszillator in drei Dimensionen

Der Hamilton-Operator des anisotropen harmonischen Oszillators in drei Dimensionen lautet

$$\hat{H} = \frac{1}{2m}(\hat{p}_1^2 + \hat{p}_2^2 + \hat{p}_3^3) + \frac{1}{2}\hbar^2(\omega_1^2\hat{x}_1^2 + \omega_2^2\hat{x}_2^2 + \omega_3^2\hat{x}_3^2). \tag{3.172}$$

Da der Hamilton-Operator separabel ist, ergeben sich die Eigenenergien aus der Summe der Energien der Oszillatoren in die jeweilige Raumrichtung und die Eigenfunktion aus dem Produkt der Eigenfunktionen der eindimesionalen Komponenten. Im isotropen Fall gilt $\omega_1 = \omega_2 = \omega_3$. Die Lösung kann wieder aus den eindimensionalen kartesischen Komponenten gebildet werden oder durch Transformation auf die sphärischen Koordinaten (3.45). Für den Radialteil des Hamilton-Operators , vgl. Gl. (3.46b), gilt

$$\left[-\frac{\hbar^2}{2m}\frac{1}{r}\frac{d^2}{dr^2}r + \frac{\hbar^2}{2m}\frac{l(l+1)}{r^2} + \frac{1}{2}m\omega^2\right]R_{nlm}(r) = E_n\,R_{nlm}(r) \tag{3.173}$$

mit

$$R_{nlm} = \left(\frac{\lambda^3}{4\pi}\right)^{\frac{1}{4}}\sqrt{\frac{n_r!2^{n+2}}{[2(l+n_r)+1]!!}}r^l\exp(-\frac{\lambda}{2}r^2)L_{n_r}^{l+1/2}(\lambda r^2)Y_{l,m}(\theta,\phi)\text{ mit }\lambda = \frac{m\omega}{\hbar} \tag{3.174}$$

und der Hauptquantenzahl n

$$E_n = \hbar\omega(n+\frac{3}{2})\quad\text{mit}\quad n = 2n_r + l\,. \tag{3.175}$$

Den radialen Teil der Wellenfunktion zeigt Abb. (3.20). Der sphärische harmonische Oszillator ist entartet. Für die Anzahl a_n der entarteten Eigenfunktionen gilt

$$a_n = \binom{N+n-1}{n} \tag{3.176}$$

mit N der Raumdimension, hier 3. Der Binomialkoeffizienzt a_n kann in MATLAB mittels an = nchoosek(N+n-1,n); berechnet werden.

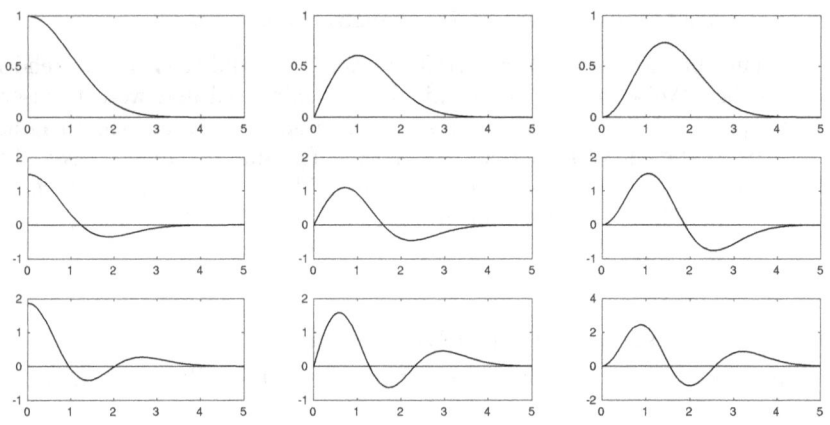

Abbildung 3.20: *Radialer Anteil der Wellenfunktion des sphärischen harmonischen Oszillators. Von oben nach unten $n_r = 0, 1, 2$ und von links nach rechts $l = 0, 1, 2$.*

$L_n^\alpha(x)$ sind die verallgemeinerten Laguerre-Polynome. Berechnet werden können sie mittels der folgenden Rekursionsgleichung

$$L_0^\alpha(x) = 1 \quad \text{und} \quad L_1^\alpha(x) = 1 + \alpha - x \tag{3.177}$$

$$L_{n+1}^\alpha(x) = \frac{1}{n+1} \left[(2n + \alpha + 1 - x)L_n^\alpha(x) - (n + \alpha)L_{n-1}^\alpha(x) \right] . \tag{3.178}$$

Zur Berechnung dient das Programm `laguerrepoly.m`

```
%% Verallgemeinerte Laguerre-Polynome
if nr == 0
    Lpol2 = [0,1];
elseif nr == 1
    Lpol2 = [-1, 1 + alpha];
else
    Lpol1 =[zeros(1,nr),1];
    Lpol2 =[zeros(1,nr-1),-1,1+alpha];
    for k=1:nr-1
```

```
        mult2 = conv([-1,2*k+alpha+1],Lpol2);
        mult1 = (k+alpha)*Lpol1;
        mult2(1) = [];
        Lpol1 = Lpol2;
        Lpol2 = (mult2 - mult1)/(k+1);
    end
end
alphastr= strrep(num2str(alpha),'.','p')
eval(['L_',num2str(nr),'_',alphastr,' = ', 'Lpol2;'])
```

In MATLAB lassen sich Polynome durch Vektoren repräsentieren, z.Bsp $a_3 x^3 + a_2 x^2 + \cdots \to$ [a3,a2,a1,a0]. Der niedrigste Index ist 1 und Vektoren, die addiert werden müssen dieselbe Länge haben. Dies wird durch zeros(...) in obigem Programm gewährleistet.

Das Wasserstoffatom im Oszillatorbild

Anwendungen für das Wasserstoffatom im Oszillatorbild finden sich beispielsweise im Rahmen von Untersuchungen zum Quantenchaos. Ein Beispiel dafür sind hochangregten Zuständen des Wasserstoffatoms in einem äußeren Magnetfeld. Der Hamilton-Operator für das Wasserstoffatom ist

$$[-\frac{1}{2}\Delta - \frac{1}{r} \underbrace{-E}_{\frac{1}{2}\omega^2}]|\psi> = 0 . \tag{3.179}$$

Für Bindungszustände ist die Energie negativ, folglich $-E$ eine positive Größe. In semiparabolischen Koordinaten, Gl. (3.67b), folgt

$$\left\{-\frac{1}{2}\frac{1}{\eta^2+\zeta^2}\left[\frac{1}{\zeta}\frac{\partial}{\partial\zeta}\zeta\frac{\partial}{\partial\zeta} + \frac{1}{\eta}\frac{\partial}{\partial\eta}\eta\frac{\partial}{\partial\eta} + \left(\frac{1}{\eta^2}+\frac{1}{\zeta^2}\right)\frac{\partial^2}{\partial\phi^2}\right] - \frac{2}{\eta^2+\zeta^2} + \frac{1}{2}\omega^2\right\}|\Phi> = 0 .$$

Mit $<\eta\zeta\phi|\Phi> = <\eta\zeta|\psi> \cdot \exp(i\,m\,\phi)$ tritt an die Stelle der partiellen Ableitung nach ϕ m^2 und wir erhalten für $m = 0$ einen separablen Ausdruck in η, ζ der Form

$$\left\{-\frac{1}{2}\frac{1}{x}\frac{\partial}{\partial x}x\frac{\partial}{\partial x} - \alpha_x + \frac{1}{2}\omega^2 x^2\right\} <x|\psi> \quad \text{mit } x = \eta, \zeta . \tag{3.180}$$

(Für $m \neq 0$ müssten wir mit Kustaanheimo-Stiefel Koordinaten fortfahren und würden auf einen vierdimensionalen harmonischen Oszillator geführt.) Die Separationskonstanten α. erfüllen

$$\alpha_\eta + \alpha_\zeta = 2 . \tag{3.181}$$

Gl. (3.180) ist die Gleichung eines zweidimensionalen harmonischen Oszillators in Polarkoordinaten. Folglich gilt

$$\alpha_x = \omega(1 + 2n_x) \quad \text{mit} \quad x = \eta, \zeta$$

und

$$2 = \alpha_\eta + \alpha_\zeta = 2\omega(1 + n_\eta + n_\zeta)$$

und wir erhalten

$$E = -\frac{1}{2}\omega^2 = -\frac{1}{2(1 + n_\eta + n_\zeta)} \tag{3.182}$$

und damit wieder das wohlbekannten Energiespektrum des Wasserstoffatoms.

3.5.3   Quantensysteme in äußeren Feldern

Das freie Elektron im Magnetfeld I

Das freie Elektron im Magnetfeld ist ein Modell für die Leitungselektronen in Metallen. Die zugehörigen Energienieveaus werden als Landau-Niveaus bezeichnet. Für das konstante Magnetfeld wählen wir als Vorzugsrichtung die z-Achse, $\vec{B} = (0, 0, B)$ und für das Vektorpotential $\vec{A} = (0, B \cdot x, 0)$. Um Verwechslungen mit der Magnetquatenzahl auszuschließen bezeichnen wir die Masse mit μ. Aus dem Hamilton-Operator $\hat{H} = 1/2\mu(\vec{p} - q\vec{A})^2$ folgt

$$\hat{H} = \underbrace{-\frac{\hbar^2}{2\mu}\frac{\partial^2}{\partial z^2}}_{H_{frei}} \underbrace{-\frac{\hbar^2}{2\mu}\left(\frac{\partial^2}{\partial x^2} + \frac{\partial^2}{\partial y^2}\right) + \frac{i\hbar}{2\mu}qB \cdot x\frac{\partial}{\partial y} + \frac{1}{2\mu}q^2B^2 \cdot x^2}_{H_{osc,y}} . \tag{3.183}$$

Der Hamilton-Operator ist separabel in einen Anteil parallel zum Magnetfeld, der eine freie Bewegung beschreibt, d.h.

$$E_{frei} = \frac{\hbar^2}{2\mu}k_z^2 \quad \text{und} \quad \psi_{frei} = \exp(ik_z z) . \tag{3.184}$$

Mit $\psi_{osc,y} = \exp(ik_y y) \cdot \psi_{osc}(x)$ folgt aus $H_{osc,y}$

$$\left(-\frac{\hbar^2}{2\mu}\frac{\partial^2}{\partial \tilde{x}^2} + \frac{\mu}{2}\omega_c^2\tilde{x}^2\right)\psi_{osc}(\tilde{x}) + \frac{\hbar k_y}{qB} = E_{osc}\psi_{osc}(\tilde{x}) + \frac{\hbar k_y}{qB} \tag{3.185}$$

mit

$$\tilde{x} = x - \frac{\hbar k_y}{qB} . \tag{3.186}$$

und der Zyklotronfreuenz $\omega_c = \frac{qB}{\mu}$. Es handelt sich folglich um eine verschobenen harmonischen Oszillator. Für die Energie gilt

$$E_{n,k_z} = \hbar\omega_c(\frac{1}{2} + n) + \frac{\hbar^2 k_z^2}{2\mu} \tag{3.187}$$

und die Wellenfunktion

$$\psi_{n,k_y,k_z} = \exp(i(k_z z + k_y y))\exp(-\frac{qB}{2\hbar}\tilde{x}^2)H_n\left(\sqrt{\frac{qB}{\hbar}}\,\tilde{x}\right) . \tag{3.188}$$

Da der Wertebereich von k_y, k_z nicht eingeschränkt ist, ist die Energie E_{n,k_z} entartet.

Das freie Elektron im Magnetfeld II

Die Eichfreiheit erlaubt es uns, das Vektorfeld auch in der symmetrischen Eichung

$$\vec{A} = -\frac{1}{2}\vec{x}\times\vec{B} \tag{3.189}$$

zu wählen. In diesem Fall erhalten wir in Zylinderkoordinaten (3.54b)

$$\hat{H} = -\frac{\hbar^2}{2\mu}\left(\frac{1}{\rho}\frac{\partial}{\partial\rho}\rho\frac{\partial}{\partial\rho} + \frac{1}{\rho^2}\frac{\partial^2}{\partial\phi^2} + \frac{\partial^2}{\partial z^2}\right) - \frac{\omega_c}{2}\hat{L}_3 + \frac{\mu\omega_c}{8}\rho^2 \,. \tag{3.190}$$

Der Ansatz

$$\psi(\rho,\phi,z) = R(\rho)\exp(im\phi)\exp(ik_z z) \tag{3.191}$$

führt wieder für den z-Anteil zu einem Energiebeitrag $\hbar k_z^2/(2\mu)$ und für den ϕ-Anteil zu einem paramagnetischen Energiebeitrag. Für den ρ-Anteil gilt

$$\left(\frac{d^2}{d\rho^2} + \frac{1}{\rho} - \frac{m^2}{\rho^2} - \frac{\mu\omega_c^2}{4\hbar^2}\rho^2\right)R(\rho) = -\frac{2\mu}{\hbar^2}\left(E - \frac{\hbar^2 k_z^2}{2\mu} + \frac{\hbar m\omega_c}{2}\right)R(\rho)\,. \tag{3.192}$$

Als Lösung erhalten wir für das Spektrum

$$E_{n,m,k_z} = \hbar\omega_c(\frac{1}{2} + n + \frac{|m| + m}{2}) + \frac{\hbar k_z^2}{2\mu} \tag{3.193}$$

und

$$<\rho,\phi,z|\psi> \propto \underbrace{\rho^m\exp(-\frac{\rho^2}{m})L_{n+m}^m(\rho^2)}_{\text{Landau}-\text{Funktion}}\exp(im\phi)\exp(ik_z z)\,. \tag{3.194}$$

Laguerre- und Hermite-Polynome. Zwischen Laguree- und Hermite-Polynomen besteht der folgende Zusammenhang

$$H_{2n}(x) = (-4)^n n! L_n^{-\frac{1}{2}}(x^2) \tag{3.195}$$

$$H_{2n+1}(x) = 2(-4)^n x L_n^{\frac{1}{2}}(x^2)\,. \tag{3.196}$$

Gl. (3.188) ist einfacher zu interpretieren. Es liegt eine Oszillatoreigenfunktion vor, die entsprechend der Wellenzahl k_y auf der x-Achse verschoben ist. Die Berechnung der Wellenfunktionen mit Hilfe des Programms `hermitpoly.m` ist einfach.

3.5.4   Kurze Übersicht der MATLAB-Programme.

pottopf.m Grafische Benutzeroberfläche zu einem Potentialtopf endlicher Tiefe. Dazu gehört `pottopf.fig`. Unterfunktionen sind `pottopfeig.m` und `NC.m` neben den Callback-Funktionen.

pottopfres.m Berechnung der Resonanzen zum endlichen Potentialtopf.

KronigPenney.m Programm zum Kronig-Penney Modell.

hermitpoly.m dient der Berechnung der Hermite-Polynome, `harmonosceigen.m` zur
Berechnung der Eigenfunktionen des harmonischen Oszillators und `harmoscplot`
zur Visualisierung. (Als Beispiel für Objekt-Orientierte Programmierung ist zusätzlich die Funktion `hermiteoop.m` beigefügt.)

harmoscbvp.m Funktion zur Untersuchung eines harmonischen Oszillators in einem
Kasten.

anharmosc.m Berechnung der Eigenlösungen eines anharmonischen Oszillators. **an-
harmosc3rd.m** Beispiel für die Verwendung der komplexen Koordinatenrotation.

laguerrepoly.m dient der Berechnung der verallgemeinerten Laguerre-Polynome und
`harmosc3dr_visu.m` der Visualisierung des 3d harmonischen Oszillators.

3.6   Zeitabhängige Störungstheorie

In diesem Abschnitt diskutieren wir kurz die zeitabhängige Störungstheorie. Für unseren
Hamilton-Operator gilt

$$\hat{H} = \hat{H}_0 + \hat{H}_1(t) \tag{3.197}$$

mit bekannten Eigenlösungen $E_n, |n>$ des ungestörten Operators $\hat{H}_0$, wobei n alle not-
wendigen Quantenzahlen repräsentiert. Diese Eigenfunktionen dienen als Basis für die
Entwicklung der gestörten, zeitabhängigen Lösung. Für die zeitabhängige Schrödinger-
Gleichung gilt

$$i\hbar \frac{\partial}{\partial t} <\vec{r}, t|\psi> = \left[\hat{H}_0 + \hat{H}_1(t)\right] <\vec{r}, t|\psi> \tag{3.198}$$

und für die Wellenfunktion

$$<\vec{r}, t|\psi> = \sum_n a_n(t) <\vec{r}, t|n> = \sum a_n(t) \exp\left(-i\frac{E_n}{\hbar}t\right) <\vec{r}|n> . \tag{3.199}$$

Wenden wir die zeitabhängige Schrödinger-Gleichung auf die Wellenfunktion an und
multiplizieren von links mit $<m|$, so folgt

$$\sum_n a_n(t) \exp\left(-i\frac{E_n}{\hbar}t\right) \left[\underbrace{<m|hatH_0|n>}_{E_n\delta_{n,m}} + \underbrace{<m|\hat{H}_1(t)|n>}_{V_{mn}(t)}\right]$$

$$= i\hbar \sum_n \frac{\partial}{\partial t} \left\{ a_n(t) \exp\left(-i\frac{E_n}{\hbar}t\right) \underbrace{<m|n>}_{\delta_{mn}} \right\}$$

und damit

$$\frac{da_m(t)}{dt} = \frac{1}{i\hbar} \sum_n a_n(t) \exp(-i\,\omega_{nm}t) V_{mn}(t) , \qquad (3.200)$$

mit $\hbar\omega_{nm} = E_n - E_m$. Noch kennen wir die Koeffizienten a_n nicht. Beschränken wir uns auf eine Störung in einem zeitlich beschränkten Intervall. Für $\hat{H}_1$ gilt

$$\hat{H}_1 = \begin{cases} V(t) & : \text{ für } 0 \le t \le \tau \\ 0 & : \text{ sonst} \end{cases} \qquad (3.201)$$

und damit für $t \le 0$

$$< \vec{r}, t | \psi_{\text{initial}} > = \exp\left(-i\frac{E_n}{\hbar}t\right) < \vec{r}|n > , \quad a_k(t) = \delta_{kn} \qquad (3.202)$$

und für $\tau \ge t$

$$< \vec{r}, t | \psi_{\text{final}} > = \sum_k a_{kn}(\tau) \exp\left(-i\frac{E_k}{\hbar}t\right) < \vec{r}|k > , \qquad (3.203)$$

mit den zeitabhängigen Koeffizienten a_{kn}, dabei unterstreicht der Index n die Abhängigkeit vom Ausgangszustand $|n >$ und die Wahrscheinlichkeit das System im Zustand $|m >$ zu finden, ist durch $|a_{kn}|^2$ gegeben und wird als Übergangswahrscheinlichkeit bezeichnet.

Beginnen wir als Ausgangszustand mit einem stationären Zustand und nehmen wir außerdem an, dass $V_{nn} = 0$ ist. (Dies ist keine Einschränkung, da wir für Diagonalelemente die Lösung kennen.) Mit dem Ansatz

$$a_{kn} = a_{kn}^{(0)} + a_{kn}^{(1)} \qquad (3.204)$$

folgt in erster Ordnung

$$a_{mn}^{(1)} = \frac{1}{i\hbar} \int_0^t V_{mn}(t') \exp(i\omega_{mn}(t')dt' . \qquad (3.205)$$

Betrachten wir für ein besseres Verständnis den Fall einer konstanten und einer periodischen zeitabhängigen Störung.

Konstante Störung. Für $\hat{H}_1$ gilt

$$\hat{H}_1 = \begin{cases} V = \text{konstant} & : \text{ für } 0 \le t \le \tau \\ 0 & : \text{ sonst} \end{cases} \qquad (3.206)$$

folglich sind die Matrixelemente V_{mn} zeitunabhängig und damit

$$\begin{aligned} a_{mn}^{(1)} &= \frac{V_{mn}}{i\hbar} \int_0^\tau \exp(i\omega_{mn}t)dt \\ &= \frac{2i}{\hbar} V_{mn} \exp(\frac{i}{2}\omega_{mn}\tau) \frac{\sin(\frac{1}{2}\omega_{mn}\tau)}{\omega_{mn}} \end{aligned}$$

und damit wird die Übergangswahrscheinlichkeit

$$|a_{mn}^{(1)}|^2 = \frac{1}{\hbar^2}|V_{mn}|^2 f(\omega_{mn})$$

(3.207)

mit, s. Abb. (3.21),

$$f(\omega_{mn}) = \frac{\sin^2(\frac{1}{2}\omega_{mn}\tau)}{\left(\frac{1}{2}\omega_{mn}\right)^2} \; .$$

(3.208)

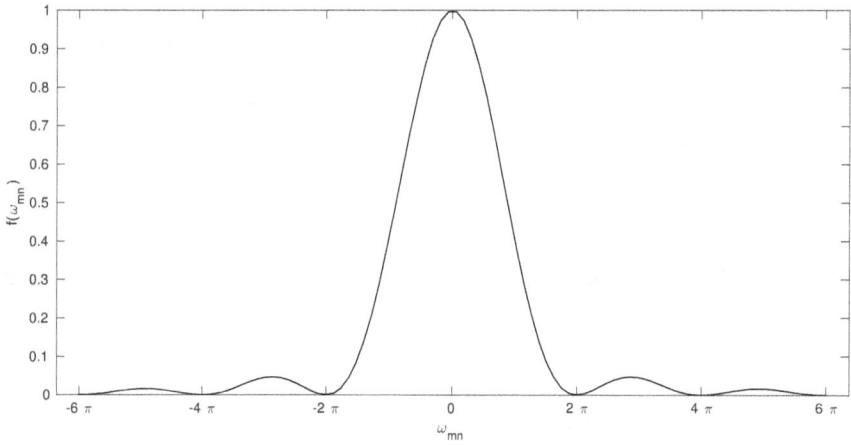

Abbildung 3.21: *Übergangswahrscheinlichkeit in Einheiten von $\hbar^2/|V_{mn}|^2$ als Funktion von ω_{mn} in Einheiten von $1/\tau$.*

Der differentielle Wirkungsquerschnitt ist für lange Wechselwirkungszeiten im Vergleich zu den ungestörten Eigenzeiten gegeben durch

$$d_{nm} = \frac{|a_{nm}|^2}{\tau} = \frac{2\pi}{\hbar}|V_{mn}|^2\delta(E_m - E_n) \; .$$

(3.209)

Ist $\rho(E_m)$ die Dichte der Endzustände, dann ist der totale differentielle Wirkungsqueschnitt

$$P_{mn} = \int d_{mn}q(E_m)dE_m = \frac{2\pi}{\hbar}|V_{mn}|^2\rho(E_m)$$

(3.210)

und diese Gleichung wird auch als Fermi's Goldene Regel bezeichnet.

Periodische Störung.

$$\hat{H}_1(t) = \begin{cases} A^{\pm}\exp(\pm\Omega t) & : \quad \text{für } 0 \leq t \leq \tau \\ 0 & : \quad \text{sonst} \end{cases}$$

(3.211)

wobei sich das Vorzeichensymbol $A^\pm$ nach dem Vorzeichen der Exponentialfunktion richtet. Die Auswertung des Integrals (s.o.) liefert nun

$$|a_{mn}^\pm|^2 = \frac{1}{\hbar^2}|A_{mn}^\pm|^2 \frac{4\sin^2\left(\frac{1}{2}(\omega_{mn} \pm \Omega)\tau\right)}{(\omega_{mn} \pm \Omega)^2} \, , \tag{3.212}$$

wobei wir die Kennzeichnung „(1)" unterdrückt haben. Analog zum zeitunabhängigen Fall erhalten wir für lange Wechselwirkungszeiten

$$d_{nm}^\pm = \frac{2\pi}{\hbar}|A_{mn}^\pm|^2 \delta(\frac{1}{2}(E_m - E_n) \pm \Omega) \, . \tag{3.213}$$

und daraus den totalen differentielle Wirkungsqueschnitt zu

$$P_{mn}^\pm = \frac{2\pi}{\hbar}|A_{mn}^\pm|^2 \rho(E_n \pm \hbar\Omega) \, . \tag{3.214}$$

Die praktische Berechnung von Übergangselementen kann beispielsweise mit Hilfe der Funktion `integral` durchgeführt werden. Je nach Fall können aber auch Berechnungen mittels Leiteroperatoren günstiger sein.

4 Finite Elemente in der Quantenmechanik

4.1 Vorbemerkungen

Im Folgenden werden wir uns auf Anwendungen zu eindimensionalen Finiten Elementen beschränken. Diese Einschränkung begrenzt uns nicht auf ein-dimensionale Systeme. Finite Elemente lassen sich auch mit anderen Verfahren, beispielsweise Diskrete Variablen Techniken kombinieren. Zweidimensionale Finite Elemente finden sich in [12], ebenso wie Hinweise zu Diskreten Variablen.

Die Darstellung des Hamilton-Operators mittels Finiter Elemente führt zu symmetrischen Matrizen, deren Eigenlösungen schließlich Eigenwerte und zugehörige Wellenfunktionen liefern. Für hochangeregte Zustände eignen sich wegen den strukturreichen Wellenfunktionen einfache Finite Elemente nicht. In diesem Fall müssen entweder adaptive Verfahren oder die Entwicklung nach global definierten, quadratintegrablen Basisfunktionen benutzt werden.

4.2 Das Verfahren der Finiten Elemente

Während bei der Entwicklung nach einem vollständigen orthonormalen Basissystem die Wellenfunktion im gesamten Orts- oder Impulsraum approximiert wird, ist die grundlegende Idee aller Diskretisierungsverfahren die Wellenfunktion im Orts- oder Impulsraum nur abschnittsweise mittels Interpolationspolynomen zu approximieren und die einzelnen nur in einem lokalen Bereich gültigen Approximationen stetig differenzierbar aneinander anzuschließen. Bei Finiten Element Verfahren wird dazu die Äquivalenz zu einem Extremalprinzip ausgenutzt [37]. Für Bindungszustände läßt sich die Wellenfunktion wegen der Quadratintegrabilität der Lösung hinreichend weit von Ursprung entfernt zu Null setzen.

Im Folgenden werden wir zunächst einmal die Schrödinger-Gleichung geeignet umformulieren und danach die gebräuchlichsten Interpolationspolynome diskutieren und den Zusammenhang zwischen lokaler Basis und globaler Basis erläutern. Ein einfaches Beispiel – das Wasserstoffatom – wird diese Kapitel beschließen.

4.2.1   Umformung der Schrödinger-Gleichung

Ausgangspunkt der folgenden Betrachtungen ist die eindimensionale Schrödinger-Gleichung

$$\left\{-\frac{\hbar^2}{2m}\frac{d^2}{dx^2} + (E - V(x))\right\}\psi_E(x) = 0 \quad . \tag{4.1}$$

An ihrer Stelle könnte auch jede andere eindimensionale Differential-Gleichung, die wir aus den oben definierten Separationskoordinaten gewonnen haben treten. Zur Vereinfachung setzen wir im folgenden

$$\hbar = 1, \quad m = \frac{1}{2} \quad \Rightarrow \quad \frac{\hbar^2}{2m} = 1 \quad . \tag{4.2}$$

Für gebundene Zustände ist $< x|\psi > = \psi(x)$ quadratintegrabel und folglich gibt es Grenzen $x_a < x < x_b$ außerhalb denen die Wellenfunktion in sehr guter Näherung verschwindet, d.h. es gilt

$$< x_a|\psi > = 0 = < x_b|\psi > \quad . \tag{4.3}$$

Die eindimensionale Schrödinger-Gleichung (4.1) in der Skalierung (4.2) kann in die äquivalente Form (Multiplikation von links mit $\psi(x)$ und Integration über den gesamten Raum)

$$\int_{-\infty}^{+\infty}\left[\psi(x)\frac{d^2}{dx^2}\psi(x) + \psi(x)(E - V(x))\psi(x)\right]dx = 0$$

überführt werden. Für quadratintegrable Wellenfunktionen folgt daraus in sehr guter Näherung

$$\int_{x_a}^{x_b}[\ \underbrace{\psi(x)\frac{d^2}{dx^2}\psi(x)} + \psi(x)(E - V(x))\psi(x)]dx = 0 \tag{4.4}$$

$$= \underbrace{\psi(x)\frac{d}{dx}\psi(x)|_{x_a}^{x_b}}_{\text{an den Grenzen} = 0} - \int_{x_a}^{x_b}\left[\frac{d}{dx}\psi(x)\right]^2 dx \quad .$$

Wir können diese Integralgleichung auch als ein Funktional der Wellenfunktion auffassen

$$I[\psi] = -\int_{x_a}^{x_b}\left[\frac{d}{dx}\psi(x)\right]^2 dx + \int_{x_a}^{x_b}\psi(x)\underbrace{[E - V(x)]}_{\sigma(x)}\psi(x)dx \tag{4.5}$$

und erhalten daraus mit dem Ansatz

$$\psi(x) = \sum_i C_i N_i(x) \tag{4.6}$$

$$I[\psi] = \sum_{i,j} C_i C_j \int \left[N_i(x)\sigma(x)N_j(x) - \frac{d}{dx}N_i(x)\frac{d}{dx}N_j(x) \right] dx \quad . \tag{4.7}$$

Die Basisfunktionen $N_i(x)$ sind dabei zunächst noch vollkommen beliebig und müssen nicht mit einem Finiten Element Ansatz verknüpft sein. Einzige Forderung ist ihre Differenzierbarkeit. Die einzelnen Beiträge im Integranden lassen sich als Matrixelemente interpretieren und wir werden als Lösung auf das verallgemeinerte Eigenwertproblem

$$\sum_i (H_{ji} + ES_{ji})\, C_i = 0 \quad \text{mit} \tag{4.8}$$

$$H_{ji} = \int \left[N_j(x)V(x)N_i(x) - \frac{d}{dx}N_i(x)\frac{d}{dx}N_j(x) \right] dx \quad \text{und} \tag{4.9}$$

$$S_{ij} = \int N_j(x)N_i(x)dx \tag{4.10}$$

geführt.

Um einen geeigneten Finiten Element Ansatz zu den Basisfunktionen N_j zu finden wenden, wenden wir uns nun zunächst den Interpolationspolynomen zu.

4.2.2   Interpolationspolynome

Für die folgende Ableitung denken wir uns das interessierende Intervall $[x_a, x_b]$ in kleine Teilintervalle aufgespalten. Auf jedem dieser Teilintervalle betrachten wir ein lokales Koordinatensystem, das so gesteckt oder gestaucht wurde, daß es in den neuen Koordinaten stets von $[0, +1]$ läuft. Diese neuen Koordinaten bezeichnen wir mit $\tilde{x}$. Den Zusammenhang zwischen diesen lokalen Koordinaten $\tilde{x}$ und den globalen Koordinaten x werden wir im Detail im Abschnitt 4.2.6 diskutieren. Zunächst wenden wir uns den Interpolationspolynomen zu.

Lagrange-Interpolationspolynome

Ableitung aus einer Taylor-Reihe:
Betrachten wir eine beliebig oft stetig differenzierbare Funktion (d.h. in praxi genügt eine hinreichend oft differenzierbare Funktion) $f(x)$ mit Taylor-Reihe

$$f(x_i) = \sum_{\nu=0}^{\infty} \frac{1}{\nu!} f^{(\nu)}(x)(x_i - x)^\nu \quad , \tag{4.11}$$

dabei bezeichnet $f^{(\nu)}$ die ν-te Ableitung der Funktion f. Als ein einfaches Beispiel, das die prinzipielle Konstruktion aufzeigt betrachten wir den folgenden Fall:
Approximieren wir diese Funktion durch eine Polynomfunktion p mit der Forderung

$$f(x_0) = p(x) + (x_0 - x)\frac{d}{dx}p(x) \quad \text{und}$$

$$f(x_1) = p(x) + (x_1 - x)\frac{d}{dx}p(x)$$

so folgt daraus

$$p(x) = \underbrace{\frac{x - x_0}{x_0 - x_1}}_{=L_{10}} f(x_0) + \underbrace{\frac{x - x_1}{x_1 - x_0}}_{=L_{11}} f(x_1)$$

$$= \sum_{k=0}^{1} L_{1k}(x) f(x_k) \quad ,$$

dabei steht 1 (i. allg. n) für den Polynomgrad und k kennzeichnet die einzelnen Interpolationspolynome zum Polynomgrad n. Das so definierte Polynom hat die Eigenschaft:

$$f(x_0) = p(x_0) \quad \text{und} \quad f(x_1) = p(x_1) \quad .$$

Die zugehörigen Lagrangeschen Interpolationspolynome haben die Eigenschaft:

$$L_{10}(x_0) = 1 \qquad L_{10}(x_1) = 0 \quad \text{und}$$
$$L_{11}(x_0) = 0 \qquad L_{11}(x_1) = 1 \quad .$$

Die allgemeine Definition ist:

$$p(x) = \sum_{k=0}^{n} L_{nk}(x) f(x_k) \tag{4.12}$$

mit der Forderung

$$p(x_i) = f(x_i) \quad \Rightarrow \quad \text{Polynom} - \text{Approximation} \tag{4.13}$$
$$L_{nk}(x_i) = \delta_{ki} \quad \Rightarrow \quad \text{Lagrangesches Interpolationspolynom} \quad . \tag{4.14}$$

Wir erhalten daraus für das Lagrangesche Interpolationpolynom

$$L_{nk}(x) = \frac{(x - x_0)(x - x_1) \cdots (x - x_{k-1})(x - x_{k+1}) \cdots (x - x_n)}{(x_k - x_0)(x_k - x_1) \cdots (x_k - x_{k-1})(x_k - x_{k+1}) \cdots (x_k - x_n)} \quad . \tag{4.15}$$

An Stelle des oben beschriebenen Weges können wir auch ein lineares Gleichungssystem zur Berechnung der Interpolationspolynome wählen, das sich bequem mit MATLAB lösen und einfach verallgemeinern läßt. Wir werden daher diesen alternativen Zugang im nächsten Paragraphen vorstellen und für die weiteren Interpolationspolynome vom Hermite-Typ nutzen.

Lagrange-Interpolationspolynome: Verknüpfung mit einem linearen Gleichungssystem.
Das prinzipielle Vorgehen läßt sich am einfachsten an einem Beispiel aufzeigen. Dazu verknüpfen wir die „wahre" Wellenfunktion $\psi(x)$ mit einer Approximation durch Lagrangesche Interpolationspolynome in lokalen Koordinaten, die im folgenden stets mit $\Phi_\alpha(\tilde{x})$ bezeichnet werden. Der Index α kennzeichnet dabei die unterschiedlichen Interpolationspolynome.

Für unsere Wellenfunktion gilt (in der gewählten Approximation):

$$\psi(\tilde{x}) = \sum_{\alpha} \Phi_{\alpha}(\tilde{x})\psi(\tilde{x}_{\alpha}) = \sum_{\alpha} \underbrace{\Phi_{\alpha}(\tilde{x})}_{Interpolationspolynom} \psi_{\alpha} \,. \tag{4.16}$$

Erfüllt unser Interpolationspolynom die Forderung

$$\Phi_{\alpha}(\tilde{x}_{\beta}) = \delta_{\alpha,\beta} \tag{4.17}$$

so nimmt die Wellenfunktion $\psi(x)$ an den Stützstellen $\tilde{x}_{\alpha}$ die korrekten Werte an. An allen anderen Raumpunkten wird die Wellenfunktion durch die gewählten Lagrange'schen Interpolationpolynome

$$\Phi_{\alpha}(\tilde{x}) = \sum_{i=0}^{n} C_{\alpha i}\tilde{x}^{i} \tag{4.18}$$

approximiert.

Zum Polynomgrad n gehören $n+1$ Koeffizienten $C_{\alpha i}$ und folglich auch $n+1$ Stützstellen im Intervall $0 \le \tilde{x} \le +1$, die wir im folgenden als Knotenpunkte bezeichnen und die äquidistant über das lokale Intervall verteilt sind. (Intervall und Stützpunkte sind im Grunde beliebig wählbar.) Für 3 Knotenpunkte folgt daraus:
$n = 2$, $\tilde{x}_0 = 0$, $\tilde{x}_1 = \frac{1}{2}$, $\tilde{x}_2 = +1$ und für unsere Koeffizienten das folgenden lineare Gleichungssystem:

$$\Phi_0(\tilde{x}_0) = \Phi_0(0) = C_{00} = 1$$
$$\Phi_0(\tilde{x}_1) = \Phi_0(\tfrac{1}{2}) = C_{00} + \frac{1}{2}C_{01} + \frac{1}{4}C_{02} = 0$$
$$\Phi_0(\tilde{x}_2) = \Phi_0(+1) = C_{00} + C_{01} + C_{02} = 0$$

sowie für Φ_1 und Φ_2 entsprechend analoge Gleichungen. Zusammengefaßt erhalten wir daraus die folgende Matrixgleichung:

$$\begin{pmatrix} 1 & 0 & 0 \\ 1 & \frac{1}{2} & \frac{1}{4} \\ 1 & 1 & 1 \end{pmatrix} \cdot \begin{pmatrix} C_{00} & C_{10} & C_{20} \\ C_{01} & C_{11} & C_{21} \\ C_{02} & C_{12} & C_{22} \end{pmatrix} = \begin{pmatrix} 1 & 0 & 0 \\ 0 & 1 & 0 \\ 0 & 0 & 1 \end{pmatrix}$$

Aufgelöst nach der Koeffizientenmatrix C können wir aus dieser Gleichung die unbekannten Koeffizient $C_{\alpha i}$ berechnen. Das obige lineare Gleichungssystem läßt sich sehr einfach auf beliebig viele Knotenpunkte verallgemeinern und wir erhalten daraus die Matrixgleichung

$$\underbrace{A}_{Knotenpunkte} \cdot \underbrace{C}_{Koeffizientenmatrix} = \underbrace{1}_{Einheitsmatrix} \Rightarrow C = A^{-1} \,. \tag{4.19}$$

Eine Beispiel zeigt Abb. (4.1).

Das Programm `LagPoly.m` zur Berechnung der Lagrange-Interpolationspolynome ist sehr einfach. Die Bezeichnungen wurden gleich gewählt wie in den Gleichungen oben.

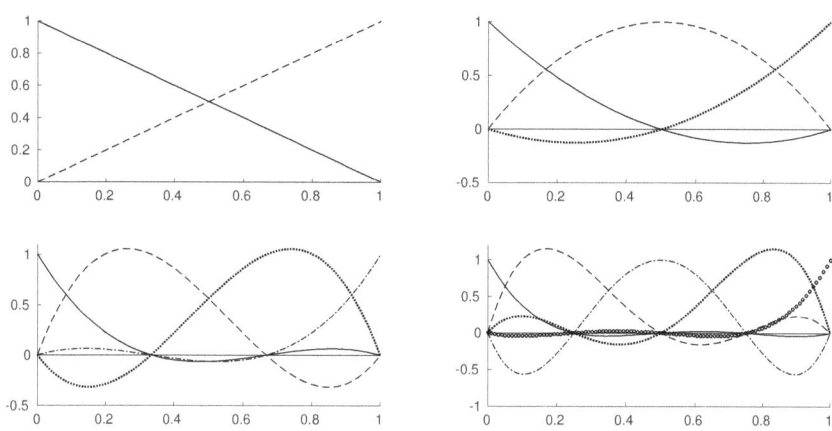

Abbildung 4.1: *Die niedrigsten 4 Ordnungen der Lagrange-Interpolationspolynome. Obere Reihe: links 1. rechts 2. Ordnung, untere Reihe 3. und 4. Ordnung.*

```
%% Lagrange Interpolationpolynome
Or=input('Anzahl der Knoten  ')
Or = Or-1;
Intervall = [0,1];    % Intervall vorgeben
dx = (Intervall(2)-Intervall(1))/Or;
lauf = 0:Or;
A = zeros(Or+1);
for n = lauf
    A(n+1,:)=(Intervall(1)+n*dx).^lauf;
end
C = eye(Or+1)/A;
%% Polynomordnung
C = flipud(C);    % Spaltenweise
```

Die Matrix „C" beherbergt die Polynomkoeffizienten spaltenweise. D.h. ausgewertet würden sie beispielsweise mittels `Lnk = polyval(C(:,k),x)` für das k-te Interpolationspolynom.

4.2.3   Hermite-Interpolationspolynome

Neben der äquidistanten Verteilung der Knoten im Einheitsintervall $[0, +1]$ war das Lagrangesche Interpolationspolynom durch die Forderung der Übereinstimmung der Lösung mit der wahren Wellenfunktion an den Knotenpunkten definiert. Für Hermitesche Interpolationspolynome fordern wir noch zusätzliche die Übereinstimmung mit den Ableitungen der Wellenfunktion an den Knotenpunkten. Ähnlich dem Ansatz (4.16) führt dies zu

$$\psi(\tilde{x}) = \sum_{\alpha} \left(\Phi_\alpha(\tilde{x})\psi(\tilde{x}_\alpha) + \bar{\Phi}_\alpha(\tilde{x})\frac{d}{d\tilde{x}}\psi(\tilde{x}_\alpha) \right) \tag{4.20}$$

$$= \sum_{\alpha} \left(\Phi_\alpha(\tilde{x})\psi_\alpha + \bar{\Phi}_\alpha(\tilde{x})\bar{\psi}_\alpha \right) \quad .$$

Für die Ableitung der Wellenfunktion $\psi'(\tilde{x})$ folgt daraus

$$\psi'(\tilde{x}) = \sum_{\alpha} \left(\Phi'_\alpha(\tilde{x})\psi_\alpha + \bar{\Phi}'_\alpha(\tilde{x})\bar{\psi}_\alpha \right)$$

und daraus die Forderungen

$$\Phi_\alpha(\tilde{x}_\beta) = \delta_{\alpha\beta} \Rightarrow \text{bei n Knoten n Gleichungen} \tag{4.21}$$

$$\frac{d}{d\tilde{x}}\bar{\Phi}_\alpha(\tilde{x}_\beta) = \delta_{\alpha\beta} \Rightarrow \text{bei n Knoten n Gleichungen} \quad ,$$

d.h. wir erhalten bei n Knoten insgesamt $2n - 1$ Gleichungen und eine Polynom vom Grade $2n - 1$.

Betrachten wir als Beispiel 2 Knoten im Intervall $[0, +1] \rightarrow x_0 = 0, x_1 = 1$. Unser Interpolationspolynom ist von der Ordnung 3, α nimmt folglich die Werte 0 und 1 and. Betrachten wir als Beispiel nur den Fall $\alpha = 0$ ($\alpha = 1$ folgt vollkommen analog), so gilt

$$\Phi_0(\tilde{x}) = C_{00} + C_{01}\tilde{x} + C_{02}\tilde{x}^2 + C_{03}\tilde{x}^3 \Rightarrow \frac{d}{d\tilde{x}}\Phi_0(\tilde{x}) = C_{01} + 2C_{02}\tilde{x} + 3C_{03}\tilde{x}^2$$

$$\bar{\Phi}_0(\tilde{x}) = \bar{C}_{00} + \bar{C}_{01}\tilde{x} + \bar{C}_{02}\tilde{x}^2 + \bar{C}_{03}\tilde{x}^3 \Rightarrow \frac{d}{d\tilde{x}}\bar{\Phi}_0(\tilde{x}) = \bar{C}_{01} + 2\bar{C}_{02}\tilde{x} + 3\bar{C}_{03}\tilde{x}^2$$

und daraus erhalten wir das folgende lineare Gleichungssystem

$$\Phi_0(\tilde{x}_0) = C_{00} = 1$$

$$\Phi_0(\tilde{x}_1) = C_{00} + C_{01} + C_{02} + C_{03} = 0$$

$$\frac{d}{d\tilde{x}}\Phi_0(\tilde{x}_0) = C_{01} = 0$$

$$\frac{d}{d\tilde{x}}\Phi_0(\tilde{x}_1) = C_{01} + 2C_{02} + 3C_{03} = 0$$

$$\vdots$$

das sich wieder in eine Matrixgleichung übertragen läßt:

$$\begin{pmatrix} 1 & 0 & 0 & 0 \\ 0 & 1 & 0 & 0 \\ 1 & 1 & 1 & 1 \\ 0 & 1 & 2 & 3 \end{pmatrix} \cdot \begin{pmatrix} C_{00} & \bar{C}_{00} & C_{10} & \bar{C}_{10} \\ C_{01} & \bar{C}_{01} & C_{11} & \bar{C}_{11} \\ C_{02} & \bar{C}_{02} & C_{12} & \bar{C}_{12} \\ C_{03} & \bar{C}_{03} & C_{13} & \bar{C}_{13} \end{pmatrix} = \begin{pmatrix} 1 & 0 & 0 & 0 \\ 0 & 1 & 0 & 0 \\ 0 & 0 & 1 & 0 \\ 0 & 0 & 0 & 1 \end{pmatrix}$$

und sich vollkommen analog zum Fall Lagrangescher Interpolationspolynome, Gl.(4.19),
auf beliebige Polynomgrade verallgemeinern läßt.

$$\underbrace{A}_{Knotenpunkte} \cdot \underbrace{C}_{Koeffizientenmatrix\,C,\bar{C}} = \underbrace{1}_{Einheitsmatrix} \Rightarrow C = A^{-1} \ . \qquad (4.22)$$

Abb. (4.2) zeigt ein Beispiel für drei Knoten.

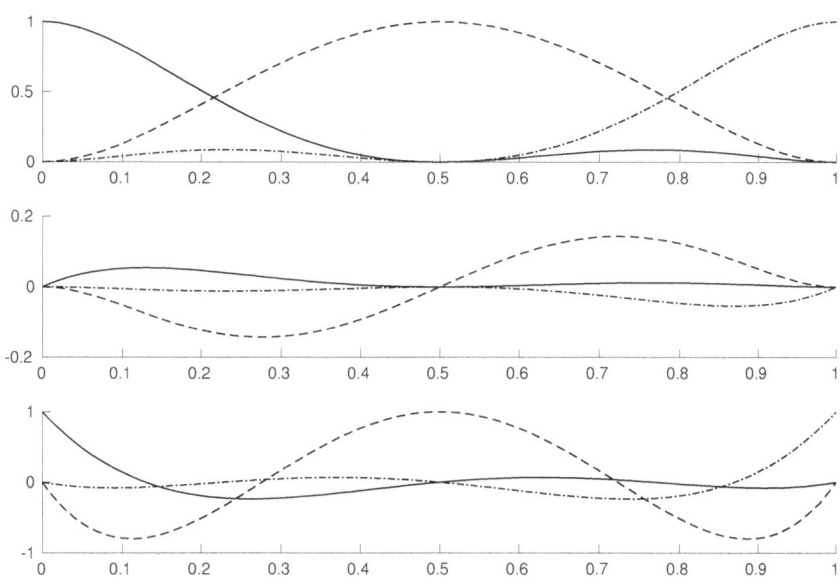

Abbildung 4.2: *Hermite-Interpolationspolynom für drei Knotenpunkte. Da die Ableitungen ebenfalls berücksichtigt wird erhalten wir sechs Polynome 5. Ordnung. Oben die drei Polynome, die zu „C" gehören, Mitte „$\bar{C}$" und unten deren Ableitung.*

Berechnen lassen sich die Hermite-Interpolationspolynome mittels

```
%% Hermitsches Interpolationpolynome
Or=input('Anzahl der Knoten   ')
Or = Or-1;
%Or = 2;
dx = 1/Or;
lauf = 0:(2*Or+1);
A = zeros(2*(Or+1));
for n=0:Or
    A(2*n+1,:) = (n*dx).^lauf;
    A(2*n+2,:) = lauf.*(n*dx).^(lauf-1);
```

```
end
format rat
A(isnan(A))=0;
C = inv(A);
C(abs(C) < 1e-12) = 0;
%% Polynomordnung
C = flipud(C);    % Spalten entsprechen MATLAB Polynom
```

4.2.4   Erweiterte Hermitesche Interpolationspolynome

Der nächst höhere Interpolationsschritt ist nicht nur die Übereinstimmung mit den ersten sondern auch noch mit den zweiten Ableitungen zu fordern. Dies führt auf die erweiterten Hermiteschen Interpolationspolynome. Für sie gilt:

$$
\psi(\tilde{x}) = \sum_\alpha \left(\Phi_\alpha(\tilde{x})\psi(\tilde{x}_\alpha) + \bar{\Phi}_\alpha(\tilde{x})\frac{d}{d\tilde{x}}\psi(\tilde{x}_\alpha) + \bar{\bar{\Phi}}_\alpha(\tilde{x})\frac{d^2}{d\tilde{x}^2}\psi(\tilde{x}_\alpha) \right) \tag{4.23}
$$

$$
= \sum_\alpha \left(\Phi_\alpha(\tilde{x})\psi_\alpha + \bar{\Phi}_\alpha(\tilde{x})\bar{\psi}_\alpha + \bar{\bar{\Phi}}_\alpha(\tilde{x})\bar{\bar{\psi}}_\alpha \right)
$$

und daraus erhalten wir die Forderung

$$
\Phi_\alpha(\tilde{x}_\beta) = \delta_{\alpha\beta}
$$

$$
\frac{d}{d\tilde{x}}\bar{\Phi}_\alpha(\tilde{x}_\beta) = \delta_{\alpha\beta} \tag{4.24}
$$

$$
\frac{d^2}{d\tilde{x}^2}\bar{\bar{\Phi}}_\alpha(\tilde{x}_\beta) = \delta_{\alpha\beta} \quad .
$$

Für n Knoten benötigen wir zur vollständigen Beschreibung $3n$ Koeffizienten und folglich liegt ein Polynom der Ordnung $3n - 1$ vor. Die weiteren Ableitungen folgen den entsprechenden obigen Ableitungen und seien dem Leser zur Übung überlassen.

4.2.5   Ein MATLAB-Programm zur Berechnung von Interpolationspolynomen

Das folgende MATLAB-Programm dient der Berechnung der Interpolationspolynome. Vorgegeben werden kann der gewünschte Interpolationstyp (*fg = degree of freedom*) und die Zahl der Knoten (*kn*). Weitere Programme, die die FE-Berechnungsprogramme vervollständigen werden, werden in den jeweiligen Kapiteln vorgestellt, wobei wir die Bezeichungen der jeweils vorhergehenden MATLAB-Programme übernehmen. *kn* wird also stets die Zahl der Knoten eines Finiten Element Intervalls kennzeichnen. Hier ein Beispiel für ein Programm, das die Eingabewerte überprüft.

```
function IP = InterPol(fg,kn)
% Berechnet die Interpolationspolynome zum
```

```
% Freiheitsgrad fg 1,2 oder 3
% Knotenzahl kn >= 2
% Aufruf IP = InterPol(2,5)
% fg = 1: Lagrange, 2: Hermite, 3: Erweiteter Hermite

if nargin~=2
    error('Zahl der Argumente muss 2 sein')
end
knt = rem(kn,1);
if knt ~=0 || kn<2
    error('Unzulaessiger Knotenwert')
end

switch fg
    case 1
        C = LagPoly(kn);
    case 2
        C = HermPoly(kn);
    case 3
        C = ErwHermPoly(kn);
    otherwise
        error('fg unerlaubter Wert, muss 1, 2 oder 3 sein')
end

IP.Freiheitsgrad = fg;
IP.Knotenzahl = kn;
IP.Polynom = C;
IP.PolyWie = 'C Spaltenweise auswerten: C(:,k) k-tes Polynom';
```

Die Funktion `InterPol.m` ruft Unterfunktionen zur Berechnung der Interpolationspolynome auf, die bereits in den vorangegangenen Abschnitten gelistet wurden. Zunächst werden die Eingaben beprüft und gegebenenfalls das Programm mit einer Fehlermeldung, `error`, abgebrochen. Die entsprechenden Unterprogramme werden über ein
`switch - case - otherwise` Konstrukt aufgerufen. Zurückgegeben wird die Struktur
„IP".

4.2.6   Globale und lokale Basis

Die Interpolationspolynome sollen natürlich nicht den gesamten Raum in einem Schritt
überdecken. Wir führen vielmehr einzelne Intervalle, die finiten Elemente, ein und jedes
dieser Intervalle wird Träger der lokalen Basis:

$$r = r_0^{(n-1)} + h^{(n)} \underbrace{x}_{\text{lokale Koordinate}} \tag{4.25}$$

$$x = 0 \cdots 1$$
$$r = r_0^{(n-1)} \cdots r_0^{(n)} + h^{(n)} = r_0^{(n)} \qquad ,$$

dabei ist $h^{(n)}$ die Länge des n.ten Finiten Elementes, $r_0^{(n-1)}$ gibt als globale Position die linke Intervallgrenze des n.ten Elementes im Raum und x ist die lokale Koordinate. In Abbildung(4.3) ist ein einfaches eindimensionales Beispiel mit konstanten Intervallschritten gezeigt.

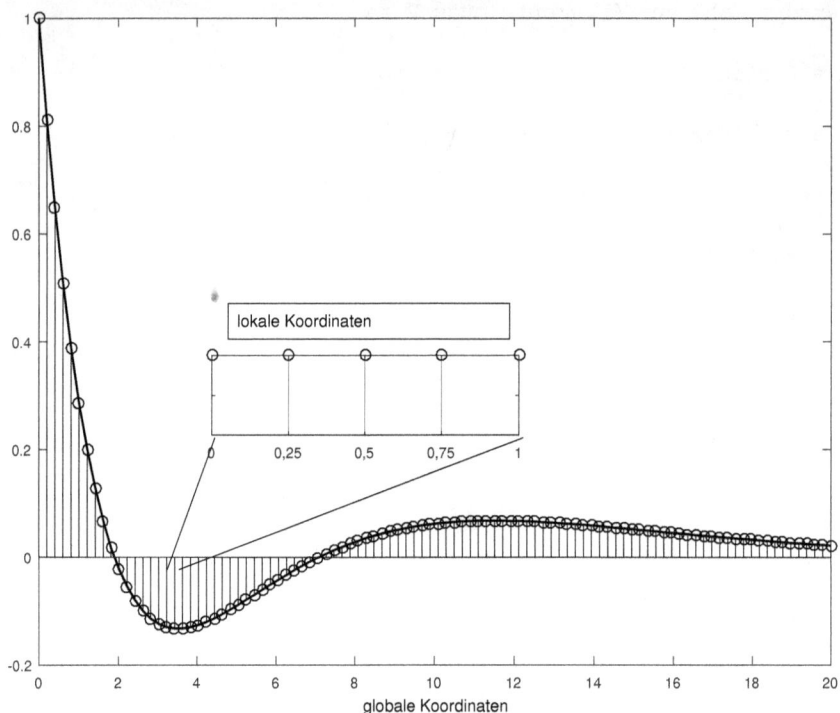

Abbildung 4.3: *Darstellung einer Wellenfunktion in der lokalen Basis. Der gesamte Ortsraum wird in einzelne Finite Element-Intervalle zerlegt. Auf jedem der einzelnen Intervalle wird die Wellenfunktion lokal nach den Interpolationspolynomen entwickelt. Im Beispiel trägt jedes der Elemente 5 Knoten und zwar bei $0, 0.25, 0.5, 0.75$ und 1. Den ersten und den letzten Knoten teilt ein Element jeweils mit den Nachbarelementen.*

Für Finite Elemente mit konstanter Größe gilt:

$$r_o^{(n-1)} = (n-1)h \quad ; \quad h^{(n)} = h \qquad \forall n \in N \qquad . \tag{4.26}$$

Für Coulomb-Probleme erweist sich eine quadratische Aufweitung als günstiger:

$$r_0^{(n-1)} = (n-1)^2 h_0 \qquad n = 1, \cdots, n_{max} \qquad ; \tag{4.27}$$

dies führt zu einem linearen Anwachsen der Elemente

$$h^{(i)} = r_0^{(i+1)} - r_0^{(i)} = (2i+1)h_0 \qquad n = 1, \cdots, n_{max} - 1 \qquad . \tag{4.28}$$

Prinzipiell kann jede beliebige Aufteilung des Raumes genutzt werden, allerdings ist die numerisch optimale Wahl vom betrachteten Problem abhängig. Die Wellenfunktion ist durch

$$\psi(r) = \sum_\alpha \underbrace{\Phi_\alpha(x)}_{Interpolationsbasis} \cdot \psi_\alpha^{(n)} \qquad r \,\epsilon\,]r_0^{(n-1)}, r_0^{(n-1)} + h^{(n)}[\tag{4.29}$$

gegeben, wobei $\psi_\alpha^{(n)}$ den konkreten Wert der Wellenfunktion an den Knotenpunkten angibt und die Summation α über alle Interpolationspolynome zu führen ist. Die Finiten Elemente lassen sich wie folgt berechnen:

```
% quadratische Aufweitung
m = 1000; %3000              % Anzahl der finiten Elemente
ml = 1:m;                   % Laufvariable FE
rmax = 100000;%100;         % Integrationsgrenze (rechts)
h0 = rmax/(m-1)^2;          % Schrittweite
h = (2*ml-1)*h0;
r0 = (ml-1).^2*h0;
```

Ein Beispiel: Das Wasserstoffatom

Betrachten wir zur Verdeutlichung als einfaches Beispiel das Wasserstoffatom. Die Eigenlösungen sind durch die Schrödinger-Gleichung

$$\left[-\frac{\hbar^2}{2m}\Delta - \frac{e^2}{r} - E \right] \psi(\vec{r}) = 0 \qquad , \tag{4.30}$$

mit m Masse, e Ladung und E der Energie des betrachteten Eigenzustandes ψ bestimmt. In atomaren Einheiten erhalten wir daraus für verschwindenden Drehimpuls (l=0) die radiale Schrödinger-Gleichung

$$\left[-\frac{d^2}{dr^2} - \frac{2}{r} \right] \psi(r) = E\psi(r). \tag{4.31}$$

Partielle Integration und die Abbruchbedingung $\psi(r) = 0$ für $r \geq r_c$ führt zu

$$\int_0^{r_c} dr r^2 \left[\frac{d\psi^*(r)}{dr}\frac{d\psi(r)}{dr} - \left(\frac{2}{r} - E \right) \psi^*(r)\psi(r) \right] = 0 \quad . \tag{4.32}$$

Setzen wir unser Wellenfunktionsentwicklung Gl.(4.29) ein, so erhalten wir

$$\sum_n \int_{r_0^{(n-1)}}^{r_0^{(n)}} r^2 dr [\cdots]$$

$$= \sum_n \int_0^1 (r_0^{(n-1)} + xh^{(n)})^2 h^{(n)} dx$$

$$\left[\sum_{\alpha,\beta} \Phi_\alpha' \psi_\alpha^{(n)} \Phi_\beta' \psi_\beta^{(n)} - \frac{2}{r_0^{(n-1)} + xh^{(n)}} \sum_{\alpha,\beta} \Phi_\alpha \psi_\alpha^{(n)} \Phi_\beta \psi_\beta^{(n)} \right]$$

$$= \sum_n E \int_0^1 (r_0^{(n-1)} + xh^{(n)})^2 h^{(n)} dx \sum_{\alpha,\beta} \Phi_\alpha \psi_\alpha^{(n)} \Phi_\beta \psi_\beta^{(n)} \quad , \tag{4.33}$$

dabei steht $[\cdots]$ in der ersten Zeile für Gl.(4.32) und der Ableitungsstrich für

$$\Phi_\gamma'(x) = \frac{d}{dr} \Phi_\gamma(x) = \frac{dx}{dr} \frac{d}{dx} \Phi_\gamma(x) = \frac{1}{h^{(n)}} \frac{d}{dx} \Phi_\gamma(x) \quad .$$

Aus dieser Integralgleichung erhalten wir die lokalen Matrizen

$$S_{i,j}^{(n)} = \int_0^1 (r_0^{(n-1)} + xh^{(n)})^2 h^{(n)} \Phi_i(x) \Phi_j(x) dx \tag{4.34}$$

$$T_{i,j}^{(n)} = \int_0^1 (r_0^{(n-1)} + xh^{(n)})^2 h^{(n)} \Phi_i'(x) \Phi_j'(x) \tag{4.35}$$

$$V_{i,j}^{(n)} = -\int_0^1 2(r_0^{(n-1)} + xh^{(n)}) h^{(n)} \Phi_i(x) \Phi_j(x) \tag{4.36}$$

$$H_{i,j}^{(n)} = T_{i,j}^{(n)} + V_{i,j}^{(n)} \quad , \tag{4.37}$$

die zu einem verallgemeinerten reell-symmetrischen Eigenwertproblem der Form

$$H|\psi> = ES|\psi> \tag{4.38}$$

führen. Zu beachten ist dabei, daß an den Elementgrenzen keine Sprünge in der globalen Wellenfunktion auftreten, d.h. an den Grenzen ist $\psi_{i_{max}}^{(n)} = \psi_{i_{min}}^{(n+1)}$. Die globale Matrix H bzw. S setzt sich folglich aus einzelnen lokalen Matrizen zusammen, die an den Elementgrenzen überlappen, also die in Abbildung (4.4) gezeigte Struktur haben.

Die folgende Gleichung zeigt das prinzipielle Aussehen der einzelnen Blockmatrizen für drei Knoten und Lagrange-Interpolationspolynome

$$H^{(n)} = \begin{pmatrix} H_{22}^{(n-1)} + H_{00}^{(n)} & H_{01}^{(n)} & H_{02}^{(n)} \\ H_{01}^{(n)} & H_{11}^{(n)} & H_{12}^{(n)} \\ H_{02}^{(n)} & H_{12}^{(n)} & H_{22}^{(n)} + H_{00}^{(n+1)} \end{pmatrix} \quad , \tag{4.39}$$

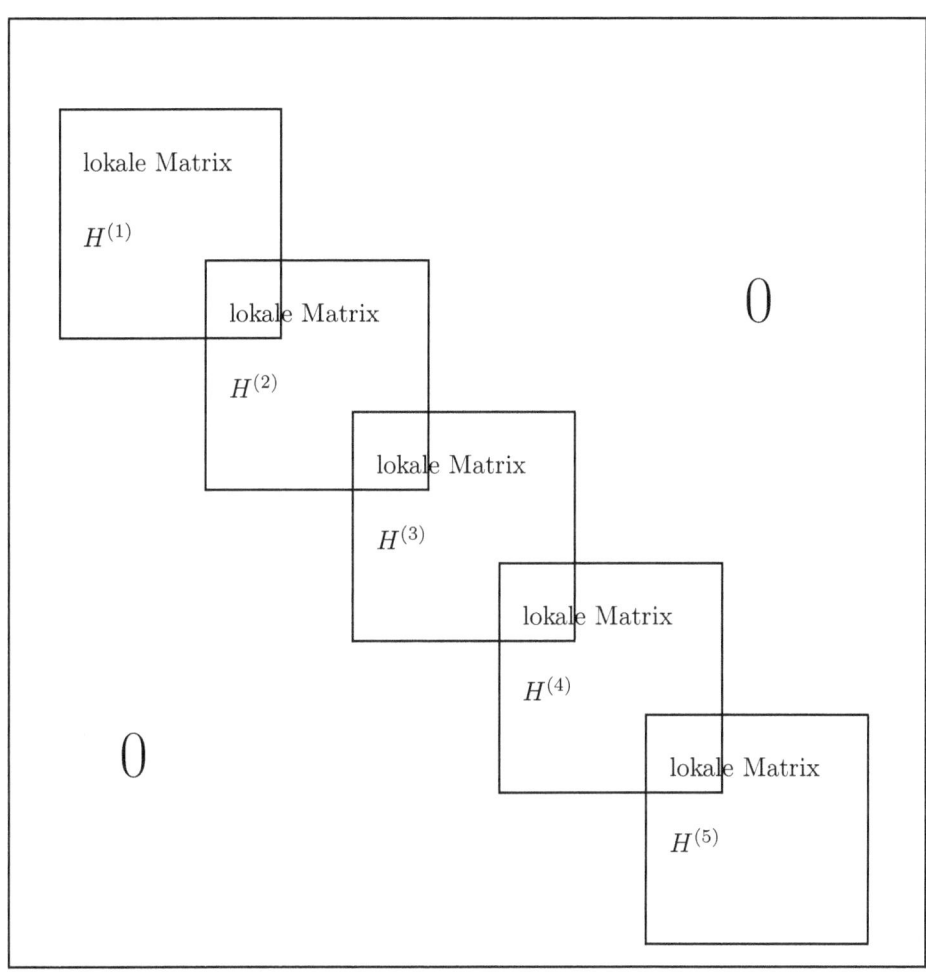

Abbildung 4.4: *Beispiel für das Aussehen der Hamiltonischen Matrix für 5 Elemente. In den Blöcken stehen die lokalen Matrixelemente.*

ganz analog ist die Form der Normierungsmatrix S. Bei sechs Knoten und Lagrange-Interpolationspolynome sind die Blockmatrizen 6×6-Matrizen. Würden wir Hermit-Interpolationspolynome verwenden, so würden die einzelnen Blockmatrizen nicht nur in ihren Randdiagonalelementen sondern in der zum Randdiagonalelement gehörigen 2×2-Untermatrix der Blockmatrix überlappen. Unser Finiter Element-Ansatz führt zu einem verallgemeinerten reell-symmetrischen Eigenwertproblem, Gl.(4.38). Da die Normierungsmatrix S symmetrisch und positiv definit nach Konstruktion ist, läßt sie sich gemäß

$$S = L \cdot L^t \tag{4.40}$$

mit L oberer oder unterer Dreiecksmatrix und L^t die transponierte Matrix (Choleski-Verfahren) zerlegen und in ein gewöhnliches reell-symmetrisches Eigenwertproblem der Form

$$\underbrace{L^{-1}H(L^t)^{-1}}_{sym.\,Matrix} \; \underbrace{\left(L^t|\psi>\right)}_{neuer\,Eigenvektor} = E\left(L^t|\psi>\right) \tag{4.41}$$

überführen. Diese Aufgabe übernimmt die MATLAB-Funktion `eigs`.

4.2.7 Das MATLAB-Programm zur Berechnung der Hamiltonischen Matrix

Hier als Beispiel das vollständige MATLAB-Programm `lagrangeinterpolation.m` zur Berechnung der Eigenwerte.

```
%%
clear, close all, clc
%% Berechnung der Lagrangeschen Interpoaltionspolynome auf [0,1]
n=6;% 4                    Zahl der Knoten
x = linspace(0,1,n);   % aequidistant auf [0,1] (prinzipiell freie Wahl)
xx = repmat(x,n-1,1)';
xy = ones(n,1);
xx = [xy,xx];
%%
xc = cumprod(xx,2)     % Berechnung der Matrix A zu A*C=1
%format rat
C = inv(xc);
```

Berechnung der notwendigen Ableitungen zur Auswertung der Integrale (4.35).

```
%% Ableitungen
% Da Polynome - Berechnung der Ableitungen einfach
abl = ones(size(Cli));
abl(:,1)=0;
Cliabl=Cli.*fliplr(cumsum(abl,2));
Cliabl(:,n)=[];
```

Berechnung der lokalen Integrale. Die lokalen Integrale müssen hier nur einmal berechnet werden, da die Integration selbst nur über die lokale Basis ausgeführt werden muss und ihre globale Position nicht in die Integralberechnung eingeht. Für Polynome übernimmt dies die Funktion `polyint`.

```
%% Hilfsintegrale
for ni=1:n
    for nj=1:ni
        zwi = polyint(conv(Cli(ni,:),Cli(nj,:)));                  % x^0*
        Clint0(ni,nj) = polyval(zwi,1)-polyval(zwi,0);
        Clint0(nj,ni) = Clint0(ni,nj);
        %
        zwi = polyint(conv([1,0],conv(Cli(ni,:),Cli(nj,:))));  % x^1*
        Clint1(ni,nj) = polyval(zwi,1)-polyval(zwi,0);
        Clint1(nj,ni) = Clint1(ni,nj);
        %
        zwi = polyint(conv([1,0,0],conv(Cli(ni,:),Cli(nj,:))));;% x^2*
        Clint2(ni,nj) = polyval(zwi,1)-polyval(zwi,0);
        Clint2(nj,ni) = Clint2(ni,nj);
        %
        %                    Ableitungen
        zwi = polyint(conv(Cliabl(ni,:),Cliabl(nj,:)));            % x^0
        Clabint0(ni,nj) = polyval(zwi,1)-polyval(zwi,0);
        Clabint0(nj,ni) = Clabint0(ni,nj);
        %                                                          % x^1
        zwi = polyint(conv([1,0],conv(Cliabl(ni,:),Cliabl(nj,:))));
        Clabint1(ni,nj) = polyval(zwi,1)-polyval(zwi,0);
        Clabint1(nj,ni) = Clabint1(ni,nj);
        %                                                          % x^2
        zwi = polyint(conv([1,0,0],conv(Cliabl(ni,:),Cliabl(nj,:))));
        Clabint2(ni,nj) = polyval(zwi,1)-polyval(zwi,0);
        Clabint2(nj,ni) = Clabint2(ni,nj);
        %
    end
end
```

Berechnung der Finiten Elemente. Hier ist im Prinzip eine beliebige Aufteilung möglich.

```
% quadratische Aufweitung
m = 1000; %3000              % Anzahl der finiten Elemente
ml = 1:m;                    % Laufvariable FE
rmax = 100000;%100;          % Integrationsgrenze (rechts)
h0 = rmax/(m-1)^2;           % Schrittweite
h = (2*ml-1)*h0;
r0 = (ml-1).^2*h0;
```

Berechnung der Integrale über den gesamten Finiten-Element Raum:

```
S = h(1)*(r0(1)^2*Clint0 + 2*h(1)*r0(1)*Clint1 + h(1)^2*Clint2);
S = S(:);
%
```

```
T = (r0(1)^2*Clabint0 + 2*h(1)*r0(1)*Clabint1 + h(1)^2*Clabint2)/h(1);
T = T(:);
%
V = -2*h(1)*(r0(1)*Clint0 + h(1)*Clint1);
V = V(:);
%
for k=2:m
    Sneu = h(k)*(r0(k)^2*Clint0 + 2*h(k)*r0(k)*Clint1 + h(k)^2*Clint2);
    Sneu = Sneu(:);
    S(end) = S(end)+Sneu(1);
    Sneu(1) = [];
    S = [S;Sneu];
    %
    Tneu = (r0(k)^2*Clabint0 + 2*h(k)*r0(k)*Clabint1 + ...
                            h(k)^2*Clabint2)/h(k);
    Tneu = Tneu(:);
    T(end) = T(end)+Tneu(1);
    Tneu(1) = [];
    T = [T;Tneu];
    %
    Vneu = -2*h(k)*(r0(k)*Clint0 + h(k)*Clint1);
    Vneu = Vneu(:);
    V(end) = V(end)+Vneu(1);
    Vneu(1) = [];
    V = [V;Vneu];
end
```

Aufstellen der Matrizen für die verallgemeinerte Eigenwertgleichung:

```
H = T + V;
%% Indexgymnastik
%n-1            % Ordnung Interpolationspolynom
p = 0;          % Interpolationstyp  p=fg-1
%m              % Zahl der FE
blockdim = n*(p+1);
indlin = 1:blockdim^2;
[iz,is]=ind2sub([blockdim,blockdim],indlin);
izneu = iz;
isneu = is;
for k= 2:m
    izneu = izneu+(blockdim-1);%2;   % 2 blockdim-1 fuer Lagrange
    isneu = isneu+(blockdim-1);
    switch p
        case 0
            iz = [iz(1:(end-(p+1))),izneu]; % -1 Abhaengig von
            is = [is(1:(end-(p+1))),isneu]; %  Ueberlappung p+1
    end
```

```
end
%
S = sparse(iz,is,S);
H = sparse(iz,is,H);
%figure, spy(S),shg
%figure, spy(H), shg
%% Eigenwertproblem loesen
E = eigs(H,S,25,-1);%'sa')%100
E=E/2
```

In diesem Beispiel sind „S, H" zunächst noch 35001-dimensionale Vektoren. Der Programmausschnitt oben berechnet die entsprechenden Matrix-Indizes. Die Funktion `sparse(iz,is,S)` und `sparse(iz,is,H)` wandelt die Vektoren in dünnbesetzte Matrizen um. „iz, is" gibt dabei an zu welcher Position der Matrix der jeweilige Wert des Vektors gehört. Das verallgemeinerte Eigenwertproblem wird mittels `eigs(H,S,25,-1)` gelöst. Die 25 gibt dabei die Anzahl der Eigenwerte vor und -1 liefert diejenigen Eigenwerte, die am nächsten bei der -1 liegen. Hätten uns die Eigenwerte ab dem 16. angeregten Zustand interessiert würden wir sie mittels $-1/256$ auswählen.

4.3 Ergänzende numerische Betrachtungen

Als Beispiel betrachten wir das Yukawa-Potenzial

$$V(r) = -V_0 \frac{\exp(-r_{ya} \cdot r)}{r} \ . \tag{4.42}$$

Das Yukawa-Potenzial beschreibt die starke Wechselwirkung zwischen Nukleonen durch den Austausch von Pionen und dient uns hier, um einige numerische Aspekte anzusprechen.

Mit zunehmendem Parameter r_{ya} verschiebt sich der tiefste Eigenwert zu höheren Energien. Für die Berechnung des Wasserstoffatoms erhalten wir bis auf 10^{-7} genau die korrekten Werte $-0,5 \ - 0,125 \cdots - 0,8 \cdot 10^{-3}$. Für das Yukawa-Potenzial $-0,499407 \ - 0,123493 \ - 0,0543972 \cdots - 0.74477 \cdot 10^{-3}$. Trotz dieser Ähnlichkeiten gibt es numerische Herausforderungen. Betrachten wir zuerst den Potenzialterm.

$$V(r) \Rightarrow \sum_n \int_0^1 (r_0^{(n-1)} + xh^{(n)})^2 h^{(n)} dx$$

$$\left[-\frac{2 \exp\left(-r_{ya}(r_0^{(n-1)} + xh^{(n)})\right)}{r_0^{(n-1)} + xh^{(n)}} \sum_{\alpha,\beta} \Phi_\alpha \psi_\alpha^{(n)} \Phi_\beta \psi_\beta^{(n)} \right]$$

Die Summe in der Exponentialfunktion können wir als Produkt schreiben, so dass Aus-

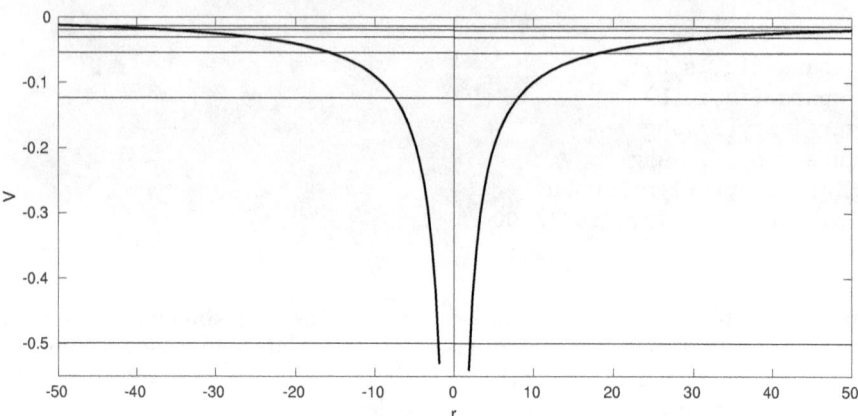

Abbildung 4.5: *Auf der rechten Site das* $-1/r$-*Potenzial mit den niedrigsten 6 Wassersoffei-genwerten. Auf der linken Seite das Yukawa-Potenzial für* $r_{ya} = 0.01$. *Beide Potenzialformen und die zugehörigen Eigenwerte unterscheiden sich nur geringfügig.*

drücke der Form

$$\int_0^1 x^m \cdot \exp(-r_{ya}\, h^{(k)}\, x)dx =$$

$$\frac{-1}{r_{ya}h^{(k)}} x^m \exp(-r_{ya}\, h^{(k)}\, x)|_0^1 - \frac{m}{r_{ya}h^{(k)}} \int_0^1 x^{m-1} \cdot \exp(-r_{ya}\, h^{(k)}\, x)dx \quad (4.43)$$

zu berechnen sind. Sind die Interpolationspolynome Φ von Ordnung l, dann ist die Integration in (4.43) bis $m = 2l + 1$ auszuführen. Dies kann bei zu hohen Potenzen zu numerischen Instabilitäten führen und daher sollten Interpolationspolynome niederer Ordnung gewählt werden. Das Integral selbst läßt sich einfach lösen:

```
nlauf = 2*n;
alpha = -rya*h(k);
cint(nlauf) = 1/alpha*(exp(alpha)-1);
cvor = 1/alpha*exp(alpha);
for k=1:nlauf-1
    cint(nlauf-k) = cvor - k/alpha*cint(nlauf-k+1);
end
cint0 = cint(2:end);
```

Für $m = 0$ berechnen wir „cint(nlauf)" und alle weiteren Potenzen iterativ. In MATLAB werden Polynome durch Vektoren repräsentiert. An der letzten Stelle steht der Koeffizient zu x^0, dann x^1 usf.. Das j-te Interpolationspolynome ist im Programm durch den Vektor „Cli(j,:)" repräsentiert. Die Produkte berechnen wir mittels

```
zwi=(conv(Cli(ni,:),Cli(nj,:)));,
```

die Integrale ergeben sich dann einfach aus dem Skalarprodukt

```
ClintV0(ni,nj)= zwi*cint0';.
```

Für das $-1/r$-Potenzial ist eine quadratische Aufweitung optimal, für den harmonischen Oszillator äquidistante Finite Elemente. Eine adaptive Schrittweite wäre das günstigste, sprengt aber den Rahmen des Buches. Ich habe daher hier eine Mischform gewählt. Quadratische Aufweitung zu Beginn und dann eine äquidistante Schrittweite:

```
% quadratische + aequidistante Aufweitung
m = 500;%3000;          % Anzahl der finiten Elemente
m1= 70; %1000;%70;      % Anzahl fuer quadratische Aufweitung
ml = 1:m1;              % Laufvariable FE
rmax = 100;%0;%100;     % Quadratische Grenze (rechts)
h0 = rmax/(m1-1)^2      % Schrittweite Start
h = (2*ml-1)*h0;
h = [h,h(end)*ones(1,m-m1)];
%r0 = (ml-1).^2*h0;
r0 = [0,cumsum(h)];
r0(end) = [];
```

Wir haben hier also mehrere Parameter zur Verfügung, um Konvergenz zu erreichen. Die obigen Parameter eignen sich für $r_{ya} = 0,01$. Orientieren kann man sich an den Eigenlösungen des ungestörten Problems (sofern vorhanden). Informationen zu adaptiven Verfahren finden sich in [37, 12]. Hier einige Teile des Programm YukawaFE.m. Ausschnitte wurden bereits oben besprochen, viele Teile sind identisch dem $1/r$-Beispiel.

```
%%
clear, close all, clc
%% Lagrangeschen Interpolationspolynome basierend auf [0,1]
n=3;%                   Zahl der Knoten
...                     s. lagrangeinterpolation.m
%% Yukawa-Parameter
rya = 0.01;%1.0;
V0ya = 1;
%% FE                   s. lagrangeinterpolation.m
% quadratische + aequidistante Aufweitung
m = 500;                % Anzahl der finiten Elemente
m1= 70;%1000;%70;       % Anzahl fuer quadratische Aufweitung
ml = 1:m1;              % Laufvariable FE
rmax = 100;%0;%100;     % Quadratische Grenze (rechts)
h0 = rmax/(m1-1)^2;     % Schrittweite Start
h = (2*ml-1)*h0;
h = [h,h(end)*ones(1,m-m1)];
r0 = [0,cumsum(h)];
r0(end) = [];
%% Berechnung der Integrale
```

```
...                           s. lagrangeinterpolation.m
% Hilfsintegrale fuer das Potential
nlauf = 2*n;
alpha = -rya*h(1);
cint(nlauf) = 1/alpha*(exp(alpha)-1);
cvor = 1/alpha*exp(alpha);
for k=1:nlauf-1
    cint(nlauf-k) = cvor - k/alpha*cint(nlauf-k+1);
end
cint0 = cint(2:end);
for ni=1:n
    for nj=1:ni
        zwi=(conv(Cli(ni,:),Cli(nj,:)));                    % x^0*
        ClintV0(ni,nj)= zwi*cint0';
        ClintV0(nj,ni) = ClintV0(ni,nj);
        %
        zwi = (conv([1,0],conv(Cli(ni,:),Cli(nj,:))));  % x^1*
        ClintV1(ni,nj) = zwi*cint';
        ClintV1(nj,ni) = ClintV1(ni,nj);
    end
end
V = -2*h(1)*V0ya*exp(alpha)*(r0(1)*ClintV0 + h(1)*ClintV1);
V = V(:);
%
for k=2:m
...                           s. lagrangeinterpolation.m
    nlauf = 2*n;
    alpha = -rya*h(k);
    cint(nlauf) = 1/alpha*(exp(alpha)-1);
    cvor = 1/alpha*exp(alpha);
        for kv=1:nlauf-1
            cint(nlauf-kv) = cvor - kv/alpha*cint(nlauf-kv+1);
        end
    cint0 = cint(2:end);

    for ni=1:n
    for nj=1:ni
        zwi=(conv(Cli(ni,:),Cli(nj,:)));                    % x^0*
        ClintV0(ni,nj)= zwi*cint0';
        ClintV0(nj,ni) = ClintV0(ni,nj);
        %
        zwi = (conv([1,0],conv(Cli(ni,:),Cli(nj,:))));     % x^1*
        ClintV1(ni,nj) = zwi*cint';
        ClintV1(nj,ni) = ClintV1(ni,nj);
    end
    end
    Vneu = -2*h(k)*V0ya*exp(alpha)*(r0(k)*ClintV0 + h(k)*ClintV1);
```

```
   Vneu = Vneu(:);
   V(end) = V(end)+Vneu(1);
   Vneu(1) = [];
   V = [V;Vneu];
end
%% Eigenwertgleichung s. lagrangeinterpolation.m
```

4.4   Diagonalisierungsverfahren

Finite Elementverfahren führen wie viele andere Verfahren zu großen dünn besetzten Matrixen. Im Regelfall sind wir nicht allen Eigenwerten interessiert, vielmehr nur an einer bestimmten Gruppe. Die Dichte der Matrixelemente ungleich Null kann mit der Funktion spy(A) visualisiert werden, dabei ist „A" die Matrix. spy erlaubt die Übergabe weiterer Parameter zur Modifizierung grafischer Elemente (vgl. Dokumentation).

Zur Berechnung der Eigenwerte einer vollen Matrix dient die Funktion d = eig(A) und [v,d] = eig(A) berechnet zusätzlich noch die Eigenvektoren der Matrix „A". „d" ist in diesem Fall eine Diagonalmatrix. Bei den Berechnungen wird automatisch eine für Eigenwertberechnungen optimierte Ähnlichkeitstransformation ausgeführt. Mit dem Flag „nobalance" [v,d] = eig(A, 'nobalance') wird diese Transformation untersagt. Mittels [v,d] = eig(A,B) lässt sich das verallgemeinerte Eigenwertproblem

$$A\vec{v} = d \cdot B\vec{v} \tag{4.44}$$

lösen. Für verallgemeinerte Eigenwertprobleme gibt es noch ein zusätzliches Flag [v,d] = eig(A,B,'flag') mit den Werten „chol" für eine Choleski-Zerlegung oder „qz" für einen QZ-Algorithmus. Die Choleski-Zerlegung wird standardmäßig genutzt für hermitesche Matrizen A und hermitesche, positiv definite Matrizen B. Allgemein verwendet die Funktion eig je nach Eigenschaft der Matrix „A" unterschiedliche LAPACK-Routinen.

Zur Berechnung der Eigenwerte dünn besetzter Matrizen dient die Funktion eigs. d=eigs(A) berechnet die sechs betragsmäßig größten Eigenwerte und [v,d]=eigs(A) zusätzlich die dazu korrespondierenden Eigenvektoren. [...] = eigs(A,B) löst das verallgemeinerte Eigenwertproblem. „B" muss dabei hermitesch, positiv definit und von derselben Dimension wie „A" sein. eigs(A,k) bzw. eigs(A,B,k) berechnet die k größten Eigenwerte und eigs(...,k,sigma) k Eigenwerte nach folgenden Regeln:

Ist „sigma" ein Skalar, dann werden die k Eigenwerte mit dem betragsmäßig geringsten Abstand zu „sigma" berechnet. Hat „sigma" den Wert „lm", dann werden die k betragsmäßig größten Eigenwerte ermittelt. Dies entspricht der Defaulteinstellung. „sm" führt zu den k betragsmäßig kleinsten Eigenwerten. Für symmetrische Probleme führt „la" zu den algebraisch größten, „sa" zu den kleinsten und „be" zu den k Eigenwerten von beiden Enden des Spektrums. Für nicht-symmetrische und komplexe Probleme ergibt „lr" die Eigenwerte mit dem größten, „sr" mit dem kleinsten Realteil und „li" mit dem größten sowie „si" mit dem kleinsten Imaginärteil. eigs basiert auf einem Arnoldi-Verfahren, d.h. operiert auf dem Krylov-Raum. Betrachten wir dazu ein vereinfachtes Lanczos-Verfahren.

4.4.1   Lanczos-Verfahren

Lanczos- und Arnoldi-Verfahren werden in der Physik häufig zu direkten Berechnung von Eigenlösungen eingesetzt. Da die berechneten Matrizen tridiagonal sind ist die Berechnung der Eigenlösungen sehr effizient. Zur Berechnung der Matrix dient ein Gram-Schmidtsches Orthonormalisierungsverfahren, deren direkte Berechnung numerisch kritisch sein kann. Betrachten wir dazu das folgende Beispiel:

Sei $\hat{H}$ der Hamilton-Operator unseres Systems. Mit dem Lanczos-Verfahren erzeugen wir eine tridiagonale Matrix startend mit einem Zufallsvektor $|\psi_1>$.

1. Schritt: Berechnung einer neuen Wellenfunktion

$$\hat{H}|\psi_1\rangle = |\phi_1\rangle \tag{4.45a}$$

und Orthonormierung mittels eines Gram-Schmidtschen Orthonormalisierungsverfahrens.

$$|\psi_2\rangle = \frac{|\phi_1\rangle - \langle\psi_1|\phi_1\rangle|\psi_1\rangle}{\sqrt{\langle\phi_1|\phi_1\rangle - \langle\psi_1|\phi_1\rangle\langle\phi_1|\psi_1\rangle}} \tag{4.45b}$$

Die ersten Elemente unsere Hamilton-Matrix sind

$$H_{11} = \langle\psi_1|\hat{H}|\psi_1\rangle = \langle\psi_1|\phi_1\rangle \tag{4.46}$$

$$H_{12} = \langle\psi_2|\hat{H}|\psi_1\rangle = \langle\psi_2|\phi_1\rangle$$

$$= \sqrt{\langle\phi_1|\phi_1\rangle - \langle\psi_1|\phi_1\rangle\langle\phi_1|\psi_1\rangle} \tag{4.47}$$

$$= H_{21} . \tag{4.48}$$

Da wir bereits die Ergebnisse der Orthonormalisierung nutzen können vereinfacht sich die Berechnung signifikant.

2. Schritt: Berechnung des nächsten Zustands

$$\hat{H}|\psi_2\rangle = |\phi_2\rangle \tag{4.49a}$$

und durchführen der Gram-Schmidt Orthonormalisierung

$$|\psi_3\rangle = \frac{|\phi_2\rangle - \langle\psi_1|\phi_2\rangle|\psi_1\rangle - \langle\psi_2|\phi_2\rangle|\psi_2\rangle}{\sqrt{\langle\phi_2|\phi_2\rangle - \langle\psi_1|\phi_2\rangle\langle\psi_2|\psi_1\rangle - \langle\psi_2|\phi_2\rangle\langle\psi_2|\psi_2\rangle}} . \tag{4.49b}$$

Die neuen Matrixelemente sind

$$H_{22} = \langle\psi_2|\hat{H}|\psi_2\rangle = \langle\psi_2|\phi_2\rangle \tag{4.50}$$

$$H_{31} = \langle\psi_3|\hat{H}|\psi_1\rangle = \langle\psi_3|\phi_1\rangle = H_{13} = 0 \tag{4.51}$$

$$H_{32} = \langle\psi_3|\hat{H}|\psi_2\rangle = \langle\psi_3|\phi_2\rangle \tag{4.52}$$

$$= \sqrt{\langle\phi_2|\phi_2\rangle - \langle\psi_1|\phi_2\rangle\langle\psi_2|\psi_1\rangle - \langle\psi_2|\phi_2\rangle\langle\psi_2|\psi_2\rangle} . \tag{4.53}$$

Die Elemente $H_{31} = H_{13}$ verschwinden da $|\phi_1\rangle$ als Linearkombination von $\{|\psi_1\rangle, |\psi_2\rangle\}$ geschrieben werden kann, die per Konstruktion orthonormal zu $|\psi_3\rangle$ sind. Dasselbe gilt für alle nicht-tridiagonalen Elementen und folglich

$$H_{nm} = 0 \quad \forall\, |n - m| > 1 \,. \tag{4.54}$$

Die allgemeine Vorgehensweise ist: Berechnen von

$$\hat{H}|\psi_n\rangle = |\phi_n\rangle \tag{4.55a}$$

mit anschließender Gram-Schmidt Orthonormalisierung

$$|\psi_{n+1}\rangle = \frac{|\phi_n\rangle - \langle\psi_{n-1}|\phi_n\rangle|\psi_{n-1}\rangle - \langle\psi_n|\phi_n\rangle|\psi_n\rangle}{\sqrt{\langle\phi_n|\phi_n\rangle - \langle\psi_{n-1}|\phi_n\rangle\langle\phi_n|\psi_{n-1}\rangle - \langle\psi_n|\phi_n\rangle\langle\phi_n|\psi_n\rangle}} \,. \tag{4.55b}$$

Fortsetzen des Prozesses führt schließlich zu einer tridiagonalen Matrix, deren Eigenlösungen gegen die Eigenwerte und -funktionen des Hamilton-Operators konvergieren. Ein weiterer Vorteil es müssen stets nur drei Zustände $|\psi.\rangle$ gleichzeitig gespeichert werden. Ein Nachteil des obigen einfachen Verfahrens, mit steigender Dimension machen sich die numerischen Fehler der Orthonormalisierung zunehmend bemerkbar. Ein breite Diskussion zu Lanczos- und Arnoldi-Routinen findet sich in [38].

Beispiel. Als Beispiel betrachten wir den anharmonischen Oszillator

$$\hat{H} = \frac{1}{2}\hat{p}^2 + \frac{1}{2}\hat{x}^2 + \alpha\hat{x} + 1/8 * \sqrt{2}\kappa\hat{x}^3 + 1/8 * \lambda\hat{x}^4; \tag{4.56}$$

Das Programm `anharmoscmatrix` berechnet die Testmatrix und die Eigenlösungen basierend auf einer Berechnung mittels `eigs`. Das Lanczos-Verfahren - wie oben beschrieben - mit dem Skript `lanczos_osc.m`.

Berechnung der zu diagonalisierenden Matrix nach dem Lanczos-Verfahren. Um die Orthonormalität zu testen, wurden alle Vektoren abgespeichert (was für die reine Berechnung nicht notwendig wäre).

```
%% Berechnung der Testmatrix
[E,V,Emat] = anharmoscmatrix(100,0.1,0.1,1,3);
%% Startvektor
nv = length(Emat);
psi(:,1) = zwi;
%% psi-2
zwi = Emat*psi(:,1);
psi(:,2)=(zwi -zwi'*psi(:,1)*psi(:,1))/sqrt(zwi'*zwi-(psi(:,1)'*zwi)^2);
HLan=psi'*Emat*psi;
%%
for n=3:60
    zwi = Emat*psi(:,n-1);
    psi(:,n) = zwi - (psi(:,n-2)'*zwi)*psi(:,n-2) -
    (psi(:,n-1)'*zwi)*psi(:,n-1);
```

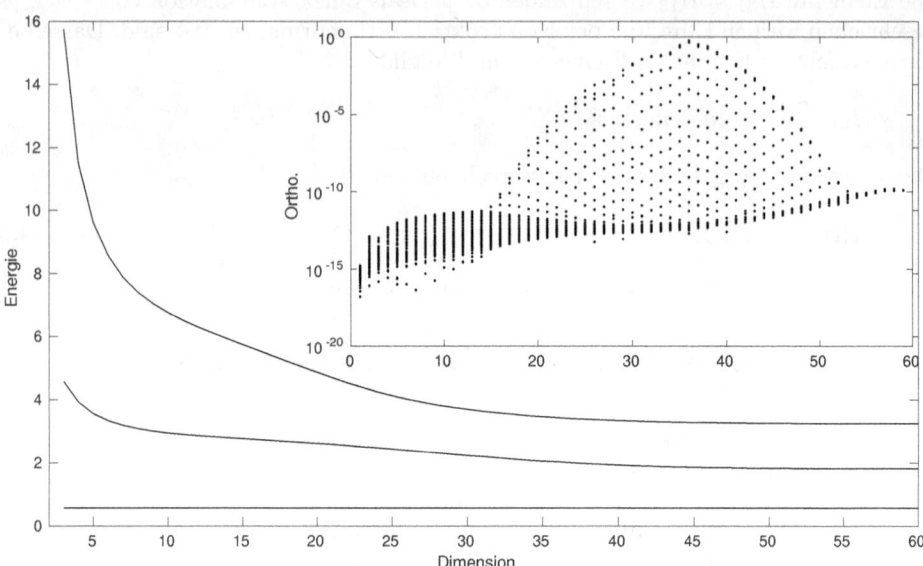

Abbildung 4.6: *Die durchgezogenen Linien zeigen die Eigenwerte der drei niedrigsten Zustände in Abhängigkeit der Dimension. Eingebettet ist das Skalarprodukt aller Lanczos-Vektoren untereinander.*

```
    psin = sqrt(zwi'*zwi - (psi(:,n-2)'*zwi)^2 - (psi(:,n-1)'*zwi)^2);
    psi(:,n) = psi(:,n)/psin;
    HLan(n,n) = psi(:,n)'*Emat*psi(:,n);
    HLan(n-1,n) = psi(:,n-1)'*Emat*psi(:,n);
    HLan(n,n-1) = HLan(n-1,n);
end
```

Die Eigenwerte wurden aus „HLan" mit der MATLAB-Funktion **eigs** berechnet und in Abb. (4.6) dargestellt. Alle mit dem Gram-Schmidtschen Orthonormalisierungsverfahren berechneten Vektoren wurden auf ihre Orthonormalität geprüft.

```
%% Orthogonalitaet - Visualisierung
Otest = NaN*ones(60,60);
for ni=1:59
    for nj=ni+1:60
        Otest(ni,nj)=abs(psi(:,ni)'*psi(:,nj));
    end
end
figure,semilogy(Otest,'.k'),shg
```

Hier zeigen sich bei weit entfernt liegenden Vektoren teilweise deutliche Abweichungen, s. Abb. (4.6). In unserer Hamilton-Matrix sind allerdings alle nicht-tridiagonalen

Elemente per Kontruktion zu Null gesetzt und alle tridiagonal benachbarten Vektoren erfüllen die Orthogonalitätsforderung mindestens auf 10^{-10} genau.

4.5 Kurze Übersicht der MATLAB-Programme

LagPoly.m MATLAB-Skript zur Berechnung der Koeffizienten des Lagrangeschen Interpolationspolynoms. `LagPolyVisu.m` dient der Visualisierung der Interpolationspolynomen.

HerPolyFE.m Skript zur Berechnung der Koeffizienten des Hermiteschen Interpolationspolynoms im Interval $[0, 1]$. Es werden ebenfalls die Integrale für eine FE-Berechnung mit berechnet. Zum Vergleich: `HerPoly.m` Hermite-Interpolationspolynoms im Interval $[-1, 1]$.

ErwHerPoly.m Skript zur Berechnung der Koeffizienten des erweiterten Hermiteschen Interpolationspolynoms.

InterPol.m ist eine Funktion zur Berechnung der verschiedenen Interpolationspolynome. Rückgabewert ist eine Struktur mit allen notwendigen Informationen.

lagrangeinterpolation.m Beispiel zu Berechnung der Eigenwerte mittels FE und Lagrange-Interpolation. Visualisiert wird zusätzlich die Hamilton-Matrix und einige Interpoaltionspolynome. Ausgegeben werden die niedrigsten 25 Eigenwerte für die bessere Vergleichbarkeit als Bruch.

YukawaFE.m FE-Rechnung zum Yukawa-Potential.

lanczos_osc.m Skript zur Dokumentation des prinzipiellen Ablaufs einer Lanczos-Diagonalisierung. `anharmoscmatrix.m` liefert die notwendige Testmatrix und die genäherten Eigenlösungen zum Vergleich und benötigt `hermitpoly.m` zur Berechnung der Hermite-Polynome.

5 Zufallszahlen und Quanten-Monte-Carlo Verfahren

Zufallszahlen bzw. Zufallsprozesse spielen bei der Simulation und Interpretation natürlicher Erscheinungen nicht nur in der Quantenmechanik eine gewichtige Rolle. Ein wohlbekanntes Beispiel ist die Brownsche Bewegung (oder die von Zufallsumfragen getriebenen Entscheidungen von Politikern). Computer sind deterministisch, Zufallszahlen werden daher meist mittels bestimmter Algorithmen deterministisch bestimmt. Es liegen daher nur Pseudo-Zufallszahlen vor. Im folgenden werden wir als Anwendungsbeispiele das Erstellen bestimmter Zufallsverteilungen und als Berechnungsverfahren Monte-Carlo Verfahren diskutieren.

5.1 Zufallszahlen

MATLAB bietet mit den Befehlen [4] `randn` und `rand` normal- und gleichverteilte Zufallszahlen an. Die Funktionen `rng` bzw. `RandStream`, erlauben das Berechnungsverfahren auszuwählen. Als Standard wird ein Mersenne-Twister Verfahren genutzt. Was tun, wenn der zu beschreibende Prozess andere Zufallsverteilungen erfordert?

5.1.1 Erzeugung beliebig verteilter Zufallszahlen

Die Statistic Toolbox bietet weitere Verteilungen an. Falls sie nicht zur Verfügung steht, bzw. die notwendige Verteilung nicht bietet, läßt sich die gewünschte Verteilung aus einer Gleichverteilung berechnen. Numerische Probleme können sich dann ergeben, wenn die neue Verteilung einen ausgeprägten „Schwanz" besitzt. Beispielsweise bei finanz- und versicherungstheoretischen Verteilungen ist dies häufig der Fall und gerade diese Bereiche der Verteilungsfunktionen tragen zur Berechnung des Risikos signifikant bei.

Wenden wir uns nun dem Berechnungsverfahren [39] zu. Die Wahrscheinlichkeitsdichte $f(x)dx$ beschreibt die Wahrscheinlichkeit P, einen Wert x in einem bestimmten Intervall zu finden $P(a < x < b) = \int_a^b f(x)dx$ und folglich gilt $\int_G f(x)dx = 1$ bei Integration über das gesamte erlaubte Gebiet G.

Ausgangspunkt ist die bekannte Wahrscheinlichkeitsdichte $f(x)$ mit x Zufallsvariable. Für die neue Dichte $g(y)$ mit Zufallszahl y gilt

$$f(x)\,dx = g(y)\,dy \tag{5.1a}$$

und für $f(x)$ gleichverteilt

$$f(x) = \begin{cases} 1 & : & 0 \le x < 1 \\ 0 & : & \text{sonst} \end{cases} \tag{5.1b}$$

folgt daraus

$$g(y)\,dy = dx \Rightarrow dx = dG(y) \tag{5.1c}$$

mit

$$x = G(y) = \int_{-\infty}^{y} g(t)dt \Rightarrow y = G^{-1}(x)\,. \tag{5.1d}$$

Die Vorgehensweise ist wie folgt: Wird eine Zufallszahl x, mit $0 \le x < 1$, aus einer Gleichverteilung gezogen und die Funktion $x = G(y)$ invertiert, so erhalten wir eine neue Zufallszahl y mit Wahrscheinlichkeitsdichte $g(y)$ gegeben durch $dG(y)$.

Der radioaktive Zerfall

Der radioaktive Zerfall folgt dem folgenden Gesetz:

$$g(t) = \begin{cases} \frac{1}{\tau}\exp(-\frac{t}{\tau}) & : & t \ge 0 \\ 0 & : & t < 0 \end{cases} \tag{5.2}$$

mit der Zerfallskonstante τ und der Zeit t. Aus Gl. (5.1d) folgt mit x gleichverteilt

$$x = G(t) = \frac{1}{\tau}\int_{-\infty}^{t} g(t')dt'$$
$$= 1 - \exp(-\frac{t}{\tau})$$

und daraus

$$G^{-1}(x) = t = -\tau\ln(1 - x)$$

und da x zwischen 0 und 1 gleichverteilt ist

$$t = -\tau\ln(x)\quad. \tag{5.3a}$$

Das Ergebnis für die Zerfallskonstante $\tau = 1$ zeigt Abb. (5.1).

```
% zerfall.m
clear,close all, clc
figure

subplot(1,2,1)
x = rand(1,1e07);          % gleichverteilte Zufallszahlen
hist(x,100), shg           % Histogramm
```

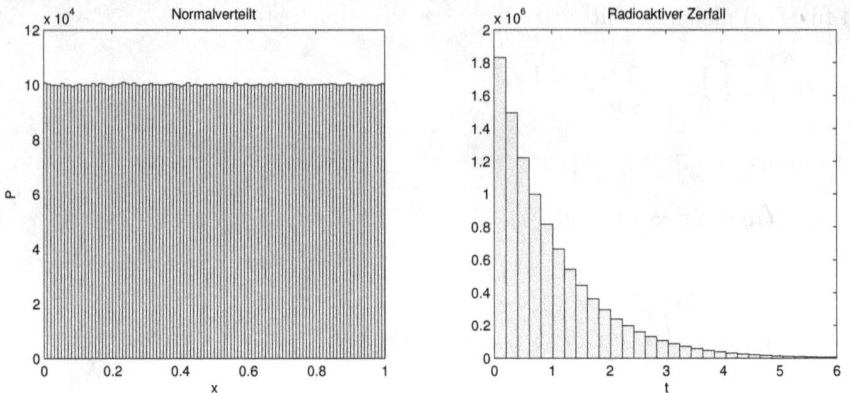

Abbildung 5.1: *Links normalverteilte Zufallszahlen und rechts exponentiell verteilte Zufalls-zahlen wie sie zur Beschreibung des radioaktiven Zerfalls benötigt werden. Der Berechnungsweg findet sich in dem Mini-*MATLAB-*Skript Zerfall.m.*

```
ylabel('P'),xlabel('x')
title('Normalverteilt')
subplot(1,2,2)
t = -log(x);                     % exponentiell verteilte Zufallszahlen
hist(t,100),xlim([0,6])
xlabel('t'),shg
title('Radioaktiver Zerfall')
```

Die Breit-Wigner Verteilung

Die Breit-Wigner Formel [40] beschreibt die Energieabhängigkeit des Wirkungsquer-schnitts einer Elementarteilchenreaktion in der Nähe einer Resonanz, beispielsweise für die Streuung langsamer Neutronen oder auch für den getriebenen harmonischen Oszil-lator. Bezeichnet Γ die Breite der Resonanz, E_R die Resonanzenergie, E die Energie in der Umgebung der Resonanzenergie und g den Wirkungsquerschnitt dann gilt für die Breit-Wigner Verteilung

$$g(E) = \frac{2}{\pi\Gamma} \frac{\Gamma^2}{4(E - E_R)^2 + \Gamma^2} \ . \tag{5.4}$$

Beginnen wir wieder unser Spiel mit Gl. (5.1d):

$$x = G(E) = \int_{-\infty}^{E} g(y)dy \tag{5.5a}$$

$$= \frac{2}{\pi\Gamma} \int_{-\infty}^{E} \frac{\Gamma^2}{4(y - E_R)^2 + \Gamma^2} dy \tag{5.5b}$$

und mit der Substitution

$$u = \frac{2(y - E_R)}{\Gamma} \quad du = \frac{2}{\Gamma} dy$$

folgt

$$x = G(E) = \frac{1}{\pi} \int \frac{1}{1 + u^2} = \frac{1}{\pi} \arctan \Big|_{-\infty}^{2\frac{E-E_R}{\Gamma}} \tag{5.5c}$$

$$= \frac{1}{2} + \frac{\arctan(2\frac{E-E_R}{\Gamma})}{\pi} \tag{5.5d}$$

und mit

$$\arctan(2\frac{E - E_R}{\Gamma}) = \pi(x - \frac{1}{2}$$

$$2\frac{E - E_R}{\Gamma} = \tan(\pi(x - \frac{1}{2}))$$

letztlich die gewünschten Zufallswerte

$$E = E_R + \frac{\Gamma}{2} \tan(\pi(x - \frac{1}{2})) \,. \tag{5.5e}$$

Das Ergebnis für die Breit-Wigner Verteilung zeigt Abb. (5.2), die Berechnung wurde mit dem MATLAB-Skript BreitWigner.m durchgeführt.

```
% BreitWigner.m
clear,close all, clc
figure

xl=0.49;
subplot(1,2,1)
x = 0.03 + 0.94*rand(1,1e07);   % gleichverteilte Zufallszahlen
hist(x,100), shg                % Histogramm
ylabel('P'),xlabel('x')
title('Normalverteilt')
subplot(1,2,2)
min(x),max(x)
E = tan(pi*(x-1/2));            % Breit-Wigner verteilte Zufallszahlen
hist(E,100),xlim([-10,10])
xlabel({'2(E-E_R)/\Gamma'}),shg
title('Breit-Wigner')
```

Test einer Verteilung

Häufig ist es sehr schwierig zu erkennen, welche Verteilung vorliegen kann. Meßdaten haben nun einmal Unsicherheiten und folgen nicht exakt der theoretischen Verteilung. Hilfreich ist die Umskalierung der Plotachsen so, dass bei einer gewählten Verteilung exakt

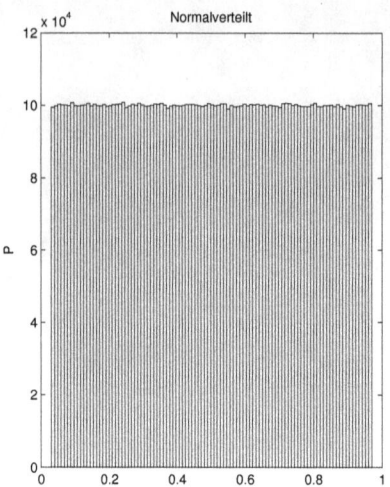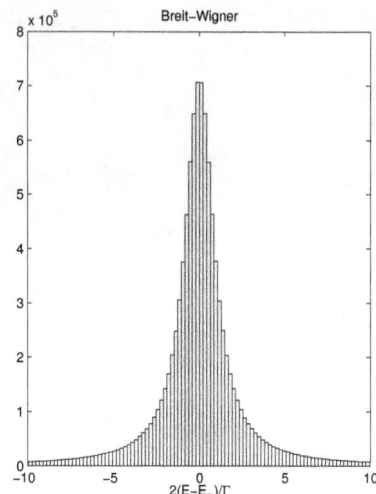

Abbildung 5.2: *Links normalverteilte Zufallszahlen und rechts Zufallszahlen, die einer Breit-Wigner Verteilung folgen. Die x-Achse wurde geeignet skaliert. Der Berechnungsweg findet sich* MATLAB-*Skript BreitWigner.m.*

eine Gerade vorliegt. Ist G die erwartete Wahrscheinlichkeitsverteilung mit $x = G(E)$, dann können wir aus den extremalen Werten die Endpunkte einer Geraden berechnen

$$x_{min} = G(E_{min}), x_{max} = G(E_{max}) \rightarrow$$
$$b = \frac{G(E_{min}) - G(E_{max})}{x_{min} - x_{max}} \qquad a = G(E_{min}) - b \cdot x_{min} \qquad \text{und}$$
$$\rightarrow y = a + b \cdot x.$$

Skalieren wir mit dieser Geraden unsere Messung, dann müssen die Meßwerte näherungsweise auf dieser Geraden liegen.

Abb. (5.3) zeigt ein Beispiel dazu. Berechnet wurde die Abbildung mit dem Programm `BW_Normal.m`

```
clear,close all,clc
%% Berechnung der Wahrscheinlichkeit - Vergleich mit Normalverteilung
load BreitWignerdata
testwerte = E(1:100);
a=0.5;%1;%0.25;1.63  % empirischer Wert
normh = @(x) exp(-a*x.^2)/sqrt(pi)*sqrt(a);    %Normalverteilung
bwh = @(x) 0.5 +1/pi*atan(x);                  %Breit-Wigner Verteilung
xt = sort(testwerte);
xintn = [];
```

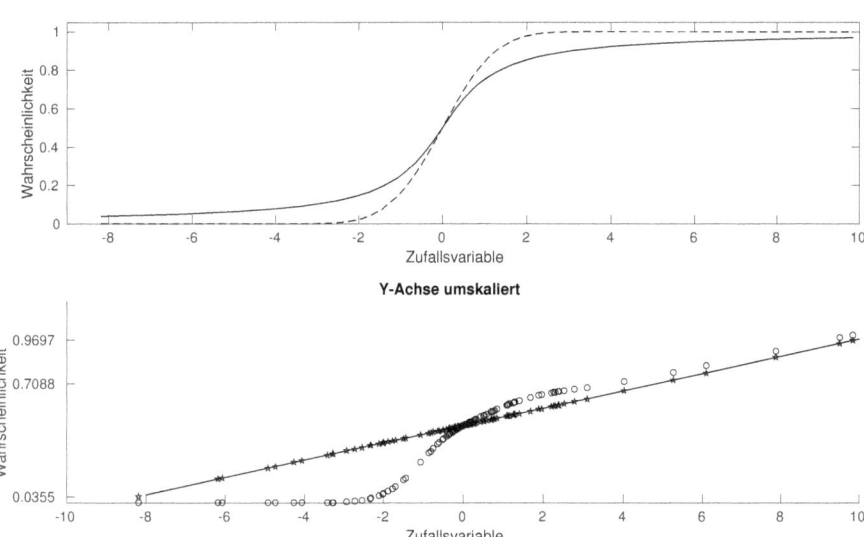

Abbildung 5.3: *Oben: Durchgezogene Linie eine Breit-Wigner Verteilung und zum Vergleich (gestrichelt) eine Normalverteilung. Unten: Die Breit-Wigner Verteilung wurde so skaliert, dass sie eine Gerade bildet. Sterne sind Werte, die der Breit-Wigner Verteilung folgen, Kreise folgen der obigen Normalverteilung. Sehr viel deutlicher sieht man ihr unterschiedliches Verhalten, als dies in der oberen Darstellung möglich gewesen wäre.*

```
xintbw = [];
xintbw = bwh(xt);
for xmaxi=xt
    xintn = [xintn,integral(normh,-inf,xmaxi)];
end
%% Plotten der beiden Wahrscheinlicheiten
xmin = floor(min(xt));
xmax = ceil(max(xt));
fh1 = subplot(2,1,1);
fa1 = gca;
plot(xt,xintn,'-.k',xt,xintbw,'-k'),shg
xlim([xmin,xmax])
ylim([0,1.05])
ylabel('Wahrscheinlichkeit')
xlabel('Zufallsvariable')
%% Auslesen der Achsendaten
fh2 = subplot(2,1,2)
fa2 = gca
% Umskalieren der Daten
XTick = get(fa1,'XTick')
```

```
YTick = get(fa1,'Ytick')
hold on
%%
b= (xintbw(end)-xintbw(1))/(xt(end)-xt(1));        %Berechnen der Gerade
a= xintbw(1)-b*xt(1);
gerade = [b a];
ygerade = polyval(gerade,XTick);
plot(XTick,ygerade,'k')                            %Plotten der Geraden
ygtick = bwh(polyval([1/b -a/b],YTick))            %Achsenbeschriftung
set(fa2,'YTick',ygtick)
skalierungsfaktor = polyval(gerade,xt)./xintbw;
plot(xt,xintbw.*skalierungsfaktor,'kp'),shg        %Skalieren B.-Wigner
plot(xt,xintn.*skalierungsfaktor,'ko'),shg         %Skalieren normalvert.
ylabel('Wahrscheinlichkeit')
xlabel('Zufallsvariable')
title('Y-Achse umskaliert')
```

5.1.2 Zufallsmatrizen

Die grundlegenden Funktionen zum Erstellen von Zufallszahlen sind - wie bereits erwähnt - `rand` (gleichverteilt), `randn` (normalverteilt), `randi` (gleichverteilte ganze Zahlen) und `randperm` (Zufallspermutation ganzer Zahlen). Der wiederholte Aufruf beispielsweise der Funktion `rand` erzeugt eine Abfolge von Zufallszahlen. Dieser „Strom" basiert auf der Klasse `RandStream`. Die Eigenschaften, beispielsweise der Startwert (seed), werden durch die Funktion `rng` kontrolliert.

Normal- und gleichverteilte Zufallsmatrizen. Mit `rand` lassen sich gleichverteilte und mit `randn` normalverteilte Arrays erzeugen. Beide Funktionen erlauben identische Argumente. Als Beispiel sei daher nur der Fall gleichverteilter Zufallszahlen betrachtet. Mit $\gg$ `A = rand(n)` wird eine n×n-Zufallsmatrix und mit `A = rand(d1, d2, ...,` `dn)` ein d1×d2 ··· ×dn-dimensionales Zufallsarray erzeugt, d.h. einen Zufallsvektor erhält man mittels `A = rand(1,n)`. `A = rand(..., 'double')` bzw. `A = rand (...,` `'single')` erlaubt das Erzeugen von Matrixelementen mit 8 Byte (Standardgenauigkeit) bzw. 4 Byte Genauigkeit und mittels `rand(s,...)` lässt sich das RandStream-Objekt „s" übergeben.

Häufig wünscht man bei jedem Start des Zufallsgenerators eine veränderte Zufallssequenz. Dazu dient beispielsweise `rand('twister',sum(100*clock))`, `sum(100*clock)` legt dabei den zufälligen Startwert fest und wird als „seed" bezeichnet alternativ dazu `rng('shuffel')`.

Zufallspermutationen. `randperm(k)` erzeugt eine Zufallsfolge der Zahlen von $1 \cdots k$ und `randperm(k,n)` wählt $n \leq k$ Werte aus dieser Zufallsfolge aus. Mit `randperm(s,...)` lässt sich wieder ein RandStream-Objekt „s" übergeben.

Seed und Zufallsverfahren: rng. Zufallszahlen sind nur pseudo-zufällig, d.h. folgen einem deterministischen Berechnungsverfahren. `rng` legt das verwendete Zufallsverfahren und implizite den Startwert der Zufallsfolge (Seed) fest. Mit `es = rng` werden in der Struktur „es" die aktuellen Einstellungen gespeichert. `rng(sd)` setzt die Seed „sd" für den Zufallsgenerator. Mit `rng('shuffel')` wird - wie oben beschrieben - die Seed auf der aktuellen Zeit basierend gewählt und damit bei jedem Start eine andere Zufalls-sequenz erzeugt. Mittels `rng(sd,generator)` bzw. `rng('shuffel', generator)` wird das verwendete Zufallsverfahren ausgewählt. Zur Verfügung stehen:

- 'twister': Mersenne Twister Verfahren

- 'simdTwister': SIMD-orientiertes Mersenne Twister Verfahren

- 'combRecursive': Kombinierte multiple rekursive Generatoren

- 'multFibonacci': Multiplikativer lagged Fibonacci-Generator

- 'v5uniform': unter MATLAB-5 verwendeter Zufallsgenerator für gleichverteilte Zu-fallszahlen

- 'v5normal': unter MATLAB-5 verwendeter Zufallsgenerator für normalverteilte Zu-fallszahlen

- 'v4': Zufallsgenerator unter MATLAB-4.

Via `rng('default')` lassen sich die Voreinstellungen wieder setzen und mittels `rng(es)` die zuvor abgespeicherten Einstellungen.

Mittelwert und Standardabweichung einer Normalverteilung setzen.
`xn = randn(n,1)` berechnet einen n-komponentiger Vektor normalverteilter Zufallszah-len mit Mittelwert 0 und Standardabweichung 1, und mittels `xn = a .* randn(n,1) + b` mit Mittelwert „b" und Standardabweichung „a". Soll die Zufallssequenz jeweils mit derselben Zufallszahl starten führt man zuerst den Befehl `rng(0,'twister')` aus. Selbstverständlich kann auch ein anderes Zufallsverfahren aus der obigen Liste verwandt werden.

Einstellen der Eigenschaften der Zufallswerte. Zufallszahlen werden nach einem bestimmten deterministischen Algorithmus berechnet, sind - wie bereits erwähnt - nur Pseudo-Zufallszahlen. Die Klasse `RandStream` dient der Festlegung dieser Eigenschaften und unterstützt zusätzliche Algorithmen und Funktionalitäten. Einige der zusätzlichen Verfahren erlauben es, zu einer ausgewählten Zufallssequenz aus einer Reihe berech-neter Zufallssequenzen zurückzuspringen (Substream). In einem ersten Schritt erstel-len wir ein Zufallsobjekt (Stream) mit Hilfe des `RandStream` Konstruktors: `mStream = RandStream('mlfg6331_64');`. Das Argument legt dabei das verwendete Verfah-ren fest. (Eine Übersicht folgt unten.) Mit `rand(mStream,1,3)` wird nun eine lokale Zufallsabfolge generiert. Was bedeutet das? Schauen wir uns das folgende Beispiel an:

```
% RandStream erstellt lokale Zufallssequenz
mStream = RandStream('mlfg6331_64');
         % mit Konstruktor Zufallsobjekt erstellen
rand(mStream,1,3)        % Ausfuehren
ans =
    0.6986    0.7413    0.439
```

```
rand                        % rand unabhaengig von mStream
ans =
    0.6986

rand(mStream,1,3)           % "mStream-Abfolge" wird fortgesetzt
ans =
    0.6914     0.7255    0.4391

rand                        % rand bleibt unabhaengig vom lokalen mStream
ans =
    0.7413
```

Eine zusätzliche Funktionalität, ist die Möglichkeit Substreams zu erstellen und zu ihnen zurückzuspringen:

```
>> s = RandStream('mlfg6331_64');       % RandStream-Objekt erzeugen
>> RandStream.setGlobalStream(s);       % Zum Standardverfahren machen

>> % Die Substream Indizes k setzen und zuge\"orige Zufallssequenz
>> % berechnen
>> for k=1:5
>>      s.Substream=k;
>>      [k, rand(1,k)]
>> end

% fuehrt zum Ergebnis
...

ans =
    3.0000     0.0261    0.2530    0.0737
ans =
    4.0000     0.3220    0.7405    0.1983    0.1052
ans =
    5.0000     0.2067    0.2417    0.9777    0.5970    0.4187


>> s.Substream=3;   % Auswahl einer Sequenz
>> rand(1,5)        % Wiederholen von Sequenz 3 mit den selben
                    % Startwerten aber laengere Sequenz

ans =
    0.0261     0.2530    0.0737    0.7119    0.0048
```

Wir sehen, der Substream 3 wird wiederholt und entsprechend fortgesetzt.

Mit dem Aufruf s = RandStream('Verf','Param1',Wert1,...) wird ein RandStream-Objekt „s" erzeugt, das auch als Argument an die Zufallsfunktionen rand, randn, randi und randperm übergeben werden kann. „Verf" legt das Berechnungsverfahren, „Param·"

die Parameter und „Wert·" die zugehörigen Werte fest. Unterstützt werden die folgenden Verfahren:

- „mt19937ar" Mersenne-Twister-Verfahren (Standard). Dem bisherigen Aufruf für den Start der Zufallssequenz `rand('twister',5489)` entspricht nun `RandStream('mt19937ar', 'Seed', 5489)`.

- „mcg16807" Multiplikativer kongruenter Generator

- „mlfg6331_64" Multiplikativer lagged Fibonacci-Generator, unterstützt die Substream-Eigenschaft

- „mrg32k3a" Kombinierte multiple rekursive Generatoren, unterstützt die Substream-Eigenschaft

- „shr3cong" Marsaglia-SHR3-Generator, basierend auf der Überlagerung linearer kongruenter Generatoren

- „swb2712" Äquivalent zum MATLAB-5-Zufallsgenerator, der bisher mittels `rand('state',0)` aufgerufen wurde. Dieser Initialisierung des Zufallsgenerators entspricht nun `RandStream('swb2712','Seed',0)`.

- „dsfmt19937" SIMD-basiertes schnelles Mersenne Twister Verfahren.

Eine Liste der Eigenschaften und Methoden finden sich in [4] bzw. der MATLAB-Dokumentation.

Die Zahl π. Die obigen Verfahren basieren auf einem deterministischen Prozess. Die Ziffernabfolge der Zahl π scheint dagegen zufällig zu sein. Im Internet, beispielsweise unter http://www.angio.net/pi/, finden sich viele Millionen Nachkommastellen, die auch als Zufallswerte genutzt werden könnten. Nach dem Einlesen aus dem Internet wurden die Leerstellen entfernt und mit dem Befehl `reshape` in ein zweispaltiges Characterarray gewandelt und mittels `uint8` in einen vorzeichenlosen 8 Bit Integer-Vektor. Die Qualität von Zufallszahlen läßt mittels nächster Nachbar Abbildungen visualisieren. Dabei wird das erste Element gegen das zweite, das Zweite gegen das Dritte und so weiter aufgetragen. Gute Zufallszahlen müssen strukturlos sein. Das Ergebnis zeigt Abb. (5.4).

5.2   Das Variationsverfahren

Grundlage des Variationsverfahrens ist die Tatsache, dass für konservative Systeme der Erwartungswert des Hamilton-Operators mit einem beliebigen Zustand stets größer oder gleich der Grundzustandsenergie ist. Durch Forderung der Orthonormalität von Zuständen läßt sich dies auf angeregte Zustände fortsetzen.

Nehmen wir zur Vereinfachung an, dass das Spektrum diskret und nicht-entartet ist. Für einen Eigenzustand $|\phi_n\rangle$ gilt

$$\hat{H}|\phi_n\rangle = E_n|\phi_n\rangle \, . \tag{5.6}$$

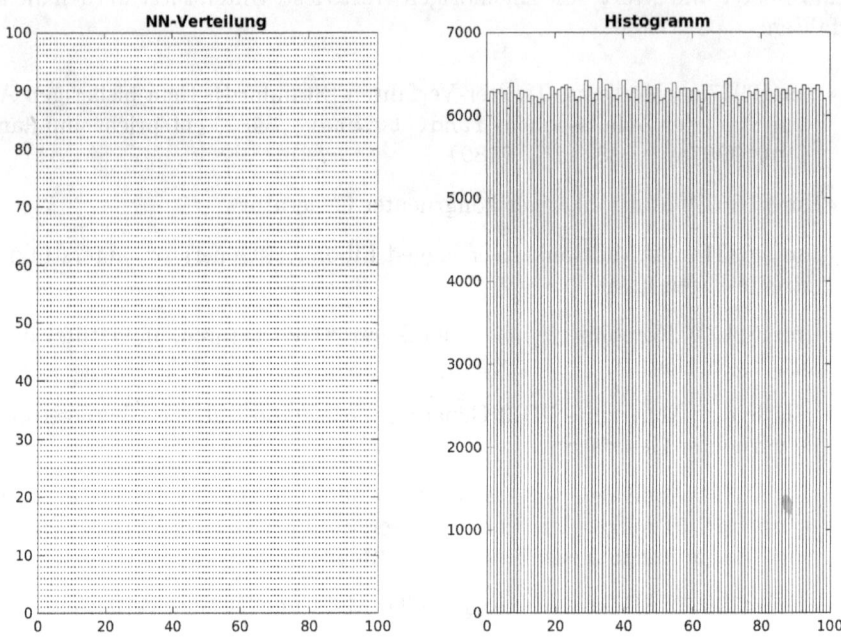

Abbildung 5.4: *Links: Nächste Nachbar-Verteilung für die ersten* 100 *aus* π *gewonnenen Zufallszahlen. Rechts: Histogramm der aus* π *ermittelten Zufallszahlen. Das Histogramm ist einer Gleichverteilung sehr ähnlich.*

Jede Wellenfunktion $|\psi\rangle$ kann nach den Eigenfunktionen entwickelt werden, da sie ja eine vollständige Basis des Hilbert-Raums bilden. Folglich gilt

$$\langle \hat{H} \rangle = \frac{\langle \psi | \hat{H} | \psi \rangle}{\langle \psi | \psi \rangle}$$

$$\langle \psi | \psi \rangle \langle \hat{H} \rangle = \sum_{n,m} \langle \psi | \phi_n \rangle \langle \phi_m | \psi \rangle \underbrace{\underbrace{\langle \phi_n | \hat{H} | \phi_m \rangle}_{E_m \phi_m}}_{E_m \delta_{nm}}$$

$$= \sum_{m} \langle \psi | \phi_m \rangle \langle \phi_m | \psi \rangle E_m$$

$$\geq E_0 \sum_{m} \langle \psi | \phi_m \rangle \langle \phi_m | \psi \rangle = E_0 \langle \psi | \psi \rangle. \tag{5.7}$$

Das Ritz Theorem Der Erwartungswert des Hamilton-Operators wird in der Umgebung diskreter Eigenzustände stationär.

$$\delta\langle\hat{H}\rangle = 0 \quad \text{for } |\psi\rangle \text{ Eigenzustand.} \tag{5.8}$$

Da:

$$\langle\hat{H}\rangle = \frac{\langle\psi|\hat{H}|\psi\rangle}{\langle\psi|\psi\rangle}$$

$$\Rightarrow \delta\{\langle\psi|\psi\rangle\langle\hat{H}\rangle\} = \delta\{\langle\psi|\hat{H}|\psi\rangle\}$$

$$\Rightarrow \langle\delta\psi|\psi\rangle\langle\psi|\hat{H}|\psi\rangle + \langle\psi|\delta\psi\rangle\langle\psi|\hat{H}|\psi\rangle + \langle\psi|\psi\rangle\delta\langle\psi|\hat{H}|\psi\rangle$$

$$= \langle\psi|\hat{H}\delta\psi\rangle + \langle\delta\psi|\hat{H}\psi\rangle$$

Für jeden Zustand ist $\langle\hat{H}\rangle$ eine reelle Zahl. Somit

$$\langle\psi|\psi\rangle\delta\langle\psi|\hat{H}|\psi\rangle = \langle\psi|\{\hat{H} - \langle\hat{H}\rangle\}|\delta\psi\rangle + \langle\delta\psi|\{\hat{H} - \langle\hat{H}\rangle\}|\psi\rangle$$

mit

$$|\phi\rangle = \{\hat{H} - \langle\hat{H}\rangle\}|\psi\rangle$$

folgt

$$\langle\psi|\psi\rangle\delta\langle\psi|\hat{H}|\psi\rangle = \underbrace{\langle\phi|\delta\psi\rangle + \langle\delta\psi|\phi\rangle}_{=0 \text{ for } \delta\langle\hat{H}\rangle=0} \tag{5.9}$$

Da dies für jeden Ket gilt, gilt auch

$$|\delta\psi\rangle = \delta\lambda|\phi\rangle \qquad \lambda \in C$$
$$\Rightarrow \qquad\qquad 0 = \delta\lambda \cdot 2\langle\phi|\phi\rangle$$
$$\Rightarrow \qquad\qquad |\phi\rangle = 0$$
$$\Rightarrow \qquad \{\hat{H} - \langle\hat{H}\rangle\}|\psi\rangle = 0$$

und folglich wird $\hat{H}$ stationär genau dann wenn $|\psi\rangle$ ein Eigenzustand ist.

Damit ist die Kunst der Variationsrechnung die optimale Familie von Testfunktionen, $|\psi\rangle \to |\psi;\alpha\rangle$, mit dem freien Parameter α auszuwählen und dies gilt auch für die Monte-Carlo Approximationen. Es gilt

$$\frac{\partial}{\partial\alpha}\frac{\langle\psi;\alpha|\hat{H}|\psi;\alpha\rangle}{\langle\psi;\alpha|\psi;\alpha\rangle} = 0 \,. \tag{5.10}$$

Beispiel. Ein einfaches Beispiel ist der harmonische Oszillator. Mit

$$\hat{H} = -\frac{\hbar^2}{2m}\frac{d^2}{dx^2} + \frac{1}{2}m\omega^2 x^2 \tag{5.11}$$

und der Testfunktion

$$\langle x|\psi;\alpha\rangle = \exp(-\alpha x^2) \ . \tag{5.12}$$

gilt

$$\Rightarrow \qquad \langle \psi;\alpha|\psi;\alpha\rangle = \int_{-\infty}^{+\infty} dx \exp(-2\alpha x^2)$$

$$\langle \psi;\alpha|\hat{H}|\psi;\alpha\rangle = \int_{-\infty}^{+\infty} dx \exp(-\alpha x^2)$$

$$\left[-\frac{\hbar^2}{2m}\frac{d^2}{dx^2} + \frac{1}{2}m\omega^2 x^2 \right] \exp(-\alpha x^2)$$

$$= \left[\frac{\hbar^2}{2m}\alpha + \frac{1}{8}m\omega^2\frac{1}{\alpha} \right] \int_{-\infty}^{+\infty} dx \exp(-2\alpha x^2)$$

und damit

$$\Rightarrow \qquad \langle \hat{H};\alpha\rangle = \frac{\hbar^2}{2m}\alpha + \frac{1}{8}m\omega^2\frac{1}{\alpha}$$

und folglich mit Gl. (5.10)

$$\alpha_0 = \frac{1}{2}\frac{m\omega}{\hbar} \tag{5.13}$$

$$\langle \hat{H};\alpha_0\rangle = \frac{1}{2}\hbar\omega \ . \tag{5.14}$$

5.3 Quanten-Monte-Carlo Verfahren

Monte-Carlo Verfahren basieren vereinfacht auf der Idee Zufallszahlen zur Berechnung von Integralen zu verwenden.

5.3.1 Monte-Carlo Integration

Betrachten wir ein quadratische Blech der Kantenlänge d aus dem ein Kreis mit dem Durchmesser d ausgeschnitten wurde. Die Wahrscheinlichkeit für einen ungezielt geworfenen Ball, durch den Kreis zu fallen, ist gegeben durch die Anzahl der Treffer gewichtet mit der Zahl der Würfe. Diese Wahrscheinlichkeit ist wiederum durch das Flächenverhältnis

$$p = \frac{\text{Treffer}}{\text{Würfe}} = \frac{A_\bigcirc}{A_\square} = \frac{\frac{\pi}{4}d^2}{d^2} = \frac{1}{4}\pi \ . \tag{5.15}$$

bestimmt. Wir können also die Zahl π dadurch bestimmen, dass wir mit Bällen zufällig auf ein Loch werfen. Eine Simulation führt das Programm `pi_mc_pub.m` durch.

```
zupi=2*rand(100000,2)-1;
```
berechnet die Zufallszahlen und
```
drin=zupi(:,1).^2+zupi(:,2).^2<1;
```
testet ob ein Treffer vorliegt.

Betrachten wir als zweites Beispiel die Berechnung eines Integrals. Unser Testintegral ist, Abb. (5.5),

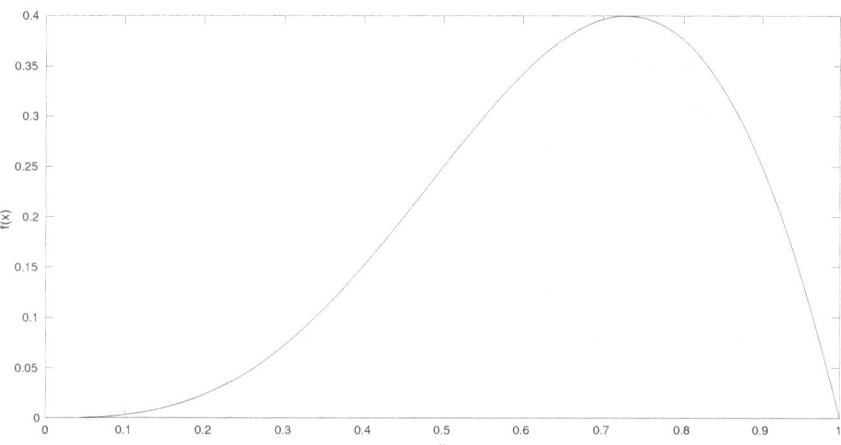

Abbildung 5.5: *Graph unserer Testfunktion. Jeder Zufallswert im grauen Bereich ist ein Treffer. Gleichverteilte Zufallszahlen überdecken ohne Skalierung den Wertebereich von $0 \cdots 1$, mehr als die Hälfte ist also vergeudet.*

$$A = \int_0^1 \sin(\pi\,x) \cdot x^2 \, dx \ . \tag{5.16}$$

```
mcfun = @(x) sin(pi*x).*x.^2;
x = linspace(0,1);
plot(x,mcfun(x)),shg
%% Integration
[Q,fehler] = quadgk(mcfun,0,1)

%% Monte-Carlo Berechnung 1
tic
lang = 1e04;
xfun = (0:lang)/lang;
xmc1 = rand(1,lang+1);
ymc1 = mcfun(xfun);
tref1 = sum(xmc1<=ymc1)./length(xmc1)
fehler1 = (Q-tref1)/Q
toc
```

```
%% Monte-Carlo Berechnung 2
skal=0.4;
xmc2 = xmc1*skal;
tref2 = sum(xmc2<=ymc1)./length(xmc1)*skal
fehler2 = (Q-tref2)/Q
%%
```

Die Berechnung mit quadgk liefert 0.189303748450993 mit einem Fehler von $1.15 \cdot 10^{-18}$, also im Rahmen von 8-Byte Rechnungen einen exakten Wert. Die Berechnung mit „Standard gleichverteilten Zufallszahlen" 0.192880711928807, also einen Fehler von 0.019. Einfaches Skalieren der Zufallszahlen auf 0.4 führt bereits zu einer signifikanten Verbesserung: Ergebnis 0.188501149885012 und Abweichung 0.0042. Es lohnt sich, optimierte Verteilungen zu suchen, wobei unsere Wahl noch weit weg von „optimiert" ist. (Die vielen einfach kopierten Ziffern machen natürlich keinen Sinn. Sinnvoll sind etwa 4 Nachkommastellen.)

Nehmen wir an, wir wollen eine Funktion f über ein beliebig geformtes Gebiet A_π integrieren. Erinnern wir uns an das „Wurfexperiment" zur Bestimmung der Zahl π. Der erste Schritt ist ein einfaches Gebiet A_{ein} zu finden, das A_π überdeckt. Erstellen wir über dem Gebiet A_{ein} einen gleichverteilten Zufallsvektor $\vec{x}_i$, so müssen wir im nächsten Schritt nur noch entscheiden, ob der Vektor x_i innerhalb oder außerhalb des Integrationsgebiets A_π liegt. Liegt er innerhalb wird er mitgezählt und außerhalb verworfen,

$$\int_{A_\pi} f(\vec{x})d^d x = A_{ein} \frac{1}{n} \sum_{i=1}^{n} f(\vec{x}_i) \delta_{\vec{x}_i, A_\pi} \ , \tag{5.17}$$

mit $\delta_{\vec{x}_i, A_\pi} = 1$ für $\vec{x}_i \in A_\pi$, sonst Null. Nach dem Basis-Theorem der Monte-Carlo Integration [41] gilt für eine Funktion f über eine Hyperfläche V

$$\int f dV = \lim_{n \to \infty} \left(V \langle f \rangle_n \pm V \sqrt{\frac{\langle f^2 \rangle_n - \langle f \rangle_n^2}{n}} \right) \ , \tag{5.18}$$

wobei der Erwartungswert einer Funktion $\langle g \rangle_n$ durch ihr arithmetisches Mittel gegeben ist.

$$\langle g \rangle_n = \frac{1}{n} \sum_{i=1}^{n} g(\vec{x}_i) \ .$$

Gemäß Gl. (5.17) kann das Integral über eine d-dimensional skalare Funktion f via

$$I_d = \int f(\vec{x})d^d x \approx \frac{1}{n} \sum_{i=1}^{n} f(\vec{x}_i) \tag{5.19a}$$

approximiert werden, wobei wir die Koordinaten so skaliert haben, dass $V = 1$. Die Ungenauigkeit der Monte-Carlo Quadratur ist proportional zur Varianz des Integranden. Führen wir eine positive skalare Gewichtsfunktion $w(x)$ ein.

$$\int w(\vec{x})dx = 1 \ \ , $$

dann gilt für das Integral

$$I_d = \int w(x) \frac{f(x)}{w(x)} dx \tag{5.19b}$$

und mit einer Koordinatentransformation $\vec{x} \to \vec{y}$ so dass die Jacobi-Determinante zu

$$\left| \frac{d(y_1, y_2, \cdots, y_d)}{d(x_1, x_2, \cdots, x_d)} \right| = w(x)$$

wird und folglich das Integral zu

$$I_d = \int \frac{f(\vec{x}(\vec{y}))}{w(\vec{x}(\vec{y}))} d^d y \approx \frac{1}{n} \sum_{i=1}^{n} \frac{f(\vec{x}(y_i))}{w(\vec{x}(y_i))} \,. \tag{5.19c}$$

Der Vorteil eines Koordinatenwechsels ist eine skalare Gewichtsfunktion $w(\vec{x})$ so zu wählen, dass die quadrierte Varianz

$$\left\langle \frac{f}{w}^2 \right\rangle - \left\langle \frac{f}{w} \right\rangle^2$$

minimiert wird und damit die Monte-Carlo Integration optimiert. Wählen wir $w(\vec{x})$ so, dass es qualitativ das selbe Verhalten wie $f(\vec{x})$ zeigt, so wird die Integrationsgenauigkeit erhöht. Dieses Verfahren wird als Important Sampling bezeichnet. (Beispiele zu MATLAB finden sich beispielsweise im Internet unter http://www.math.wsu.edu/faculty/genz/416/lect/l08-6.pdf oder auch unter File Exchange https://www.mathworks.com/matlabcentral/fileexchange/51218-importance-sampling.)

5.3.2   Variationelles Quanten-Monte-Carlo Verfahren

Einer der wichtigsten ersten Schritte für Variationsansätze ist es, eine geeignet parametrisierte Testfunktion $|\psi; \vec{\alpha}\rangle$ mit Parametern $\vec{\alpha}$ zu ermitteln, vgl. Abschnitt (5.2). Für den Energieerwartungswert gilt

$$E_{\vec{\alpha}} = \frac{\langle \psi; \vec{\alpha} | \hat{H} | \psi; \vec{\alpha} \rangle}{\langle \psi; \vec{\alpha} | \psi; \vec{\alpha} \rangle} \,.$$

Mit

$$\psi_{\vec{\alpha}}(\vec{r}) = \langle \vec{r}; \vec{\alpha} | \psi \rangle \tag{5.20}$$

kann der Energieerwartungswert umformuliert werden

$$E_{\vec{\alpha}} = \frac{\int d^n r \, \psi_{\vec{\alpha}}(\vec{r})^* \hat{H} \psi_{\vec{\alpha}}(\vec{r})}{\int |\psi_{\vec{\alpha}}(\vec{r})|^2}$$

$$= \int \frac{|\psi_{\vec{\alpha}}(\vec{r})|^2 \frac{\hat{H} \psi_{\vec{\alpha}}(\vec{r})}{\psi_{\vec{\alpha}}(\vec{r})} d^n r}{\int |\psi_{\vec{\alpha}}(\vec{r})|^2} \tag{5.21}$$

$$= \int \rho(\vec{r}; \vec{\alpha}) E_l(\vec{r}; \vec{\alpha}) d^n r \,, \tag{5.22}$$

mit der lokalen Energie

$$E_l(\vec{r};\vec{\alpha}) = \frac{\hat{H}\psi_{\vec{\alpha}}(\vec{r})}{\psi_{\vec{\alpha}}(\vec{r})} \tag{5.23a}$$

und

$$\rho(\vec{r};\vec{\alpha}) = \frac{\psi_{\vec{\alpha}}(\vec{r})}{\int |\psi_{\vec{\alpha}}(\vec{r})|^2} \tag{5.23b}$$

als stationäre Verteilungsfunktion. Mit Hilfe gleichverteilter Zufallszahlen wird die Lösung aus dem Mittelwert

$$E_{\vec{\alpha}} \approx < E_{\vec{\alpha}} >_n = \frac{1}{n}\sum_{i=1}^{n} E_l(\vec{r}_i;\vec{\alpha}) \tag{5.24}$$

gewonnen. Schauen wir uns zwei Beispiele als Motivation für einen verbesserten Algorithmus an.

Der harmonische Oszillator und das Wasserstoffatom Für den harmonischen Oszillator gilt geeignet skaliert

$$\hat{H} = -\frac{d^2}{dx^2} + x^2 \qquad \text{mit} \qquad \rho(x,\alpha) = \frac{\sqrt{\alpha}}{\pi^{1/4}}\exp(-\frac{1}{2}x^2\alpha^2). \tag{5.25}$$

Daraus folgt für die lokale Energie

$$E_l = \alpha^2 + x^2(1-\alpha^4) \tag{5.26}$$

Die Testwellenfunktion folgt einer Gaußverteilung. Wir können unseren ersten Testrun also direkt mit dieser Verteilung einmal testen. Das Monte-Carlo Programm ist sehr einfach:

```
function [El, Elstd] = MC1_fun(alpha)
x = randn(1,1e05)/sqrt(2)/alpha;  % Zufallswerte
El = alpha.^2+x.^2.*(1-alpha.^4); % lokale Energie
Elstd=std(El);                    % Standardabweichung
El = mean(El);                    % Mittelwert = Ergebnis
```

Die Lösung bestimmen wir mittels

```
options = optimset('TolFun',1e-06,'TolX',1e-06)
[alpha,Energie,exitflag,output] = fminsearch(@MC1_fun,4,options)
```

und erhalten $\alpha = 1$, Energie = 1 und da die exakte Lösung durch unsere Testfamilie gegeben ist als Standardabweichung 0. Nur in seltenen Fällen können wir erwarten, dass die exakte Lösung direkt durch eine Testfunktion gegeben ist. Für Näherungslösungen wird daher die Standardabweichung minimal, aber ungleich Null.

Betrachten wir als zweites Beispiel das Wasserstoffatom.

$$\hat{H} = -\frac{1}{2}\frac{d^2}{dr^2} - \frac{1}{r} \quad \text{mit} \quad \rho(r,\alpha) = \alpha r \exp(-\alpha r). \tag{5.27}$$

Für die lokale Energie gilt

$$E_l(r) = -\frac{1}{r} - \frac{\alpha}{2}\left(\alpha - \frac{2}{r}\right) \tag{5.28}$$

Wieder könnten wir die Verteilungsfunktion geeignet wählen (vgl. das Beispiel radioaktiver Zerfall) und die naive Berechnung durch führen.

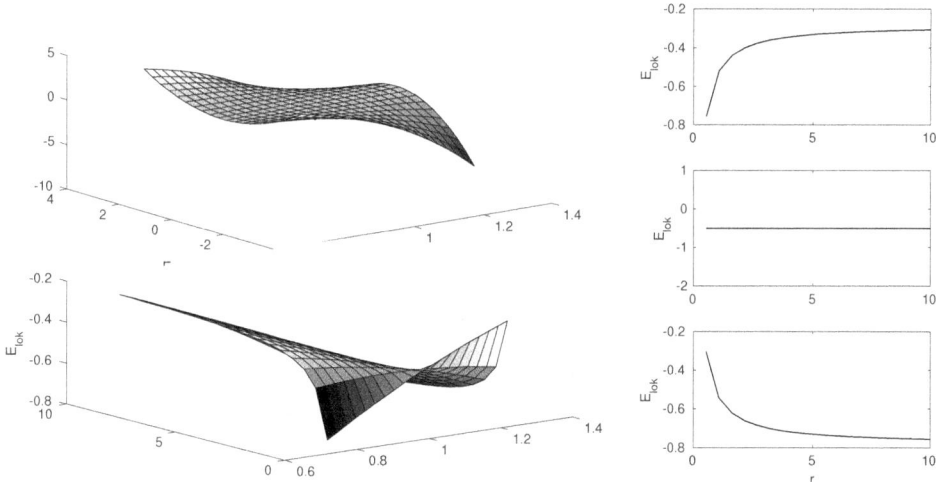

Abbildung 5.6: *Lokale Energie für den harmonischen Oszillator und das Wasserstoffatom in Abhängigkeit vom Variationsparameter α. Links oben für den harmonischen Oszillator, links unten für das Wasserstoffatom, rechts mehrere Schnitte für α = 0,75; 1,0; 1,25 von oben nach unten.*

Betrachten wir Abb. (5.6). Aufgetragen ist die lokale Energie in Abhängigkeit des Parameters α. Insbesondere das Wasserstoffatom zeigt bei konstanten α ungleich dem wahren Wert eine starke Änderung der lokalen Energie. Wir müssen daher sicherstellen, dass die zur Mittelung signifikanten Bereiche hinreichend beitragen. Dazu nutzen wir den Metropolis-Algorithmus.

Wir berechnen die lokale Energie und deren Varianz längs eines Zufallspfades. Die Akzeptanz eines Schrittes beruht auf dem Metropolis-Algorithmus. D.h. wir berechnen

$$p = \frac{\psi_{\vec{\alpha}}(\vec{r}_{i+1})}{\psi_{\vec{\alpha}}(\vec{r}_i)} \tag{5.29}$$

und akzeptieren diesen Schritt nur, wenn

$$p \geq \min\{1, rand\} \tag{5.30}$$

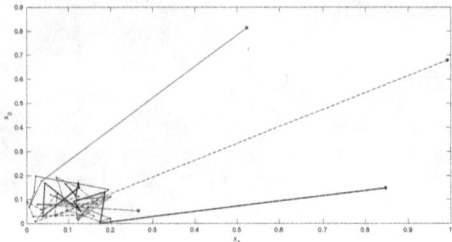

Abbildung 5.7: *Zufallspfade: Um sicher zustellen, dass ein Zufalls-pfad nicht vorwiegend nur in einem Raumbereich sich befindet werden vie-le Zufallspfade, die Walkers gestar-tet. Zusätzlich sorgt der Metropolis-Algorithmus, dass vorwiegende signifi-kante Bereiche durchlaufen werden*

mit *rand* ein gleichverteilten Zufallszahl zwischen $0 \cdots 1$ ist.

1. Schritt: Start eines Walkers.
2. Schritt: Zufallspfad von $\vec{x}_i$ nach $\vec{x}_{i+1}$ durch laufen.
3. Schritt: Berechnen von Gl. (5.29) und je nach Ergebnis wird der Schritt akzeptiert oder verworfen.
4. Schritt: Wiederholen des Vorgangs ab 2. Schritt bis genügend Daten vorliegen.
5. Schritt: Anfangsdaten verwerfen bis ein Gleichgewicht vorliegt.
6. Schritt: Berechnen der Energievarianz und des gewichteten Energiemittelwerts.
7. Schritt: Starten eines neuen Walkers, bis genügend Walker durchlaufen wurden und durchlaufen der Schritte 2 - 6.

In MATLAB lassen sich diese Schritte wie folgt umsetzen:

```
% setzen verschiedener allgemeiner Variablen, beispielsweise
step = ... ;           % Schrittweite
for k=walker
lr = 1;                % Laufvariable fuer Zufallspfad
gew= 1;                % Gewicht fuer Energiemittelung
akz = true;            % Akzeptanz des aktuellen Schritts
n = 0;
...
xg1 = rand(1,3)-0.5; % Startwert Teilchen 1
xg2 = rand(1,3)-0.5; % Startwert Teilchen 2
...
psi = ... ;            % Testfunktion Start
El(1) = ....;          % lokale Energie Start

while n<10000          %
    n = n+1;
    xg1(lr+1) = xg1(lr) + step*(2*rand(1,3)-1);
    xg2(lr+1) = xg1(lr) + step*(2*rand(1,3)-1); % Schrittlaenge step
    ....
    psi(lr+1) =        % Aktuelle Testfunktion
    gew(lr+1) = psi(lr+1)/psi(lr); % Gewichtsfunktion
    akz=[akz,gew(lr+1)>=rand];     % wird der Schritt akzeptiert?
    gew = gew(akz);  % Mittels logischer Indizierung
```

```
    psi = psi(akz);  % wird entweder das bereits dazu gefuegte
    xg1 = xg1(akz);  % Element akzeptiert oder verworfen.
    xg2 = xg2(akz);
          ....
    akz = akz(akz);
    lr = length(r1); % Entweder ist lr um eins erhoeht oder
          ....            % unveraendert
end
    gew(gew>1) = 1;  % Gewicht maximal 1
    Estd(k) = std(El); % Berechnung der Standardabweichung
    E(k) = (El*gew')/sum(gew); % gewichtete Mittelung
    ...
end
Estd = mean(Estd);  % Mittelung ueber alle Walker
E    = mean(E);     % Alternativ haetten auch die Vektoren
                    % El und gew zu einem Vektor gebuendelt
                    % werden koennen und gewichtet gemittelt.
end
```

Für das Wasserstoffatom genügt eine vereinfachte Version

```
function [El, Elstd,xgm] = MC_H(alpha)
uber = 1000;        % die ersten tausend Werte werden verworfen
for k=1:100         % Zahl der Walker
    laenge=1.e05;   % Anzahl der maximalen Schritte
    xg = 4*rand(1,laenge)/alpha;
    xtr = xg.*exp(-alpha*xg);      % Testfunktion
    gew=xtr(1:end-1)./xtr(2:end);  % Gewicht
    akz = gew>rand;                % Akzeptiert ja - nein
    r = [xg(1),xg(akz)];
    Elr = (-1./r - 0.5*alpha*(alpha-2./r)); % lokale Energie
    gew=[1,gew(akz)];
    gew(gew>1) = 1;                % Gewicht maximal 1
    Elstd(k)=std(Elr(uber:end));
    El(k) = (Elr(uber:end)*gew(uber:end)')/sum(gew(uber:end));
    xgm(k) = max(r);
end
El = mean(El);
Elstd = mean(Elstd);
```

Die Berechnung liefert als Ergebnis den Grundzustandsenergie des Wasserstoffatoms. Abb. (5.8) zeigt die Abhängigkeit der Energie vom Testparameter α.

Weitere Methoden sind die Diffusions Monte-Carlo Verfahren, bei denen die zeitabhängige Schrödinger-Gleichung als Diffusionsgleichung mit imaginärer Zeit uminterpretiert wird, sowie die Pfadintegral Monte-Carlo Methode. Zu beiden Themen möchte ich auf die Literatur [12, 42] verweisen.

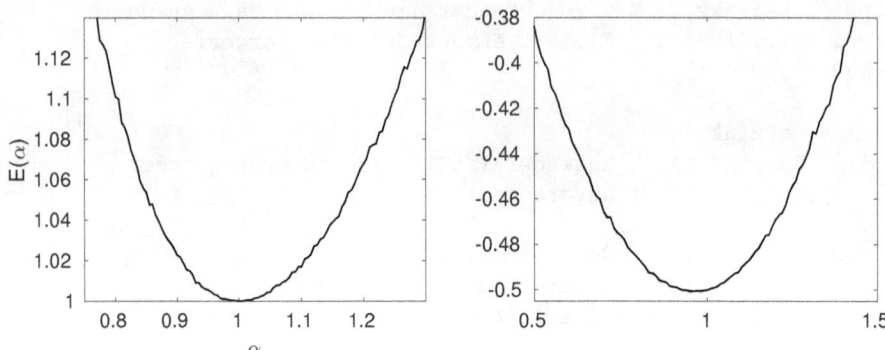

Abbildung 5.8: *Abhängigkei der Energie vom Testparameter α. Links für den harmonischen Oszillator und rechts für das Wasserstoffatom.*

5.4   Kurze Übersicht der MATLAB-Programme

zerfall.m Skript zum radioaktiven Zerfall.

BreitWigner.m Skript zur Breit-Wigner Verteilung.

BW_Normal.m Test einer Verteilung, hier der Breit-Wigner Verteilung. Testdaten: BreitWignerdata.mat

pi_mc_pub.m Monte-Carlo Verfahren zur Berechnung von π.

MC_integral.m Skript zur Lösung eines Integrals mittels Monte-Carlo Verfahren.

MC1_fun.m Monte-Carlo Simulation zum harmonischen Oszillator. Die Auswertung erfolgt mit dem Skript `MC1.m`. Zusatzbeispiel: `MC2_fun.m` Beispiel zum Wasserstoffatom mit der Verteilung, die für den radioaktiven Zerfall abgeleitet wurde. Da die Lösungsfamilie die korrekte Lösung enthält, verschwindet die Standardabweichung, `std`, über die Energie für die korrekte Lösung. `MC2.m` sucht das Minimum der Standardabweichung und ermittelt daraus die Energie.

MC_H.m Monte-Carlo Simulation für das Wasserstoffatom, ruft MC_H_fun.m auf, in dem die eigentlich Simulation steckt.

6 Kurzeinführung in MATLAB und die Symbolic Math-Toolbox

Hier eine kurze Einführung in MATLAB und die Symbolic Math Toolbox. MATLAB umfasst weit über 1000 Bibliotheksfunktionen. Ich kann daher in diesem kurzen Kapitel für Details oder eine vollständige Übersicht nur auf die MATLAB-Dokumentation oder weiterführende Literatur, wie beispielsweise [4] verweisen.

6.1 MATLAB

Das Akronym MATLAB kommt von **Matrix Lab**oratory und Matrix-Operationen sind das Fundament von MATLAB. Genau diese Eigenschaft ist es, die MATLAB zu einem so nützlichen Instrument für mathematisch-naturwissenschaftlich Anwendungen macht. Betrachten wir beispielsweise eine Matrix-Multiplikation

$$C = A \cdot B \quad C_{ij} = \sum_n A_{in} B_{nj} \tag{6.1}$$

In vielen Programmiersprachen müßten wir for-Schleifen programmieren

```
for i=1:na
     for j=1:nb
         for n=1:m
             C(i,j) = A(i,n).*B(n,j)    so nicht!!!
         end
     end
end
```

in MATLAB C = A*B, d.h. wir müssen uns nicht um Grenzen und Matrixgrößen kümmern. Doch beginnen wir erst einmal mit Befehlen, Arrays und ihrer Indizierung.

6.1.1 Befehlen, Arrays und Indizierung

Befehle werden hinter dem MATLAB Doppelprompt >> eingegeben. Ein „ ; " unterdrückt dabei die Ausgabe auf dem Bildschirm. Beispielsweise erstellt

```
>>  x = rand(1,1e07);
```

einen gleichverteilten Zufallsvektor „x" mit 10^7 Elementen. Dafür benötigt MATLAB etwa $0, 1$ Sekunden. Die (sinnlose) Ausgabe - also ohne ; - auf dem Bildschirm verschlingt dagegen $1 - 2$ Minuten.

clear und clc. Ist der Bildschirm mit vielen Befehlszeilen gefüllt, können wir die Oberfläche des Eingabefensters mit >> `clc` löschen, ohne dass eine Variable gelöscht wird. Mittel >> `clear A` löschen wir die Variable „A" und mit >> `clear A*` alle Variablen die mit „A" beginnen. MATLAB unterscheidet zwischen Groß- und Kleinschreibung. Benötigen wir alle Variablen nicht mehr genügt ein >> `clear`. Mittels >> `close` bzw. >> `close all` schließen wir Abbildungsfenster.

Array. Matrizen oder allgemein Arrays werden mittels [...]-Klammern erstellt Neue Spalten durch ein Leerzeichen und Zeilen entweder durch ein ; oder einen Zeilenumbruch:

```
A = [2 3 5
     5 8 0];
A = [2 3 5;5 8 0];

A =
     2     3     5
     5     8     0
```

String- oder Charakterarrays folgen denselben Regeln wie numerische Arrays
```
Ac = ['abc'
      'def'].
```

MATLAB bietet viele Befehle zur Manipulation von Matrizen. Dabei ist es gleichgültig ob ein numerisches Array oder ein Character-Array vorliegt. Beispiel:

```
SAr = ['retcarahC'
       'leipsieB '];
fliplr(SAr)
ans =
      Character
      Beispiel
```

Die Befehle `fliplr` und `flipud` führen eine links-rechts bzw. oben-unten Spiegelung der Array-Elemente aus.

`A = ones(n,m)` erstellt eine n×m-Matrix mit lauter einsen, `A = ones(n)` eine n×n-Matrix. `zeros` folgt derselben Syntax, die Elemente haben jetzt alle den Wert Null und `eye` eine Matrix in deren Diagonalen sich 1en befinden und sonst lauter Nullen, d.h. `A = eye(3)` ist eine 3×3 Einheitsmatrix.

Eine häufige Aufgabe ist das Erstellen eines äquidistanten Vektors. Dafür dient der :-Operator und `linspace`. `0:0.2:1.1` ; erstellt einen Vektor beginnend bei 0 mit einer äuidistanten Schrittweite von $0,2$ so, dass die linke Grenze nicht überschritten wird, also 0 0.2 0.4 ⋯ 1.0. Dagegen erstellt `linspace(0,1.1,6)` einen äquidistanten Vektor beginnend bei 0 endend bei 1,1 mit genau 6 Elementen. Hätten wir die 6 nicht vorgegeben wären 100 Elemente erstellt worden. Beispiel:

```
fs = 8000;              % Samplefrequenz
t = 0:(1/fs):2;         % Zeit
x = sin(2*pi*440*t);    % Kammerton A
soundsc(x,fs)           % anhoeren
```

Indizierung. MATLAB unterstützt verschiedene Formen der Indizierung die Zeilen-Spalten, die lineare und die logische Indizierung (s.u.). In MATLAB werden intern Arrays spaltenweise verwaltet. D.h. ein Array wird auf einen korrespondierenden Vektor abgebildet. (Diese Art der internen Arrayverwaltung ist dieselbe wie unter FORTRAN.) Betrachten wir dazu das folgende Beispiel:

$$A = \begin{pmatrix} \boxed{16}_{1,1}^{1} & \boxed{2}_{1,2}^{5} & \boxed{3}_{1,3}^{9} & \boxed{13}_{1,4}^{13} \\ \boxed{5}_{2,1}^{2} & \boxed{11}_{2,2}^{6} & \boxed{10}_{2,3}^{10} & \boxed{8}_{2,4}^{14} \\ \boxed{9}_{3,1}^{3} & \boxed{7}_{3,2}^{7} & \boxed{6}_{3,3}^{11} & \boxed{12}_{3,4}^{15} \\ \boxed{4}_{4,1}^{4} & \boxed{14}_{4,2}^{8} & \boxed{15}_{4,3}^{12} & \boxed{1}_{4,4}^{16} \end{pmatrix}$$

Das Element, das beispielsweise in der zweiten Zeile vierten Spalte steht, könnten wir mit der Zeilen-Spalten Indizierung mittels $A(2,4)$ auslesen, bzw. $A(2,4) = 25$ mit dem Wert 25 überschreiben. Wir hätten dafür auch die lineare Indizierung verwenden können. Hier werden die Elemente spaltenweise durchgezählt. Das Element 2. Zeile 4. Spalte könnte über $A(14)$ angesprochen werden. Der Vorteil der Zeilen-Spalten Indizierung ist die Möglichkeit, zusammenhängende Array-Blöcke auszuwählen. Beispielsweise alle Elemente der $2. - 3.$ Zeile und $1. - 3.$ Spalte: `A(2:3,1:3)` oder alle Elemente der vierten Spalte `A(:,4)`. MATLAB erlaubt auch den Qualifier „end", der das letzte Element kennzeichnet. Beispiel alle Elemente der $2. - 3.$ Zeile und $1.-$ vorletzten Spalte: `A(2:3,1:end-1)`. Der Vorteil der linearen Indizierung liegt darin, dass nicht-zusammenhängende Elemente angesprochen werden können, Beispiel `A([1,2,3,7,11])`.

6.1.2 Dokumentation - Plot-Befehle

Die Dokumentation wird entweder auf der MATLAB-Oberfläche mit dem Fragesymbol geöffnet oder beispielsweise mittels **doc plot**. Eine Übersicht aller Plot-Möglichkeiten finden sich unter dem Reiter „Plots". Eine Auflistung und Beschreibung würde den Rahmen der Kurzeinführung sprengen. Hier verweise ich wieder auf die Dokumentation bzw. auf [4].

subplot. Diagramme mit mehreren Teilplots werden mittels `subplot` erstellt.
`subplot(n,m,q)`
teilt das Plotfenster in n×m-Bereiche und aktiviert das q-te Fenster. Dabei läuft die Zählung zeilenweise von 1 bis $m \cdot n$. Mehrere Teilfenster können auch zusammen gefasst werden. Testen sie:

```
subplot(2,3,1), shg
plot(rand(1,10))
```

```
subplot(2,3,2)
plot(randn(1,10))
subplot(2,3,4:6)
t = 0:0.1:2*pi;
y=sin(t);
plot(t,y),axis tight,grid on
shg
```

Flächenplots. Um eine Fläche im dreidimensionalen darzustellen, errichten wir ein zweidimensionales Gitter und berechnen in jedem Gitterpunkt den Höhenwert unserer Fläche. meshgrid erstellt uns genau dieses Gitter. Wir benötigen folglich jeweils bei festgehaltenem Wert für eine Koordinate alle erlaubten Werte der anderen Koordinate.

```
>> x = -0.5:0.5:0.5;      % 3 Elemente
>> y = -2:2;              % 5 Elemente
>> [X,Y] = meshgrid(x,y)


X =

    -0.5000         0    0.5000
    -0.5000         0    0.5000
    -0.5000         0    0.5000
    -0.5000         0    0.5000
    -0.5000         0    0.5000


Y =

    -2       -2       -2
    -1       -1       -1
     0        0        0
     1        1        1
     2        2        2
```

„x" enthält drei Elemente. meshgrid erstellt daraus eine 5×3 Matrix „X". Gehen wir spaltenweise durch diese Matrix. Die erste Spalte enthält den ersten x-Wert. „Y" durchläuft alle y-Werte beim Durchlaufen der ersten Spalte, die zweite Spalte von „X" den 2. x-Wert usw.. Ein Flächenplot erstellen läßt sich beispielsweise mittels

```
>> x = linspace(-1,1,50);
>> y = x;
>> [X,Y] = meshgrid(x,y);
>> Z = exp(-4*(X.^2 + Y.^2)).*cos(2*pi*X).*cos(2*pi*Y);
>> surf(X,Y,Z),shg
>> hs=surf(X,Y,Z),shg
```

surf erstellt das Flächenobjekt, „hs" ist das Objekt-Handle mit dem sich auf die Eigenschaften mittels hs.eigenschaft=wert zugreifen läßt. Eine Übersicht findet sich in [4].

6.1.3 Matrix- und Arrayoperationen

Sofern es einen mathematischen Unterschied gibt, unterscheidet MATLAB zwischen der elementweisen oder Array-Operation und der Matrix-Operation durch einen vorangestellten Punkt. Beispielsweise ist die Multiplikation von Matrizen durch A * B gegeben, die elementweise Multiplikation jedoch durch A .* B, d.h. es werden jeweils die Elemente derselben Position miteinander multipliziert, $A_{i,j} \cdot B_{i,j}$. „A,B" müssen bei elementweisen Operationen dieselbe Größe haben. Analoge Regeln gelten für das Potenzieren, C=A^n und C=A.^n. C=A^2 entspricht A*A und C=A.^2 A.*A.

6.1.4 Berechnung der Inversen

Betrachten wir die folgende Gleichung

$$x = A\,y$$

mit den Vektoren x, y und einer nicht notwendigerweise invertierbaren Matrix A. Gilt

$$B\,x = y \quad ,$$

dann ist B die Linksinverse der Matrix A. Für (N×N)-Matrizen wird die Links- bzw. Rechtsinverse durch Gauß'sche Elimination berechnet, für nicht-quadratische (M×N)-Matrizen durch einen Least Square Fit.

mldivide(A,B) ist dasselbe wie A\B und mrdivide(A,B) wie A/B, wobei \B die Links- und /B die Rechtsinverse der Matrix B ist. Die entsprechende elementweise Array-Operation erhält man mit ldivide(A,B) bzw. A.\B und rdivide(A,B) bzw. A./B. Für Objekte muss die Operatorschreibweise benutzt werden.

Das lineare Gleichungsproblem

$$A \cdot x = y$$

lösen wir in MATLAB via x = A \ y.

Die MATLAB-Funktion idivide dient der elementweisen Integerdivision mit zusätzlicher Übergabe von Rundungsoptionen. Die Syntax lautet C=idivide(A,B,opt). „opt" ist optional und kann die folgenden Werte haben: 'fix' entspricht der Defaulteinstellung und rundet stets gegen Null. 'round' steht für das Standardrunden, 'floor' für runden gegen $-\infty$ und 'ceil' rundet gegen $+\infty$. C=A./B entspricht C=idivide(A,B,'round'). Mindestens eine der Variablen „A", „B" muss ganzzahlig sein.

Die Befehle round(x) fix(x) floor(x) ceil(x) können auch direkt auf Zahlen oder Arrays angewandt werden. Arrays werden elementweise ausgewertet.

6.1.5   Logik und Ablaufsteuerung

Ist eine Bedingung wahr, so liefert MATLAB eine logische „1" zurück, andernfalls eine
„0". Vergleiche können sowohl mit Arrays als auch mit Skalaren durchgeführt werden.
Arrays müssen allerdings dieselbe Dimension haben. Beispielsweise liefert 5 < 3 eine
logische 0 zurück. Es werden folgende Vergleichsoperatoren unterstützt:

OPERATOR	SYMBOL	BEDEUTUNG
eq	==	gleich
ne	~=	ungleich
ge	>=	größer gleich
lt	<	kleiner als
gt	>	größer als
le	<=	kleiner gleich

Die Operatorform ist beispielsweise lt(5,3) für 5<3.

Logische Indizierung. Die Logische Indizierung kann sehr gewinnbringend zum Erstellen eines „Filters" eingesetzt werden. Die zur logischen Indizierung benutzte Matrix
besteht aus logischen „0" und „1"en und ist gleich groß wie die Matrix, auf die sie angewandt werden soll. Wir wollen beispielsweise alle Elemente der Matrix A ansprechen,
die größer als 7 und kleiner 10 sind. Versuchen sie:

```
A = magic(4)
A(A> 7 & A < 10)
Az = randn(4)
Az (A> 7 & A < 10)
(A> 7 & A < 10)
Az (A> 7 & A < 10) = 999
```

2. Beispiel: Wir erstellen einen Vektor. Das neue Element soll nur hinzugefügt werden,
wenn eine Kontrollgröße größer als ein Zufallswert ist.

```
n=0;
l=1;
x = 0.1;
akz = true;
control = 0.5
while l<10
    n=n+1
    x = [x,rand];
    akz = [akz,control>rand];
    x = x(akz);
    akz = akz(akz);
    l = length(x);
end
```

Der Ausdruck x = [x,rand] fügt dem bestehenden Vektor ein Element hinzu. Bei Zeilenvektoren steht das Komma, bei Spaltenvektoren x = [x;rand] das Semikolon.

if-elseif-else if wird ausgeführt wenn die Bedingung wahr ist, sonst wird elseif getestet und wenn wahr ausgeführt. Sind beide falsch kommt else zum Zug. Es muss kein elseif oder else geben. Beispiel, wählen Sie unterschiedliche x:

```
 if x > 3
    disp('X> 3')
elseif x < 1
    disp('x < 1')
else
    disp('stimmt nix')
end
```

switch – case – otherwise Stellen wir uns die folgende Problemstellung vor: Je nach Wert einer Variablen soll eine bestimmte Gruppe von Anweisungen ausgeführt werden. Das entsprechende Konstrukt heißt switch. Die Sprungmarken werden durch case festgelegt. Wird keine der durch „case" definierten Sprungmarken erfüllt, wird ähnlich dem Schlüsselwort „else" unter „if" durch otherwise eine alternative Gruppe von Anweisungen definiert. Switch wird durch end beendet. Die Syntax ist

```
switch Variable

case Fall 1

    Anweisungen 1

case Fall 2

    Anweisungen 2

        ⋮

otherwise

    sonstige Anweisungen

end
```

```
>> x=2;
>> switch x
case 0
    disp('x ist Null');
case 1
    disp('x ist Eins');
case 2
    disp('x ist Zwei');
otherwise
    disp('keine Ahnung was x ist');
end
```

```
x ist Zwei
```

Ausnahmen: try und catch Die try/catch-Anweisung ist MATLABs Mechanismus zum Exception Handling. Try stellt einen Codeblock zur Verfügung, der so lange ausgeführt wird, bis die Aufgabe abgearbeitet ist oder es zu einer Fehlermeldung kommt. Dann wird der catch-Block ausgeführt. Der catch-Block erlaubt auch die Rückgabe eines MException-Blocks [4], `catch ME`. Die im try-Block erzeugte Fehlermeldung wird in der String-Variablen lasterr gespeichert. Die allgemeine Syntax ist

```
try

    Anweisungsblock

catch

    Anweisungsblock

end
```

Beispiel.

```
x=5;
try
   while (x>=0)
       x=x-1;
       if(x<1)
           error('x sollte positiv sein')
       end
       z{x}=rand(x);
   end
catch
   disp('catch: Ein Fehler ist aufgetreten')
   whos z
end
lasterr

catch: Ein Fehler ist aufgetreten
  Name       Size            Bytes  Class
   z         1x4               688  cell

ans =
x sollte positiv sein
```

Oben steht der Code gefolgt vom Ergebnis. x ist zunächst 5, ein Zufallsmatrix der Dimension 4 wird durch rand(x) erzeugt. x wird in jeder Schleife um 1 erniedrigt, bis schließlich eine Matrix der Dimension 0 erzeugt werden soll. Dies wird durch die if-Bedingung einem Fehler zugeordnet, der vom try/catch-Block aufgefangen wird. Die Fehlermeldung wird in „lasterr" gespeichert. (Natürlich sollte man so nicht programmieren.)

Schleifen: for und while Schleifen dienen dazu, eine Gruppe von Anweisungen mehrfach auszuführen. In Schleifen können auch die Kommandos `break`, `continue` und `return` genutzt werden, [4]. Die Syntax für eine For-Schleife ist

`for` variable = ausdruck

    Anweisungen

`end`

Beispiele.

```
for k=1:100001
    x(k)=(k-1)*k
end
```

Sehr viel effizienter und übersichtlicher ist die Vektorisierung dieses Codes:

```
n=1:100001;
y=(n-1).*n
```

In den wenigen Fällen, in denen eine Vektorisierung nicht möglich sein sollte, empfiehlt es sich, vor der Abarbeitung der Schleife das entsprechende Array beispielsweise durch x=zeros(1,100001) zu erzeugen, d.h. entsprechenden Speicher zu allozieren. In der Vektorisierung steckt das weitaus größte Kapital zur effizienten Programmierung !

Parameterstudien führen häufig zu For-Schleifen über die Parametersätze. Sehr viel effizienter werden solche Studien durch Parallelisierung. Die Vorgehensweise ist meist einfach: Ersetzen der for-Schleife durch `parfor` aus der Parallel Computing Toolbox.

In `for` k=Ausdruck kann „Ausdruck" sehr vielfältig sein. Ein Array, gleichgültig ob numerisch oder Character, wird spaltenweise abgearbeitet. Testen Sie

```
for k=magic(4)
k
end
```

while. Die Syntax für eine While-Schleife ist

`while` ausdruck

    Anweisungen

`end`

Die While-Schleife wird ausgeführt, so lange der „ausdruck" wahr ist.

Beispiel.

```
a=4;
b=100;
while(a<b)
    b=b/2;
end
```

In diesem Beispiel wird die While-Schleife erst abgebrochen, wenn Bedingung (a<b) nicht mehr erfüllt (false) ist. While 1 würde folglich zu einer unendlich langen Schleife führen.

continue. `continue` übergibt die Kontrolle wieder an die nächste Schleifen-Iteration. Das folgende kleine Beispiel

```
a=2;
b=10;
while(a<b)
    b=b/2
    if(a<2)
        continue
    end
    a=a-1
end
```

führt zu

```
b =

     5
a =

     1
b =

     2.5000
b =

     1.2500
b =

     0.6250
```

Beim ersten Schleifendurchlauf ist die if-Bedingung nicht erfüllt, folglich wird a um 1 erniedrigt. Bei allen folgenden Schleifen ist a<2, die if-Bedingung wahr. Daher wird die Anweisung `continue` ausgeführt, d.h. die Kontrolle sofort an die While-Schleife übergeben und a nicht um eins erniedrigt. (Allerdings ist dies keine gute Programmiertechnik - nur ein Beispiel zur Dokumentation.)

6.1.6   MATLAB-Funktionen und Skripte

Funktionen - Skripte. Die Syntax für eine MATLAB-Funktion ist

```
function [r1, r2, ... ] = funktionsname(e1,e2,..)
```

mit den Eingabewerten „en" und den Rückgabewerten „rn". Funktionen können nur im MATLAB-Editor geschrieben werden. Der Funktions- und der Filename müssen nicht identisch sein. Meine Empfehlung ist, beide Namen gleich zu wählen. Eine Funktion beginnt mit dem Schlüsselwort `function` und endet entweder am Dateiende, am Beginn einer Unterfunktion, die wieder mit dem Schlüsselwort `function` beginnt oder mit dem Schlüsselwort `end`.

MATLAB-Skripte sind eine Abfolge von Befehlen, die im Editor geschrieben worden sind. Häufig habe ich dabei die Skripte in einzelne Zellen mit Hilfe des %%-Symbols eingeteilt. Dies erlaubt es über den „Run and Advance" Button das Skript abschnittsweise aus zu führen. %%-Zellen sind auch im Rahmen der „Publish" Eigenschaft von Interesse.

Funktionen haben ihren eigenen Speicherbereich. Alle Variable sind lokal. Skripte haben dagegen keinen eigenen Speicherbereich. Rufen Sie ein Skript aus dem MATLAB Command-Window auf, so werden die Variablen im sogenannten Base-Space abgespeichert, indem auch die Variablen des Command-Windows liegen. Bereits existierende gleichnamige Variablen werden überschrieben. Funktionen sind in diesem Sinne sicherer, da sie einen eigenen Speicherbereich haben und daher nicht zufällig bereits existierende Variablen überschreiben können. Meine Empfehlung ist, im Regelfall MATLAB-Funktionen zu schreiben. Für die Leere sind Live-Skripte von Interesse, die seit dem Rel 2016a unterstützt werden und auf die ich hier nicht näher eingehe.

function-functions. Unter „function-functions" versteht man Funktionen, die wiederum Funktionen als Argument haben. In den verschiedenen Kapiteln wurde „function-functions" genutzt, beispielsweise bei der Lösung von Differentialgleichungen, Integralen oder Minima bestimmen. In all diesen Fällen liegt ein Lösungsalgorithmus vor, der auf das Problem angewandt wird. Genau dieser Lösungsalgorithmus, z. Bsp. `ode45`, liegt als „function-function" vor.

Unterfunktionen und Prioritäten. Unterfunktionen folgen denselben Regeln wie Funktionen und können im selben File aufgelistet werden oder auch in einer separaten Datei. Sie werden wie Funktionen über ihren Namen aufgerufen. Dient die Unterfunktion der Strukturierung, ist klein und wird nur von einer Funktion genutzt kann sie im selben File wie die Hauptfunktion liegen. Wird eine Funktion von mehreren Funktionen genutzt, sollte sie in einem eigenen File stehen und am besten in einem Unterverzeichnis mit dem Namen „private". Verzeichnisse können über den „Set Path" Button im MATLAB-Reiter „Home" in den MATLAB-Suchpfad aufgenommen werden. Private-Verzeichnisse sollte man nicht aufnehmen, da sie nur vom direkt darüber liegenden Verzeichnis einsichtig sein sollen. Dies gewährleistet, dass bei mehrfacher Namensvergabe nicht die falsche Funktion genutzt wird. Bei einem Funktionsaufruf testet MATLAB, ob die Funktion in der lokalen Datei liegt, dann das lokale Verzeichnis und im nächsten Schritt der lokale private-Folder. Danach wird der MATLAB-Suchpfad durchlaufen und der erste Treffer genommen. Simulink-Files haben eine höhere Priorität als MATLAB-Files. Daher darf im gleichen Verzeichnis nicht derselbe Namen gewählt werden. Sowohl MATLAB- als auch Simulink-Files werden nur über den Namen ohne Dateierweiterung aufgerufen. Variablen haben die höchste Priorität. Testen sie mal

```
>>  sin=2; x = sin(pi);
```

Mit `clear sin` können sie die lokale Variable „sin" wieder löschen.

Meine persönliche Erfahrung zeigt, dass Funktionen, die wohl-strukturiert sind, sehr viel einfacher zu warten sind als lange Bandwürmer. Ein 100-Zeilen Programm, ist im Regelfall zu lang. Einzelne Funktionalitäten sollten nach Möglichkeit in Unterfunktionen liegen. Dies erhöht die Lesbarkeit. Sparen sie nicht mit Kommentaren (eingeleitet durch %-Zeichen) und Hinweisen wann das Programm erstellt wurde und/oder welche Version vorliegt. Kommentare kosten keine Rechenzeit und erhöhen die Chance, dass sie ihre eigenen Programme auch noch nach 3 Monaten verstehen (oder am nächsten Tag).

Nested Functions. Variablen sind lokal, d.h. jede Funktion hat ihren eigenen Speicherbereich. Die Variablen - unabhängig von der Namensgebung - einer Hauptfunktion und einer Unterfunktion kennen sich nicht und können sich daher auch nicht überschreiben. Zwar kann man Variablen `global` deklarieren, in den allermeisten Fällen ist dies jedoch schlechter Programmierstil. Um den Speicherplatzverbrauch im Hinblick auf große Variablen zu minimieren, gibt es das Konzept der Nested Functions. Der Aufbau ist:

```
function [r1,r2] = hauptfn(e1,e2,e3)
% irgendwelche Berechnungen
% Variablen werden angelegt


      function [a1,a2,a3] = mynested1(b1,b2)
      % sieht die bereits angelegten Variablen von hauptfn
      % irgendwelche Berechnungen
      % weitere Variablen
      end


% Hauptfunktion wird fortgesetzt
% weitere Berechnungen
% weitere Variablen (lokal hauptfn)
end
```

Die Nested Funktion kann die vor ihrer Positionierung in der Hauptfunktion erstellten Variablen ohne Übergabe nutzen. Alle Funktionen müssen hier mit dem Schlüsselwort end abgeschlossen werden. Dieses Konzept läßt sich auch verschachteln.

Anonyme Funktionen und Function Handle. Anonyme Funktionen dienen vorwiegend dazu im MATLAB-Kommandwindow oder Skripte kleine Einzeiler zu schreiben. Zwar könnte man auch beliebig lange anonyme Funktionen erstellen, aber dies ist nicht mehr wartbar. Ein Beispiel zeigt am einfachsten die Vorgehensweise.

```
f1=2;
f2=3;
fh = @(x,y) sin(2*pi*f1*x).*cos(2*pi*f2*y);
```

„fh" ist (vereinfacht) die anonyme Funktion. „f1, f2" sind zwei fest vorgegebene Parameter, die sich nicht mehr verändern lassen. „x, y" sind Eingabeparameter der Funktion. z = fh(x,y) erstellt den Rückgabewert „z". Eine Anwendungsbeispiel ist

```
>> x = linspace(0,1);
>> y = linspace(0,1);
>> [X,Y] = meshgrid(x,y);
>> surf(X,Y,fh(X,Y))
```

„fh" ist vom Datentyp ein function-handle. Function-handles werden erzeugt durch `fh` = @myfun. „fh" hat dieselben Eigenschaften wie die Funktion „myfun", enthält aber zusätzlich noch die Pfadinformation. Beispiel

```
>> fhtest = @handletest;

>> handletest(45)
ans =
machnichts

>> fhtest(45)
ans =
machnichts                      % kein Unterschied

>> functions(fhtest)
ans =
    function: 'handletest'
        type: 'simple'
        file: '/home/wolf/texte/sim_phys_systeme/vorver/handletest.m'
```

Funktionen sind über den MATLAB-Suchpfad bekannt oder müssen aus ihrem lokale Verzeichnis heraus aufgerufen werden. Function-handles enthalten zusätzlich eine Pfadinformation und sind damit unabhängig vom Suchpfad und werden von vielen functionfunctions an Stelle der eigentlichen Funktion erwartet. So ist stets sichergestellt, dass beispielsweise `ode45` auf die korrekte Funktion zugreift.

6.1.7   Zellvariablen, Strukturen und Tabellen

Betrachten wir als Beispiel ein „normales" Array:

```
>> Atest = ['a','b','c','d'
           'e',102,'g','h']
Atest =
      abcd
      efgh
```

In der zweiten Zeile steht 102. MATLAB interpretiert dies als ASCII-Code und wandelt die Ziffer in einen Character, im Beispiel das „f".

```
>> At2 = [2.57, 7.89, uint8(5)]
At2 =
    3    8    5
```

An der letzten Position steht eine 8-Bit vorzeichenlose Zahl. Die anderen Positionen sind vom Typ doubles. MATLAB wandelt in diesem Fall alle Vektorelemente in uint8-Zahlen (`>> whos At2`).

Die beiden Beispiele zeigen, dass in normalen Arrays alle Elemente vom selben Datentyp sein müssen. Für das gemeinsame Verwalten unterschiedlicher Datentypen stellt MATLAB Zellvariablen, Strukturen und Tabellen zur Verfügung.

Zellvariablen. Zellvariablen erlauben gemeinsame Verwaltung beliebiger Datentypen, auch selbst geschriebener Objekte. Zellvariablen werden mittels {}-Klammern erstellt.

```
xc = {magic(4), 'Ich bin eine Zelle' ; ...
uint8(pi), 'Hauptsache ich sitz in keiner'}

xc =
    [4x4 double]     'Ich bin eine Zelle'
    [        3]     'Hauptsache ich sitz in keiner'
```

Im obigen Beispiel haben wir ein 2×2 Zellarray (cell) erstellt. Wie greifen wir auf eine Zellvariable zu? Dies hängt davon ab, ob der Rückgabewert vom Datentyp des Inhalts des Zellelements oder wieder vom Datentyp cell sein soll. Ein Beispiel verdeutlicht dies. Das 1. Element der Zelle „xc" ist vom Datentyp double.

```
>> xcd1 = xc{1,1}
xcd1 =
    16     2     3    13
     5    11    10     8
     9     7     6    12
     4    14    15     1

>> xcc1 = xc(1,1)
xcc1 =
    [4x4 double]
```

Greifen wir mit {}-Klammern auf unsere Zellvariable zu, ist der Rückgabewert vom selben Datentyp wie der Inhalt dieses Elements. Im Beispiel vom Typ double. Greifen wir mit runden Klammern „(..)" auf die Zellvariable zu, ist der Rückgabewert ebenfalls eine Zellvariable. Ich möchte den Inhalt eines Elements in der Zellvariable verändern. Wie geht man hier vor? Beispiel die 7 in der obigen Matrix soll überschrieben werden. Mit {}-Klammern greife ich auf das Element zu, dann auf die Weise wie es diesem Datentyp entspricht, im Beispiel mit ()-Klammern:

```
>> xc{1,1}(3,2) = 999;
>> xc{1,1}
ans =
    16     2     3    13
     5    11    10     8
     9   999     6    12
     4    14    15     1
```

Die verschiedenen Möglichkeiten der Konvertierung von Zellvariablen finden sich in [4].

Strukturen. Strukturen haben den folgenden Aufbau: `Strukname.Feldname`. Feldnamen können sowohl in horizontaler als auch vertikaler Richtung dazugepackt werden.

Beispiel:

```
>> str.parameter='on';
>> str.messung = rand(4);
>> str.parameter.temperatur = 57
>> str(1,2).parameter.temperatur=101
>> str(1,2).messung='Fehler 207';
```

Im Beispiel wurde ein 1×2 Structur-Array erstellt. Bezüglich den Feldnamen sehen
wir bei „Parameter", dass eine Struktur mit weiteren Feldnamen vertieft werden kann.
Das Feld „Messung" zeigt, dass unterschiedliche Elemente der Struktur selbst dann verschiedene Datentypen enthalten können wenn es sich um denselben Feldnamen handelt,
`str(1,1).messung` ist von Datentyp double und `str(1,2).messung` vom Datentyp
Character. Ähnlich zu Zellvariablen gilt auch hier wieder, innerhalb eines Elements
entscheidet der Datentyp über die Art des Zugriffs.

Beispiel:

```
>> str(1,1).messung(1,3) = 999;
>> str(1,1).messung
ans =
    0.4218    0.6557  999.0000      0.6555
    0.9157    0.0357    0.7577      0.1712
    0.7922    0.8491    0.7431      0.7060
    0.9595    0.9340    0.3922      0.0318
```

Viele Eigenschaften werden in MATLAB mittels Strukturen übergeben. Beispiele sind
Optionen vieler Function-Functions oder auch die Eigenschaften von Grafiken:

```
plot(rand(1,20))
hf = gcf;               % Figure Handle-Objekt
hf.Color = [1 0 0]      % Farbe setzten
shg                     % Bild in den Vordergrund
```

Strukturen spielen auch eine wichtige Rolle im Rahmen der Objekt-Orientierten Programmierung.

Tabellen. Datensätze liegen häufig in tabellarischer Form mit folgenden Eigenschaften
vor:

- Die einzelne Spalten sind unterschiedliche Datentypen (numerisch, Text, ...)

- Innerhalb einer Spalte identischer Datentyp

- Jede Spalte hat einen eindeutigen Namen

- Jede Spalte hat die gleiche Zeilenzahl

Beispiel:

```
name = {'temp', 'Dreh', 'mis'};
A = rand(3,1);
B = rand(3,1);
C = uint16(rand(3,1)*100);
myT = table(A,B,C,'RowNames',name)
myT =
                A           B         C

            -------     -------      --

    temp    0.58527     0.2551       89
    Dreh    0.22381     0.50596      96
    mis     0.75127     0.69908      55
```

Der Zugriff auf einzelne Elemente erfolgt über den Spaltennamen und den Zeilenindex.

```
>> myT.A
    0.5000
    0.2238
    0.7513

>> myT.A(1)=0.5;
>> myT
                A           B         C

            -------     -------      --

    temp        0.5     0.2551       89
    Dreh    0.22381     0.50596      96
    mis     0.75127     0.69908      55
```

Eine neue Spalte wird beispielsweise via >> myT.BC = myT.B + myT.C; erstellt und sortieren in aufsteigender Reihenfolge sortrows(myT,'A') bzw. in absteigender Reihenfolge sortrows(myT,'A','descend'). Eigenschaften lassen mittels myT.Properties anschauen und gegebenenfalls via

```
>> myT.Properties.VariableNames= {'D201','DS_f','E201'}

myT =
                D201        DS_f      E201

            -------     -------      ----

    temp        0.5     0.2551       89
    Dreh    0.22381     0.50596      96
    mis     0.75127     0.69908      55
```

ändern. Wieder muss ich für die Details auf die Literatur [4] oder Dokumentation verweisen.

6.1.8   Kann man mit ∞ rechnen?

Für den folgenden Ausdruck xinf = 1/0; liefert MATLAB den Wert „inf" zurück und xinf gehört zu der Klasse double. Führen wir eine kleine Rechnung aus

```
>> xinf = 1/0;
>> xnan = xinf-xinf
xnan =
      NaN
>> whos x*
  Name       Size              Bytes  Class      Attributes
  xinf       1x1                   8  double
  xnan       1x1                   8  double
```

$\infty - \infty$ ist wenig sinnvoll und MATLAB liefert den Wert „NaN" zurück, der für Not-a-Number steht. Noch ein Beispiel

```
>> atan(xinf)
ans =
    1.5708
```

Funktionen, wie im Beispiel der Tangens, haben Pole, beispielsweise hier bei $\pi/2$. Die Umkehrfunktion **atan** liefert daher an dieser Stelle einen sinnvollen, endlichen Wert zurück mit dem auch weiter gerechnet werden kann.

6.2   Aspekte der Berechnungsgenauigkeit

In diesem Abschnitt ein paar Worte zu Genauigkeiten basiert auf der endlichen Auflösung von Zahlen. MATLAB unterstützt 8 Byte genaue Zahlen (double), 4 Byte Genauigkeit (single) und verschiedene Integer-Datentypen (int8, int16, int32, int64) und die vorzeichenlosen Varianten (uint8, ..., uint64). Die Ziffer gibt dabei die Auflösung in Bit an.

Format. Beginnen wir mit dem Ausgabeformat. Das Ausgabeformat, hat nichts mit der Genauigkeit zu tun. Es legt nur fest wieviele Stellen und auf welche Art das Ergebnis angezeigt wird. Die Voreinstellung ist **short**. Zahlen, die sich nur geringfügig unterscheiden können je nach Formatwahl gleich erscheinen.

```
>> format short             >> format short
>> x1 = 0.333333333333333   >> x2 = 0.333333333333300
x1 =                        x2 =
    0.3333                      0.3333

>> format long              >> format long
>> x1                       >> x2
x1 =                        x2 =
```

```
        0.333333333333333                    0.333333333333300

>> format rat                        >> format rat
>> x1                                >> x2
x1 =                                 x2 =
      1/3                                  1/3

>> format hex                        >> format hex
>> x1                                >> x2
x1 =                                 x2 =
   3fd555555555554f                     3fd55555555552fd
```

Integer. Integer-Datentypen sind exakt, aber ebenfalls endlich. Hier kommt es auf die Reihenfolge der Berechnung an:

```
>> (int8(1)/int8(2))*int8(2)         >> (int8(1)*int8(2))/int8(2)
ans =                                ans =
   02                                   01

>> uint8(3)-uint8(5)+uint8(3)        >> uint8(3)+uint8(3)-uint8(5)
ans =                                ans =
   03                                   01
```

$\frac{1}{2}$ ist eben keine ganze Zahl und daher liefert die erste Berechnung eine 1. „uint8" steht für eine vorzeichenlose Zahl. $3-5$ ist aber negativ und damit nicht mehr im Zahlenraum vorzeichenloser ganzer Zahlen enthalten.

doubles. Die folgenden Betrachtungen gelten sinngemäß auch für single-Datentypen. Die folgenden beiden Zahlen unterscheiden sich nur in den letzten drei Stellen: x1 = 0.703969078651**195** und x2 = 0.703969078651**762** Führen wir die Berechnung in MATLAB aus

```
>> x1 - x2
ans =
   -5.676570324908425e-13
```

Obwohl nur drei Stellen signifikant sind werden die restlichen Positionen einer 8 Byte-Zahl mit Ziffern aufgefüllt. (Dies ist unabhängig von MATLAB und würde auch für andere Sprachen wie C/C++ oder FORTRAN gelten.) Bei Reihen mit einzelnen fast vergleichbaren Elementen unterschiedlicher Vorzeichen sollten bei der Summenbildung zuerst alle negativen und dann alle positiven Zahlen zusammengezählt werden und dann erst die Gesamtsumme gebildet werden. Beispiel:

```
>> for k=1:1000000
x(2*k-1) =rand;
x(2*k) = -x(2*k-1)+rand/1e12;
end
```

```
>> sum(x)
ans =
      5.001221272116219e-07

>> sum(x(x<0))+sum(x(x>0)) % getrennt nach Vorzeichen summiert
ans =
      5.013425834476948e-07
```

Als Ergebnis sollte dann natürlich nicht die Stellen die der Computer ausgibt präsentiert werden, sondern eine vernünftige, Genauigkeit und Fragestellung angepasste Anzahl an Stellen.

Betrachten wir als ein weiteres Beispiel die logistische Abbildung:

$$x(n+1) = a \cdot x(n) \cdot (1 - x(n)), \ 0 \le a \le 4, \ 0 \le x \le 1. \tag{6.2}$$

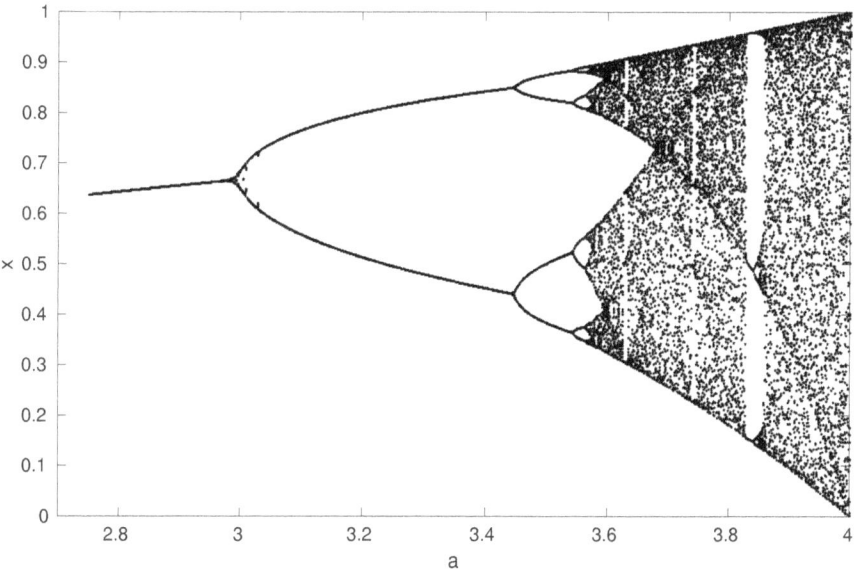

Abbildung 6.1: *Darstellung der logistischen Abbildung. Je nach Wert des Parameters a verändert sich das qualitative Verhalten. Ein oder mehrere Fixpunkte oder ein chaotisches Verhalten.*

Abb. (6.1) wurde mit dem folgenden Programm berechnet:

```
%% Berechnung der logistischen Abbildung
a=2.75:0.001:4;
x=zeros(201,length(a));
```

```
x(1,1:length(a)) = rand(1,length(a));
for n=1:200
    x(n+1,:) = a.*x(n,:).*(1-x(n,:));
end
plot(a,x(175:201,:),'pk','MarkerSize',0.5),shg
```

Für $a = 3,7$ liegen keine Fixpunkte vor. Die Berechnung selbst besteht aus einfachen Multiplikationen und Additionen.

$$x(n+1) = a \cdot x(n) \cdot (1 - x(n)) \quad \text{und}$$
$$x(n+1) = a \cdot (1 - x(n)) \cdot x(n)$$

sollte eigentlich das selbe Ergebnis liefern. Berechnen wir

```
%% Rundungseffekt
clear,clc
aa =3.7;
y(1,1)=rand;
y(1,2)=y(1,1)
for n=1:90
    y(n+1,1) = aa.*y(n,1).*(1-y(n,1));
    y(n+1,2) = aa.*(1-y(n,2)).*y(n,2);
end
y(1,:)
y(10,:)
y(80:end,:)
```

Das Ergebnis ist

```
n=
 1    0.186320327362445    0.186320327362445

10    0.263999398752183    0.263999398752182

80    0.886732506585740    0.886386217805553
81    0.371620482894669    0.372611055552703
82    0.864019188474868    0.864956610280633
83    0.434713112561764    0.432184688666140
84    0.909229202615921    0.907984009130159
85    0.305366400987450    0.309131478688105
86    0.784835719901061    0.790206068017179
87    0.624813866873244    0.613387620918231
88    0.867359544953748    0.877430015463263
89    0.425673769506088    0.397922358681383
90    0.904559762404094    0.886446574028463
91    0.319426174981110    0.372438468060156
```

Obwohl wir nur die Berechungsreihenfolge verändert haben, unterscheiden sich die beiden Ergebnisse signifikant! Chaotische Strukturen verstärken Abweichungen. Für das qualitative Ergebnis ist dies allerdings bedeutungslos. (Wieder ist dieses Verhalten unabhängig von MATLAB und gilt auch für C/C++, FORTRAN, usf..)

Maschinengenauigkeit. Wie die obigen Beispiele dokumentieren, führt die endliche Genauigkeit, d.h. die Maschinengenauigkeit zu Rundungsfehlern. Ist x eine reelle Zahl und bezeichne $\mathcal{M}(x)$ die Rundung von x zur nächstgelegenen Maschinenzahl, dann ist der Rundungsfehler durch

$$\frac{|\mathcal{M}(x) - x|}{|x|} < eps \tag{6.3}$$

beschränkt. Unter MATLAB ist die Maschinengenauigkeit für double-Zahlen $eps = 2^{-52} \approx 2.2 \cdot 10^{-16}$ und die größte zur Verfügung stehende Maschinenzahl $realmax = 2^{1024} \approx 1.7977 \cdot 10^{308}$ sowie die kleinste $realmin \approx 2.2251 \cdot 10^{-308}$. MATLAB folgt dabei dem ANSI/IEEE Standard 754-1956 für Rechnerarithmetik und Gleitpunktzahlen. Nach diesem Standard sind double-Zahlen durch folgendes Format gegeben:

V	e	M
1 Bit	11 Bit	52 Bit

Dabei bezeichnet „V" das Vorzeichen, „e" den Exponenten und „M" die Mantisse und es gilt $-1022 \leq e \leq 1023$.

Die Befehle `eps`, `realmin` und `realmax` erlauben als optionale Argumente „double" (default) und „single" sowie `eps(x)` mit einem beliebigen Array „x". In diesem Fall wird die Auflösung bezüglich der Variablen „x" ausgegeben.

```
>> % 8 Byte Genauigkeit
>> eps(1)          >> eps(100)          >> eps(0.01)
ans =              ans =                ans =
   2.2204e-16         1.4211e-14           1.7347e-18


>> % 4 Byte Genauigkeit
>> eps(single(1))   >> eps(single(100)) >> eps(single(0.01))
ans =               ans =                ans =
  1.1921e-07           7.6294e-06           9.3132e-10
```

Symbolische Berechnungen sind unabhängig von der Maschinengenauigkeit. Zusätzlich erlaubt die symbolic Math-Toolbox, die Anzahl der signifikanten Nachkommastellen für numerische Berechnungen zu setzen. Aber für eine hohe Anzahl an Nachkommastellen muss man natürlich den Preis in Rechenzeit bezahlen. Die relevanten Befehle sind `vpa` und `digits`.

6.3   Die Symbolic Math-Toolbox

Die Symbolic Math-Toolbox ist eine Erweiterung von MATLAB zur symbolischen Rechnung und basiert auf einem MuPad-Kernel. Es gibt prinzipiell zwei unterschiedliche Vorgehensweisen. Die Symbolic Math-Toolbox erlaubt, ein eigenes MuPad-Notebook zu öffen oder innerhalb MATLAB zu agieren. Ich werde hier nur kurz auf den zweiten Weg eingehen und will nur erwähnen wie sich ein Notebook erstellen läßt.

>> nb = mupad öffnet ein leeres MuPad-Notebook. Auf der Oberfläche kann beispielsweise eine Funktion f := sin(x)*cos(x) definiert werden und ihre Ableitung df := diff(f,x) symbolisch berechnet. Auf der MuPad-Oberfläche können unterschiedliche Befehle aus der grafischen Command Bar, Generate Math oder Plot Commands direkt auf die Editierfläche gezogen werden. Gespeichert wird das Notebook unter File mit der Dateierweiterung „nm" zur Wiederverwendung. Wieder geöffnet werden kann es mittels >> nb = mupad('name.mn') und weiterbearbeitet werden. Der Befehl matlabFunction erlaubt es, eine MATLAB-Funktion zu erstellen.

Um innerhalb von MATLAB mit der Symbolic Math-Toolbox zu arbeiten, müssen im ersten Schritt symbolische Variablen erstellt werden.

```
syms x y
```
Jetzt können geeignete symbolische Berechnungen und Visualisierungen ausgeführt werden:

```
f = sin(x*y) - cos(x*y);    % Definition einer Funktion
dfy = diff(f,x)             % Partielle Ableitung nach x
%%
g = sin(2*x)                % weitere Funktionen
h = sin(3*x)
fplot(g,h)                  % Visualisierung
%%                          Loesung einer algebraischen Gleichung
[x,y] = solve(x^2 == y, x^2 + y^2 == 2)
```

Eine häufige Fragestellung sind allgemeine Transformationen numerisch auswerten. Hier ist die Symbolic Math-Toolbox eine optimale Ergänzung zu MATLAB. Im ersten Schritt führen wir die Transformation aus und erstellen dann eine anonyme Funktion:

```
syms alpha x1 x2
L = [sin(alpha) cos(alpha)
     -cos(alpha) sin(alpha)];
X = [x1
     x2];

Xd = L*X;
%%
ht = matlabFunction(Xd)

ht =
    @(alpha,x1,x2)[x2.*cos(alpha)+x1.*sin(alpha);...
```

```
                   -x1.*cos(alpha)+x2.*sin(alpha)]
```

Ein Übersicht der zur Verfügung stehen Funktionen findet man mittels `help symbolic`.
Da viele Befehle unter MATLAB gleichlauten führt `doc befehl` häufig zur MATLAB-
Dokumentation. Hier ist daher der Aufruf `doc symbolic/befehl`, beispielsweise
>> `doc symbolic/rank`,
vorteilhafter.

Im Rahmen physikalischer Anwendungen sind insbesondere die Befehle: `diff`, `int` und
`taylor` zur symbolischen Ableitung, Integration und der Bestimmung der Taylor-Reihe
von Interesse. `solve` zur symbolischen Lösung algebraischer Gleichungen und Matrix-
Operationen zur Ausführung von Transformationen. Die Ergebnisse können dann mittels `matlabFunction` in eine MATLAB-Funktion und mittels `matlabFunctionBlock` in
einen MATLAB-Function Block für Simulink gewandelt werden. In MATLAB und der
Symbolic Math-Toolbox gleichlautende Befehle erkennen am Argument, ob die MAT-
LAB- oder Symbolic Math-Toolbox Variante ausgeführt werden soll.

Literaturverzeichnis

[1] Goldstein, H., Poole, C. P. und Safko, J. L. (2006). *Klassische Mechanik* Wiley-VCH Verlag, Weinheim

[2] Quarteroni, A., Sacco, R. und Saleri, F. (2002). *Numerische Mathematik* Springer-Verlag, Berlin

[3] Shampine, L.F. und M.W. Reichelt, M.W. (1997). *The* MATLAB *ODE Suite,* SIAM Journal on Scientific Computing **18** pp 1–22

[4] Schweizer, W. (2016): MATLAB *Kompakt,* Oldenbourg Verlag, München

[5] Misner, C. W., Thorne und K. S., Wheeler, J. A. (1973). *Gravitation* W. H. Freeman a. Company, New York

[6] Wikipedia (26.11.2013). *Two-body problem in general relativity* en.wikipedia.org/wiki/Kepler_problem_in_general_relativity

[7] Lang, K. R. (1999). *Astrophysical Formulae, Vol. 2* Springer-Verlag, Berlin

[8] Kustaanheimo, P. und Stiefel E. (1964). *Pertubation theory of Kepler motion based on spinor regularization* Journ. f. Mathematik, 204-219

[9] Wikipedia (11.07.2016). *Schwarzschild-Metrik* https://de.wikipedia.org/wiki/Schwarzschild-Metrik

[10] Göbel, H. (2014). *Gravitation und Relativität* Oldenbourg Verlag, München

[11] Landua, L. D. und Lifschitz, E. M. (1977). *Klassische Feldtheorie* Akademie-Verlag, Berlin

[12] Schweizer, W. (2001). *Numerical Quantum Dynamics* Kluwer Academic Publishers, Dordrecht

[13] Greulich, W. [Hrsg.] (1999.) *Lexikon der Physik* Spektrum Akademischer Verlag, Heidelberg

[14] Poston, T., Stewart, I. (1978). *Catastrophe Theory and its Applications* Dover Publications, New York

[15] Jackson, J. D. (1975). *Classical Electrodynamics* John Wiley & Sons, New York

[16] LHC CERN (02.10.2014). www.lhc-facts.ch

[17] Biebel, 0. (04.11.2014). *Geladene Teilchen in elektromagnetischen Feldern* http://homepages.physik.uni-muenchen.de/~Otmar.Biebel/beschleuniger/be-schleuniger_04.pdf

[18] Bartelmann, M., Feuerbacher, B., Krüger, T., Lüst, D., Rebhan, A. und Wipf, A. (2015) *Theoretische Physik* Springer Spektrum, Berlin

[19] Köhler, F., Sturm, S., Quint, W. und Blaum, K. (2014). *Das Elektron auf der Waage* Phys. Unserer Zeit 6 (45)

[20] Cohen-Tannoudji, C., Diu, B. und Laloë, F. (1977). *Quantum Mechanics I, II.* John Wiley & Sons, New York

[21] Dirac, P. A. M. (1967). *The Principle of Quantum Mechanics* (4th edition). Oxford Science Publ., Claredon Press, Oxford

[22] Planck, M. (1995). *Die Ableitung der Strahlungsgesetze.* (A collection of reprints of M. Planck published from 1895 – 1901, in German.) Verlag Harri Deutsch, Frankfurt am Main

[23] Simon, B. (1976). „The bound states of weakly coupled Schrödinger operators in one and two dimensions", Ann. Phys. (N.Y.) 97, 279–288

[24] Chadan, K., Kobayashi, R. and Stubbe, J. (1996). „Generalization of the Calogero-Cohn bound on the number of bound states", J. Math. Phys. 37, 1106–1114

[25] Ho, Y. K. (1983). „The method of complex coordinate rotation and its applications to atomic collision processes", Phys. Rep. 99, 1 – 68

[26] Moiseyev, N. (1998). „Quantum theory of resonances: Calculating energies, widths and cross-sections by complex scaling", Phys. Rep. 302, 211 – 296

[27] Morse, P. M. and Feshbach, H. (1953). *Methods of Theoretical Physics* Mc-Graw-Hill, NewYork

[28] Miller, W. (1968). *Lie theory and special functions* Academic Press, New York

[29] Biedenharn, L. C. and Louck, J. D. (1981). *Angular momentum in quantum physics.* Addison-Wesley, Reading

[30] Edmonds, A. R. (1957). *Angular momentum in quantum dynamics* Princeton University Press, New York

[31] Hillery, M., O'Connell, R. F., Scully, M. O., und Wigner, E. P. (1984). „Distributions Functions in Physics: Fundamentals", Phys. Reports 106, 121 – 167

[32] Holstein, B. R. und Swift, A. R. (1972). „Spreading Wave Packets – a Cautionary Note", A. J. Phys. 40, 829

[33] Goldberg, A., Schey, H. M. und Schwartz J. L. (1967). „Computer-generated motion pictures of one-dimensional quantum-mechanical transmission and reflection phenomena", Am. J. Phys. 35, 177 – 186

[34] Faßbinder, P., Schweizer, W. und Uzer, T (1997). „Numerical simulation of electronic wavepacket evolution", Phys. Rev. A 56, 3626 – 3629

[35] Kronig, R. de L. und Penney, W. G. (1931), „Quantum mechanics of crystal lattices", Proc. R. Soc. London a 130, 499 – 513

[36] Gradstein, L. S. und Ryshik, I. M. (1981), *Tafeln - Tables* Verlag Harri Deutsch, Frankfurt/m.

[37] Akin, J. E. (1998), *Finite Elements for Analysis and Design* Academic Press, London

[38] Saad, Y. (1992). *Numerical Methods for Large Eigenvalue Problems: Theory and Algorithms* Wiley, New York

[39] Honerkamp, J. (1990). *Stochastische Dynamische Systeme* VHC Verlagsgesellschaft mbH, Weinheim

[40] Goswami, A. (1997). *Quantum Mechanics* Wm. C. Brown Publishers, Boston

[41] James, F., (1980) „Monte Carlo theory and practise", Rep. Prog. Phys. 43, 1145 – 1189

[42] Kalos, M. H. (1984). *Monte Carlo Methods in Quantum Problems* Reidel, Dordrecht

Index